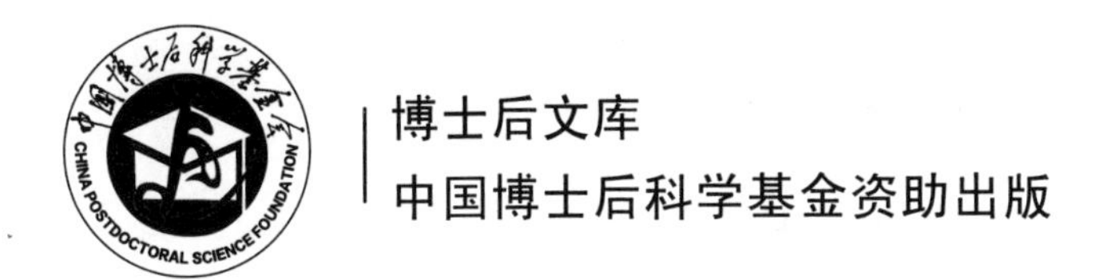

模糊系统结构解析及在线自组织设计

王 宁 韩 敏 著

科 学 出 版 社

北 京

内 容 简 介

本书面向模糊系统结构解析和在线自组织设计问题，系统介绍了作者在该领域取得的最新研究成果。全书共9章，主要内容包括：最简模糊控制器的结构解析及其闭环模糊控制系统稳定性分析、齐次T-S模糊系统的逼近性能、基于输入空间模糊划分的T-S模糊控制系统的稳定性分析与系统化设计、模糊系统与神经网络的等价性、基于神经网络的在线自组织模糊系统、模糊神经系统在船舶工程领域的应用等。本书从实际问题出发，凝练科学问题，试图从理论分析和算法设计的角度，为工程实践提供可靠有效的解决方案。

本书概念清晰、结构合理、可读性强，不仅适合电气工程及其自动化、控制理论与控制工程、轮机工程、船舶电子电气工程等相关专业的高年级本科生及研究生阅读，也可供相关科研和工程技术人员参考。

图书在版编目(CIP)数据

模糊系统结构解析及在线自组织设计 / 王宁，韩敏著. —北京：科学出版社，2017.5

（博士后文库）

ISBN 978-7-03-052603-8

Ⅰ. ①模…　Ⅱ. ①王…　②韩…　Ⅲ. ①模糊系统－研究　Ⅳ. ①TP11

中国版本图书馆CIP数据核字(2017)第085280号

责任编辑：王　哲　霍明亮 / 责任校对：桂伟利

责任印制：张　倩 / 封面设计：陈　敬

科学出版社 出版

北京东黄城根北街16号

邮政编码：100717

http://www.sciencep.com

中国科学院印刷厂 印刷

科学出版社发行　各地新华书店经销

*

2017年5月第　一　版　　开本：720×1 000　1/16

2017年5月第一次印刷　　印张：13　插页：2

字数：268 000

定价：78.00元

（如有印装质量问题，我社负责调换）

《博士后文库》序言

1985 年，在李政道先生的倡议和邓小平同志的亲自关怀下，我国建立了博士后制度，同时设立了博士后科学基金。30 多年来，在党和国家的高度重视下，在社会各方面的关心和支持下，博士后制度为我国培养了一大批青年高层次创新人才。在这一过程中，博士后科学基金发挥了不可替代的独特作用。

博士后科学基金是中国特色博士后制度的重要组成部分，专门用于资助博士后研究人员开展创新探索。博士后科学基金的资助，对正处于独立科研生涯起步阶段的博士后研究人员来说，适逢其时，有利于培养他们独立的科研人格、在选题方面的竞争意识以及负责的精神，是他们独立从事科研工作的“第一桶金”。尽管博士后科学基金资助金额不大，但对博士后青年创新人才的培养和激励作用不可估量。四两拨千斤，博士后科学基金有效地推动了博士后研究人员迅速成长为高水平的研究人才，“小基金发挥了大作用”。

在博士后科学基金的资助下，博士后研究人员的优秀学术成果不断涌现。2013 年，为提高博士后科学基金的资助效益，中国博士后科学基金会联合科学出版社开展了博士后优秀学术专著出版资助工作，通过专家评审遴选出优秀的博士后学术著作，收入《博士后文库》，由博士后科学基金资助、科学出版社出版。我们希望，借此打造专属于博士后学术创新的旗舰图书品牌，激励博士后研究人员潜心科研，扎实治学，提升博士后优秀学术成果的社会影响力。

2015 年，国务院办公厅印发了《关于改革完善博士后制度的意见》（国办发〔2015〕87 号），将“实施自然科学、人文社会科学优秀博士后论著出版支持计划”作为“十三五”期间博士后工作的重要内容和提升博士后研究人员培养质量的重要手段，这更加凸显了出版资助工作的意义。我相信，我们提供的这个出版资助平台将对博士后研究人员激发创新智慧、凝聚创新力量发挥独特的作用，促使博士后研究人员的创新成果更好地服务于创新驱动发展战略和创新型国家的建设。

祝愿广大博士后研究人员在博士后科学基金的资助下早日成长为栋梁之才，为实现中华民族伟大复兴的中国梦做出更大的贡献。

中国博士后科学基金会理事长

前　　言

模糊系统是一种将人类经验知识或专家规则转化为数学公式或模型的有效方法，是处理现实世界中不精确性或不确定性信息的有力工具。随着计算机及其相关科学技术的发展，作为一种存在极大发展潜力的先进建模与控制策略，模糊系统理论和应用研究的不断扩展和深入，模糊控制在复杂动态过程和非线性系统中占有越来越重要的地位，为复杂工业过程和非线性系统的建模与控制研究开辟了新的途径，有效地提高了建模精度和控制性能。

然而，正因为其本质上的复杂性，所以早期的许多应用大多采用“黑箱”设计方法，系统设计和性能分析缺乏系统有效的工具和方法，从而阻碍了模糊系统理论更为广泛和深入的研究与应用。自20世纪90年代以来，模糊系统理论发展迅猛，在一些基本问题的研究上取得了可喜的进步，例如，模糊系统与传统模型之间的解析关系、模糊系统能否逼近任意非线性函数、采用神经网络技术确定隶属函数和严格分析模糊系统的稳定性等。经过十几年的研究和发展，模糊系统的理论体系不断壮大，逐渐成为近年来智能系统领域内最富有成果的研究方法之一。尽管如此，但仍有大量的工作要做，模糊系统理论的研究远未成熟。

本书在已有研究成果的基础上，面向模糊系统结构解析和在线自组织设计，提出了一些自己的见解，取得了一些有意义的研究成果，在一定程度上丰富和发展了该领域的理论研究。全书共9章，主要包括：最简模糊控制器的结构解析及其闭环模糊控制系统稳定性分析、齐次T-S模糊系统的逼近性能、基于输入空间模糊划分研究的T-S模糊控制系统的稳定性分析与系统化设计方法、模糊系统与神经网络的等价性、基于神经网络的在线自组织模糊系统及其在船舶工程领域的应用等。本书内容主要取材于作者近五年公开发表的40余篇学术论文，同时借鉴了国内外同行在相关领域的部分优秀成果。

本书得到了国家自然科学基金(51009017，51379002)、交通部应用基础研究基金(2012-329-225-060)、辽宁省高等学校优秀人才支持计划(LJQ2013055)、中国博士后科学基金(2012M520629)、大连市高层次人才支持计划(2015R065，2016RJ10)和中央高校基本科研业务费专项基金(2009QN025，2011JC002，3132016314)等科研项目的资助，在此表示衷心的感谢！

由于作者水平有限，书中难免有不足之处，敬请广大读者批评指正。

王　宁

2017年3月

于大连海事大学

目　　录

第 1 章　绪　　论

1.1　研究背景和意义

随着科学技术的飞速发展，现代工业过程日趋复杂，过程的严重非线性、多变量、时滞、未建模动态和有界干扰等，使得被控对象的精确数学模型难以建立，即使对一些复杂对象能够建立起数学模型，而这些模型也往往过于复杂，使得系统的分析设计、实施有效的控制变得非常困难。因此，单一的应用传统的控制理论和方法从对象所能获得的信息量相对减少，难以满足复杂控制系统的设计要求。这样，复杂性与精确性就形成了尖锐的矛盾。美国控制专家 Zadeh 教授提出的不相容原理[1]指出："随着系统复杂性的增长，我们使其精确化的能力将减小，在达到一定阈值时，复杂性与精确性将相互排斥"。也就是说，一个系统的复杂性与分析它能达到的精度之间服从一个粗略的反比关系。这就意味着，高精度与高复杂性是不兼容的。

现代电子计算机的应用是解决精确性与复杂性之间矛盾的有效方法，但它并不能像人脑那样进行判断和推理。人脑可以理解由感知器官提供的不精确及不完整的传感信息，如何使计算机能够模拟人脑思维的模糊性特点，使部分自然语言作为算法语言直接进入计算机程序，让计算机完成更复杂的任务，这正是模糊理论产生的直接背景。1965 年，Zadeh 教授发表了开创性论文 *Fuzzy Sets*[2]，标志着模糊系统理论的诞生。随后，随着模糊系统理论成功应用于控制、信号处理、模式识别、通信等各个领域，越来越多的学者开始研究模糊系统理论，并取得了一系列引人注目的研究成果。其最重大的应用一直集中在控制问题上，模糊控制是模糊理论在控制领域所形成的一门新的控制技术。它具有不依赖被控对象的精确数学模型、设计简单、应用灵活、抗干扰能力强、响应速度快、对参数变化有较强的鲁棒性等特点，不仅可以应用于常规控制系统的设计，而且在经典控制理论和现代控制理论难以应用的场合也能发挥很好的作用。1974 年英国学者 Mamdani 首次将模糊理论应用于热电厂的蒸汽机控制[3]。随后，1985 年日本学者 Takagi 和 Sugeno 首次提出了一种动态系统的模糊模型辨识方法，称为 Takagi-Sugeno (T-S) 模型[4]，该模型以系统局部线性化为出发点，具有结构简单、逼近能力强的特点，成为模糊辨识中的常用模型，并为复杂工业过程的建模提供了很好的实现手段。此后，美国、日本、英国、中国等国家的学者先后将模糊控制技术应用于交通控制、机器人、航天、工业生产等领域，取得了显著的成果[5-9]。时至今日，模糊控制理论已成为智能控制技术的一个重要分支。

尽管模糊控制技术的应用日益广泛，但在理论上还处于不断发展和完善之中。从理论的角度来看，自 20 世纪 90 年代至今，模糊控制理论的发展是迅猛的，尽管鲜有突破性的进展，但对于模糊系统与模糊控制中的一些基本问题上的研究已经取得了可喜的进步，如模糊系统的结构解析、模糊系统的逼近性能分析、隶属函数的确定、模糊规则的提取、模糊控制系统稳定性分析等，但大多数研究手段和分析方法仍停留在初级阶段。尽管模糊控制理论的整体图景已经越来越清晰，但与传统控制理论相比，其发展远未成熟。模糊控制器是一种基于人类思维推理语言的控制器，具有本质上的非线性和缺乏统一的系统描述，使得人们不能直接利用现有的控制理论和分析方法进行解析分析和设计。另外，每一种新的技术与方法在体现其优越性能的同时，也必定存在其局限性。应当承认，在对客观对象进行观察和认识时，模糊理论毕竟不如人的认识全面深刻，因而若要达到真正仿人智能的效果，仍然需要其自身在工程应用中不断地朝着自适应、自组织、自学习方向发展。模糊控制理论发展到现阶段，其理论体系明显呈现以下几个热点分支：模糊控制器结构解析研究、模糊系统逼近性能分析、模糊控制系统稳定性分析及其系统化设计、模糊系统在线自组织设计等。

针对以上指出的模糊系统理论中存在的几个热点问题，为进一步推动模糊系统理论在实际过程的建模与控制中的应用，本书在总结该领域现有研究工作的基础上，主要进行了如下一些研究工作：研究了两维和三维最简模糊控制器的解析结构及其闭环控制系统的输入输出(IO)稳定性；作为模糊系统建模的理论基础，分析了一大类齐次 T-S 模糊系统的逼近性能；通过分析和研究输入变量空间的模糊划分以充分利用模糊规则前件的结构信息，进一步研究了 T-S 模糊控制系统的稳定性分析与系统化设计方法等方面的问题；结合神经网络的学习能力和自适应特性，提出了一种快速、精确的在线自组织精简模糊神经网络(OSFNNRG)，用以实现模糊系统的自动化及自组织设计；鉴于所得在线自组织模糊神经网络的优越性能，本书同时面向船舶工程领域展开相关的应用研究，包括：船舶领域模型辨识、船舶运动模型辨识和船舶操纵运动控制等。

此外，作为本书理论研究成果在其他相关领域中的应用，以船舶力控减摇鳍控制系统、倒立摆控制系统、质量块-弹簧-阻尼器控制系统、Hermite 函数逼近、Mackey-Glass 混沌时间序列预测等为研究对象，分别对其模糊系统进行系统化设计，并进行计算机仿真研究。结果表明，所得理论成果具有广泛的潜在应用领域和较高的理论及实际意义。

1.2　相关领域的研究现状

近年来，模糊控制理论与应用已经取得了迅猛发展。在模糊控制的发展初期，大多数学者致力于模糊系统的应用研究，在很多领域上取得了优于传统控制的辉煌成果[10]。由于模糊系统本质上的非线性与复杂性，模糊控制的系统分析和理论研究显得较为滞后。甚至，一些学者对模糊控制的理论依据和有效性产生了疑虑[11]。为坚实模糊控制理论基础，诸多学者试图建立模糊控制理论与传统控制理论之间的关系，并从理论解析的角度，用成熟的经典系统理论从不同的侧面阐明模糊系统的内部结构和工作机理[12]。研究焦点主要集中在模糊控制器的结构解析[12,13]、模糊系统的逼近性能分析[12,14]、模糊控制系统的稳定性分析和系统化设计[15,16]以及模糊系统的在线自组织设计[17,18]等方面。模糊系统是一种基于知识或基于规则的系统，它的核心是由 IF-THEN 规则组成的知识库。模糊系统按所用的模糊规则的形式可分为两类：Mamdani 模糊系统[3,19]和 T-S 模糊系统[4]。本节将对这两种模糊系统的研究现状作一简要综述。

1.2.1 Mamdani 模糊控制器的结构分析

模糊控制器结构分析已成为近年来模糊控制理论中的一个热点研究方向。尽管模糊系统已被证明是解决许多实际复杂建模和控制问题的一种有效方法，但是，许多模糊系统仍采用“黑箱”方法，这是因为其结构的复杂性已成为传统数学分析的主要障碍，这给它在许多领域的应用带来不实际性和不安全性。在此背景下，基于解析方法的模糊控制器结构分析引起了许多学者的重视，依据成熟的经典控制理论分析模糊控制器的结构，成为发展模糊控制技术的一条重要途径。

影响模糊控制器非线性的主要因素包括：隶属度函数的类型、模糊推理方法和解模糊算法等，众多学者对模糊控制器结构解析的研究工作也大多围绕这几个方面展开。

1. 模糊控制器的继电器模型

1978 年 Kickert 和 Mamdani[20]最先揭示了一类简单的模糊控制器与多值继电控制器之间的关系，其输入输出特性具有多值继电特性，故可看作多值继电控制器。Ying[21]采用标准模糊划分的均匀分布的对称三角形输入模糊集、均匀分布的对称输出模糊集、线性控制规则、不同模糊推理方法和重心解模糊算法，构造了一类两输入单输出的 Mamdani 模糊控制器。通过结构解析，证明了这种非线性模糊控制器是一个全局两维多值继电控制器和一个局部非线性 PI 控制器之和。随着输入模糊集数目 N 的增加，全局两维多值继电控制器的控制作用将被强化，而局部非线性 PI 控制器的控制作用将减弱。用 $\rho = 1/(N-1) \times 100\%$ 表示：①全局控制器和局部控制器在整体控制中的作用；②模糊控制器的非线性度。给出并证明了极限定理：当 $N \to \infty$ 时，采用线性控制规则的非线性模糊控制器变为线性 PI 控制器。显然，当 $N = 2$ 时，ρ=100%，这说明最简形式的模糊控制器是一种非线性 PI 控制器，不含多值继电控制器；只有当 $N > 3$ 时，模糊控制器与多值继电控制器之间关系才成立。随后，这些结果被一般化到采用非均匀分布的三角形输入模糊集、不同推理方法、非线性控制规则的多输入多输出模糊控制器，证明了该模糊控制器的结构是一个全局多维多值继电控制器和一个局部非线性 PI 控制器之和[22]。Chen 等[23,24]通过采用各种模糊推理方法对模糊控制器的结构进行了研究，发现模糊控制器的继电器模型与 T-范数的选取无关，而依赖于被控过程的位置输出。这与 Ying[25,26]证明的只要采用线性控制规则就可建立模糊控制器与多值继电控制器的这种关系是一致的。文献[27]也得到了一些重要结果。

显然，根据模糊控制器的继电控制器模型，可用经典控制理论中的描述函数的方法来分析和设计模糊控制系统，并确保其稳定性。

2. 模糊控制器的插值器模型

李洪兴在文献[28]中指出，对于一个模糊控制问题，如果人们总结出控制规则，那么对输入、输出论域便作了模糊划分，也就得到了基元组；其中基元组的峰点便构成了输入输出数据对。换言之，总结控制规则与寻找数据对是“等价”的。因此，基于规则的模糊控制器本质上是一种插值器。在输入、输出论域被正规模糊划分的前提下，选取重心解模糊方法，李洪兴证明了常用的单输入单输出(SISO)和两输入单输出(TISO)模糊控制器模型如 Mamdani 型、Mizumoto 型、Takagi-Sugeno 型和 Sugeno 型等均可归结为某种插值函数，它是对响应函数的逼近，相当于离散响应函数的拟合，而作为表示模糊推理前件的模糊集合恰为插值基函数。也就是说，模糊规则的提取与被拟合数据对的获得是一回事。同时，还指出即使使用其他解模糊算法，模糊控制器仍然可归结为不同形式的插值器[29,30]。

随后，又揭示了对输入论域正规模糊划分的多输入多输出(MIMO)模糊控制器本质上是多元分片插值函数，而输出模糊集在插值中只出现峰点，与其形状关系不大，这对模糊控制器的分析设计是重要的[31]。

在此基础上，一些学者[32-36]研究了采用不同输入、输出模糊集的模糊控制器的插值机理，得到了更为精确的模糊控制器与插值器之间的关系，并分别给出了逼近误差估计和具有插值特性的充要条件。这为模糊控制器的结构分析和设计提供了新的研究方向和理论依据。

3. 模糊控制器的非线性 PID 模型

线性离散 PID 控制器的表达式可写为

$$u(n)=K_p\left\{e(n)+\frac{T}{T_i}\sum_{i=0}^{n-1}e(i)+\frac{T_d}{T}[e(n)-e(n-1)]\right\} \tag{1.1}$$

一些研究者发现，许多模糊控制器的解析结构表达式与式(1.1)具有相同的形式，只是模糊控制器的各增益随输入信号的变化而变化。因此，模糊控制器可以看做一种增益随输入信号时变的非线性 PID 控制器[12]。

Ying等[37]最先证明了采用两个线性输入模糊集、四条模糊规则、Zadeh模糊逻辑AND和OR算子及线性(非线性)解模糊算法的最简模糊控制器是线性(非线性)PI控制器，其比例增益和积分增益随控制器的输入变化而变。随后，将该结果推广到采用任意梯形输入模糊集、线性控制规则、不同推理方法的最简Mamdani模糊控制器，证明了采用不同的推理方法(如Mamdani最小、Larsen乘积、直积和有界乘积等)的该类模糊控制器是不同类型的非线性PI控制器，同时指出模糊控制器不适合采用有界乘积推理方法[38]。在稳定性分析方面，证明了在平衡点处这种模糊PI控制器与相应的线性PI控制器有相同的局部稳定性。随后的研究[39,40]将这一结果推广至采用其他推理方法、非线性控制规则、任意梯形输入隶属函数等设计参数的两维模糊控制器。张乃尧等[41-44]研究了采用不同输入隶属函数和不同模糊推理算法的各种典型模糊控制器的解析表达式，在此基础上给出了模糊控制器的PID模型。李洪兴等[32,45]论证了模糊控制器与PID控制器之间的关系，证明了一类两维模糊控制器是具有P与D(或P与I)交互影响的分片PD(或PI)调节器；一类三维模糊控制器是一个具有P、I、D之间交互影响的分片PID调节器，并给出了该类模糊控制器的差分格式。近年来，其他一些学者也对此进行了深入的研究，并取得了一些有意义的结果[46,47]。Haj-Ali等[48]指出，若采用任意输入模糊集建立三维模糊控制器的PID模型是相当困难的，甚至是不可能的。文献[48]证明了隶属函数满足一定条件时，采用Zadeh模糊逻辑AND和乘积AND操作的三维最简模糊控制器是变增益非线性PID控制器，但这仅仅是一个充分条件。文献[49]采用Zadeh模糊逻辑AND操作和任意输入模糊集研究了三维模糊控制器的输入变量空间划分问题，给出了子空间分界面为平面的充要条件。最近，Mohan等[50-54]在此研究方向上做了大量的工作，并取得了一些显著的成果。他们采用乘积AND操作与不同的模糊推理算法进行组合，构造了13种三维模糊控制器PID模型，并将所得到的解析结构进行比较得出结论：只有采用代数积三角模、有界和协三角模和Mamdani最小推理方法的模糊控制器是有用的。然而，Zadeh模糊逻辑AND操作在工程应用中更为普遍，而且运算更为简单。

以上所取得的模糊控制器与非线性PID控制器之间的关系，一方面揭示了模糊控制器在非线性、时变和纯滞后等系统中的应用比线性PID控制器优越的机理，另一方面也提供了它们之间的增益关系，这更有利于模糊控制系统的系统化设计和稳定性分析。

4．模糊控制器的其他研究模型

在工作原理上，模糊控制器类似于滑模变结构控制器。一些学者利用滑模变结构控制理论将模糊控制器表示成一类变结构控制器，滑模用于确定模糊控制规则中的最优参数值[55-57]。与通常的滑模控制相比，模糊控制具有更强的鲁棒性，且模糊控制器的变结构特性有助于人们设计鲁棒稳定的模糊控制器。此外，一些学者注意到，当模糊控制规则的数目增加到足够大时，对被控过程的影响很小甚至没有影响，从而产生了模糊控制器的极限结构理论[58-60]。该理论说明了模糊控制器的模糊集和模糊规则的数目并非越多越有效，故在实际设计时，要根据具体问题合适地选择模糊集和规则的数目。

1.2.2 Mamdani 模糊控制系统的稳定性分析

稳定性分析是各类控制器的一个基本问题，对于工业过程控制而言，稳定可靠是首要的目标。对于任何一个控制系统，稳定性是必须首先解决的问题。对于 Mamdani 模糊控制系统，这一点相对比较复杂，因为模糊控制理论尚没有建立一套完整的理论体系，而且模糊逻辑本身难以表达传统意义下的稳定性，再加上模糊控制是基于规则的非线性控制方法，非线性系统的分析和设计本身就比线性系统理论复杂得多，因此模糊系统稳定性分析方法远没有传统的基于精确数学模型的稳定性分析方法那样成熟。目前基于经典控制理论的 Mamdani 模糊控制系统稳定性分析方法主要有以下几种。

1. *描述函数方法*

描述函数方法可用于预测极限环的存在、频率、幅度和稳定性。文献[20]通过建立模糊控制器与多值继电控制器的关系，将描述函数方法用于分析模糊控制系统的稳定性。另外，指数输入的描述函数技术也能用于调查模糊控制系统的暂态响应[61]。虽然描述函数方法能用于 SISO 和 MISO 模糊控制器以及某些非线性对象模型，但不能用于三输入及以上的模糊控制器。由于这种方法一般都用于非线性系统中确定周期振荡的存在性，所以只是一种近似方法。

2. Lyapunov *方法*

Langari 和 Tomizuka[62]提出了利用 Lyapunov 直接法来确定一类 Mamdani 模糊控制系统全局稳定性的充分条件，以增强其稳定运行范围，并提出了鲁棒性指标。它可以用来评价和重新设计给定的模糊控制系统。但所设计的模糊控制器是非自适应的，其结果也过分依赖于大量的条件，因而，严重地限制了模糊控制器设计的灵活性。

3. *相平面方法*

Braae 和 Rutherford[63]提出了在“语言相平面”里处理闭环系统的语言轨迹。他们的主要思想是，调整比例映射(scale mapping)来近似地产生期望轨迹的行为。这种“近似”或“逼近”策略，在某种程度上是启发式的和主观的。我国学者顾树生和平力[64]应用相平面法和稳定区间法设计了模糊控制系统，并对它们进行了稳定性分析。但这类方法仅适用于两维和三维模糊控制器的设计。Huang 和 Lin[65]以及 Palm[66,67]都提出把滑动模态和模糊控制相结合来设计模糊控制器。首先，用滑模控制的思想为被控对象建立滑动面(sliding surface)，然后构造 Lyapunov 函数以确保系统稳定，也就是通过模糊推理的方法来获得控制，以满足到达条件。利用滑动模态的到达条件将系统降阶为两维系统，从而可以在相平面中设计模糊滑动模态控制器。整个系统的稳定性由到达条件来保证。张天平等[68-70]讨论了一类不确定动态系统的输出反馈模糊变结构控制方法。

4. 圆稳定性判据方法

圆判据可用于分析和再设计一个模糊控制系统。使用扇区有界非线性的概念，一般化的奈奎斯特(圆)稳定性判据可用于分析 SISO 和 MIMO 模糊系统的稳定性[71]，并且扩展圆判据可用于推导一类简单模糊 PI 控制系统稳定性的充分条件[61]。由于圆判据要求比较严格，Furutani 提出一种移动的波波夫判据，用于分析模糊控制系统的稳定性。当此判据中参数 θ 设为零时，该判据与圆判据一致[72]。此外，文献[73]还研究了采样模糊控制系统的绝对稳定性圆判据。

5. 小增益理论方法

输入输出(IO)稳定性理论为研究模糊控制系统的稳定性提供了另一条有效的途径。按照该理论：若输入函数 $x(t)$ 有界，系统的输出函数 $y(t)$ 也有界，则称系统是输入输出稳定的[74]。IO 稳定性理论主要有两个基本定理：小增益定理和钝性定理。其中，小增益理论是非线性控制理论中用于连续和离散系统 IO 稳定性研究的一个非常有效的工具。基于 Mamdani 模糊控制器的解析结构，结合被控对象和模糊控制器的非线性本质，一些学者采用小增益理论，建立了采用 Mamdani 模糊 PI[75,76]、PD[77]、PID[54,78]控制器的模糊控制系统的有界输入有界输出(BIBO)稳定性的充分条件，证明了用非线性模糊 PI 控制器替代常规 PI 控制器，不影响平衡点处的稳定性。因为这些稳定性的结果基于模糊控制器的结构，所以比那些模糊控制器解析结构未知的稳定性结果更具不保守性。

1.2.3 T-S 模糊系统逼近性能分析

自从 T-S 模糊模型[4]提出以来，特别是 20 世纪 90 年代至今，模糊控制系统的研究热点已转移到 T-S 模糊系统。但随之而来的理论问题之一，模糊系统能否实现任意的非线性连续控制规律和控制模型，即模糊系统能否以任意的逼近精度一致逼近定义在闭区域上的任意连续函数，尚未完全解决。而且该理论研究是模糊控制系统的模型辨识、控制和实际应用的重要理论基础。模糊系统之所以能够广泛应用于各种复杂的工业过程控制，一个最重要的原因就在于它能够逼近任意的非线性模型和实现任意的非线性控制规律，尤其从函数逼近意义上研究模糊系统的非线性映射能力非常重要。近年来不少学者围绕这一理论问题进行研究，逐步形成了模糊系统逼近理论。T-S 模糊系统的模糊规则后件采用前件变量的线性或非线性函数，其模型可描述为

$$\text{IF } x_1 \text{ is } M_{1,i_1} \text{ and } \cdots \text{ and } x_n \text{ is } M_{1,i_n} \text{ THEN } y = f_{i_1 i_2 \cdots i_n}(\boldsymbol{x}),\ i_j = 1,2,\cdots,N_j,\ j=1,2,\cdots,n \tag{1.2}$$

其中，$\boldsymbol{x} = [x_1, x_2, \cdots, x_n]^{\mathrm{T}}$ 为模糊系统的输入向量(或状态向量)，M_{j,i_j} 为输入变量 x_j 的模糊集，N_j 为相应变量 x_j 的模糊集数目，可知模糊规则总数为 $\prod_{j=1}^{n} N_j$，$f_{i_1 i_2 \cdots i_n}(\cdot)$ 为关于输入变量的任意函数。特别地，当 $f_{i_1 i_2 \cdots i_n}(\cdot)$ 取为输入变量的线性函数时，即 $f_{i_1 i_2 \cdots i_n}(\boldsymbol{x}) = \boldsymbol{a}_{i_1 i_2 \cdots i_n}\boldsymbol{x} + b_{i_1 i_2 \cdots i_n}$，称为仿射(或典型)T-S(ATS)模糊系统；当 $f_{i_1 i_2 \cdots i_n}(\cdot)$ 取为输入变量的齐次线性函数时，即 $f_{i_1 i_2 \cdots i_n}(\boldsymbol{x}) = \boldsymbol{a}_{i_1 i_2 \cdots i_n}\boldsymbol{x}$，称为齐次 T-S(HTS)模糊系统，其中 $\boldsymbol{a}_{i_1 i_2 \cdots i_n}$ 为 $1 \times n$ 的行向量。

1. 仿射 T-S 模糊系统的逼近性能分析

Buckley[79,80]最先利用 Stone-Weierstrass 定理研究了采用线性加权反模糊化算法、规则后件是任意阶多项式的 T-S 模糊系统，证明了该类模糊系统的通用逼近性。但对于仿射和齐次 T-S 模糊系统，由于线性函数对乘法运算不具备封闭性，无法使用 Stone-Weierstrass 定理研究其逼近性，其研究难度一直比较大。直到 1998 年 Ying[81,82]采用构造方法，证明了采用成比例的线性函数作为规则后件的 T-S 模糊系统的通用逼近性，并给出了该类模糊系统逼近连续函数的充分条件。这些充分条件推导了为满足任意给定的逼近精度，所需要的输入模糊集、输出模糊集和模糊规则数目的明晰计算公式。给定一个待逼近的函数，根据这些充分条件很容易得到模糊系统的具体规则数。也就是说，基于这些充分条件，给定一个连续函数，只要模糊集和模糊规则增加到所需要的数目，总能使模糊系统逼近这个函数。但由于逼近偏差范围是对各类模糊系统适用的一般情况，估计值比较保守。文献[83]将以上结果推广到仿射 T-S 模糊系统，研究了一类模糊系统的一致逼近特性，并给出了该仿射 T-S 模糊系统一致逼近任意连续函数的充分条件，但只对双输入单输出情况给予了证明。曾珂等[84-86]证明了一般多输入单输出仿射 T-S 模糊系统的通用逼近性，并进一步研究了规则后件为常数的简化 T-S 模糊系统(即 Sugeno 模糊系统)的通用逼近性，每一维上的模糊集合满足交叠的前提下，给出了两个新的作为通用逼近器的充分条件，降低了文献[84]中结果的保守性。除此之外，Ying 等[87,88]还研究了双输入单输出的仿射 T-S 模糊系统逼近具有有限个极值的连续函数的必要条件，文献指出：必须对输入空间进行适当的划分，使每个输入子空间最多包含一个被逼近函数的极值，才能以最小系统结构的模糊系统去逼近该连续函数。

2. 齐次 T-S 模糊系统的逼近性能分析

由于规则后件中带有常数项的仿射 T-S 模糊系统不利于模糊控制系统的分析和设计。在模糊建模与控制中，为了便于控制系统的分析与设计，通常采用规则后件不带常数项的齐次 T-S 模糊系统。但对其逼近性能的研究相对较少，现有的文献中还未见任何齐次 T-S 模糊系统逼近连续函数的充分条件或必要条件。

Fantuzzi 和 Rovatti[89]就单输入单输出的情形研究了齐次 T-S 模糊系统的逼近性能，并指出齐次 T-S 模糊系统仅能一致逼近一次可微连续函数，其逼近能力与 Sugeno 模糊系统相仿，不及仿射 T-S 模糊系统。Wang 等 [90]采用构造的方法，证明了一类齐次 T-S 模糊系统的通用逼近性，结果指出该类齐次 T-S 模糊系统能够以任意精度一致逼近任意连续函数及其一阶导数，其中输入模糊集采用一致均匀分布的全交叠三角形隶属函数，但该齐次 T-S 模糊系统的构造具有一定的局限性。可见，与齐次 T-S 模糊系统在系统建模与控制中的广泛应用相比，其逼近性能分析的研究颇显滞后与薄弱。

1.2.4 T-S 模糊控制系统稳定性分析和系统化设计

T-S 模糊模型不仅可以用于对控制对象的辨识和建模，而且可用作模糊控制器，因而其应用范围十分广阔。此外，因为 T-S 模糊控制系统具有较为明晰的数学结构，自 20 世纪 90 年代至今，借助于传统的稳定性定义和条件以及稳定性分析方法，模糊系统稳定性分析上升到了一个新的理论高度，涌现了大量的较为系统的研究成果[16]。其中，Tanaka 等[91-94]以及 Cao 等[95-100]对 T-S 模糊控制系统的稳定性分析和系统化设计问题做了大量的研究工作。根据分析方法的不同，现有的研究成果大体可以分为以下两类。

1. Lyapunov 方法

基于 Lyapunov 直接法，Tanaka 和 Sugeno[91,92]最早对 T-S 模糊控制系统的稳定性分析和系统化设计进行了研究。他们利用模糊方块图来进行 T-S 模糊控制系统的设计，并基于 Lyapunov 稳定性理论研究了 T-S 模糊控制系统的稳定性问题，最后给出的稳定性判据归结为在所有的局部子系统中寻找一个公共的正定矩阵 $\boldsymbol{P}$，使之满足一系列不等式组。由于没有一般性的有效方法来解析地寻找一个公共 Lyapunov 函数，故 Tanaka 等都没有提供寻找 Lyapunov 稳定性条件的公共矩阵 $\boldsymbol{P}$ 的方法。为解决这一问题，Wang 等[93,94]和 Park 等[101]提出用线性矩阵不等式描述稳定性条件。然而，在工程应用中对于实际控制对象，规则数一般较多，要寻找一个适合所有规则的公共的正定矩阵 $\boldsymbol{P}$ 是非常困难的。为此，其后许多学者从不同的角度作了进一步的研究。Kim 和 Lee[102]将各子系统之间的关系归结在一个分块对称矩阵中，进一步释放了稳定性条件的保守性。Johansson 等[103]将输入状态空间划分为单规则作用域和多规则插值域，在不同的作用域上分别寻找局部公共正定矩阵 $\boldsymbol{P}_j$ 来定义不同的 Lyapunov 函数，这些 Lyapunov 函数在整个输入状态空间上构成一个连续的分段 Lyapunov 函数。Zhang 等[104]则通过采用最大隶属度输出的去模糊方法来避开寻找公共的正定矩阵。修智宏等[105,106]以及张松涛和任光[107]基于对输入空间模糊划分的明确定义，分别研究了一类连续和离散 T-S 模糊控制系统的稳定性，所得结果降低了原有充分条件的保守性，但各局部子系统之间的相互关系并未考虑。这些方法在一定程度上放宽了文献[91]的稳定性条件，但模糊规则前件隶属函数的结构信息及各局部子系统之间的关系均未得到充分的考虑，所给出的稳定性条件仍具有一定的保守性。

2. 线性不确定系统方法

Cao 等[95-98]将由 m 条规则构成的 T-S 模糊控制系统全局模型表示成 m 个局部线性不确定子系统，再利用线性不确定系统的二次镇定和鲁棒镇定的结果来讨论模糊系统的稳定性，这种方法只需解 m 个 Riccati 方程而不需要找公共的正定矩阵 $\boldsymbol{P}$ 即可判断系统的稳定性。该方法没有充分利用模糊规则前件输入变量隶属度函数的结构信息，而且局部子系统的不确定上界较难确定。尽管 Feng [99,100]在此基础上，做了大量的改进和研究工作，但仍具有较高的保守性和复杂度，不便于工程实际应用。

Tanaka 等[108]研究了模糊系统的鲁棒镇定问题。他们主要考虑前件参数的不确定性，模糊模型和模糊控制器都由 T-S 模糊模型来表示，其结论部分是由线性方程描述的。鲁棒镇定的目的是找出模糊控制系统的大范围渐近稳定的前件参数的不确定性的允许区域，并在载重拖车的倒车控制中得到运用。

1.2.5 基于神经网络的在线自组织模糊系统

模糊系统理论提供了一种有效的数学工具来获取人们的认知过程，如思考和推理中的不确定性。然而，设计一个模糊系统是一种主观的方法。单纯依赖人的感知和经验将会导致一些严重的问题，因为即使是领域专家，他们的知识或经验也通常是不系统的。模糊逻辑中存在的瓶颈问题是它们都依赖于由领域专家给出模糊规则以及规则爆炸问题，而且，不存在系统和有效的框架来选择模糊系统的各种参数。因此，模糊系统的结构辨识与参数调整是其中的一个重要研究课题[5,7]。另外，神经网络具有一些重要的优点，如学习能力、自适应能力、容错能力、并行处理能力以及泛化能力等，所以神经网络能够处理复杂、非线性以及不确定性问题。但神经网络没有明确的物理意义，往往被用作某种“黑箱”方法[109]。作为一种解决以上问题的有效方法，模糊系统和神经网络的结合引起了各方学者的极大兴趣。基于神经网络的模糊系统，即模糊神经网络(FNN)诞生于20世纪80年代后期。该方法致力于获得两种系统的优点而克服各自的缺点，从而使得FNN不仅具有自学习能力和自适应能力，而且还具有明确的物理意义，专家知识很容易结合到FNN中。这对知识的获取和赋予，以及收敛速度的提高和训练时间的缩短大有帮助[17,110,111]。

日本学者Takagi[112]最早对模糊神经网络进行了研究，其研究成果主要集中在如何利用神经网络的学习能力来实现模糊系统的自动设计。随后，欧美学者也从20世纪90年代初开始模糊神经网络的研究，特别是由美国加州大学贝克莱分校Zadeh教授领导的软计算小组(BISC)在模糊理论和模糊神经网络方面作出了杰出贡献[113-115]，著名的基于自适应神经网络的模糊推理系统(ANFIS)[114]就是在此期间诞生的，极大地推动了模糊神经网络在世界范围内的研究工作。发展到今天，多方学者提出了一系列模糊神经网络结构和算法，并成功地应用于实际工程中[116]。从其结构和功能来看，可大致把这些方法归纳为以下几类。

1. 具有学习功能的模糊系统

这类神经网络也可称为可训练的模糊系统，Takagi等[112]的研究成果便属于这一类。此外，王立新提出的自适应模糊系统[5]也可归于该类。这类模糊神经网络的思想是通过训练数据，利用神经网络的学习算法得到模糊规则。但往往为实现某些模糊规则，使得整个网络结构异常复杂。

2. 基于神经网络的模糊系统

在该类模糊神经网络中，众多学者提出了各种神经网络结构来表示模糊推理，使得该类模糊神经网络的研究比较广泛和深入。其中，比较著名的有：Lin[117]提出的基于神经网络结构和参数学习的模糊逻辑控制系统，Berenji等[118,119]采用强化学习算法提出的基于近似推理的智能控制方法ARIC和GARIC，Jang等[114,115]采用BP和混合学习算法提出的基于自适应神经网络的模糊推理系统ANFIS。此外，还有：基于模糊规则的神经网络[120]、模糊神经网络[121]、模糊自适应学习控制网络FALCON[122]及其他神经网络结构[123-125]。基于Platt[126]提出的RAN及其生长准则，近年来，陆续涌现了一系列基于RAN的生长和修剪模糊神经网络[127-134]，该模糊神经网络能实现在线或离线模糊系统的结构和参数辨识，但涉及的学习参数较多或学习速度较慢。为克服以上缺点，Huang等[135-137]最近提出了一种极速学习机(ELM)方法和在线ELM(OS-ELM)方法，用于回归和分类等问题，与现有的支持向量机(SVM)[138]等方法相比较，尤其在学习速度方面，其效果有一定的优越性，但需要事先给定规则节点数目，而且其网络结构往往比较庞大。

3. 用于模糊推理的神经网络

该类模糊神经网络主要用于模糊推理。文献[139]和[140]利用标准的前馈神经网络来训练模糊规则，将训练好的神经网络用来进行模糊推理。文献[141]提出的神经网络驱动的模糊推理、文献[142]提出的 NDFL 和模糊多层感知器(MLP)[143,144]网络也归为这一类。

4. 模糊化的神经网络

该类神经网络的输入输出及连接权值都是模糊值，用以处理模糊信息或不确定性知识。文献[145]～[147]等都属于这一类。

5. 其他方法

此外，还有一些其他集成模糊系统和神经网络的方案，例如，模糊 ART[148]、模糊 ARTMAP[149]、模糊最大-最小神经网络[150,151]、AND/OR 神经元网络[152]、模糊神经元[153]等。

1.3 模糊系统理论中存在的几个主要问题

通过回顾模糊系统理论的研究现状，我们发现模糊系统理论仍是一项发展中的技术，其理论远未完善，将其中存在的几个主要问题归纳如下。

1.3.1 Mamdani 模糊控制系统解析及其稳定性分析

由于 Mamdani 模糊系统缺乏传统理论上基于精确数学模型分析和设计的基础，很难用经典的控制理论对模糊控制系统进行研究，模糊控制系统的本质问题仍然需要进一步深入探讨。虽然模糊控制系统的结构分析和稳定性等理论分析已经取得了很大进展，但与经典控制理论相比，解析模糊控制理论显得仍不成熟。

1. Mamdani 模糊控制器结构解析

在结构分析中，研究局限于各种典型的模糊控制器，条件过于理想化，缺乏一般性。为了模糊控制器的解析结构分析的数学推理过程更容易进行，输入和输出模糊集大多分别采用三角形和单点模糊集，使得模糊控制器的解析结构的分析结果有很大的局限性。

2. Mamdani 模糊控制系的稳定性分析

从现有 Mamdani 模糊控制系统稳定性分析的方法可知，最一般的方法是 Lyapunov 方法，但比较保守，圆判据则更保守。对于其他一些典型的 Mamdani 模糊控制系统稳定性分析方法，要求对象模型确定且应满足一些连续性限制，更一般化的稳定性判据，尤其是基于模糊控制器解析结构的易理解且具有广泛应用性的方法有待进一步研究。

1.3.2　T-S 模糊控制系统逼近性能及其稳定性分析

T-S 模糊控制系统具有较为明晰的数学结构，目前研究得比较深入。尽管如此，对于工程应用中常用的齐次 T-S 模糊系统的研究相对较少，而且现有结果也大多具有一定的局限性。

1．T-S 模糊系统逼近性能研究

齐次 T-S 模糊系统在实际建模和控制中得到了广泛的应用，但对其逼近性能的研究却相对缺乏。逼近性能分析作为某种建模和控制方法的理论基础是必不可少的，但在现有的文献中鲜有关于齐次 T-S 模糊系统逼近性能的系统分析，现有的研究成果也比较片面，缺乏一般性。

2．T-S 模糊控制系统稳定性分析

尽管 T-S 模糊控制系统稳定性分析的研究成果相对比较丰富和系统，但是现有的稳定性条件大多是针对某些具体的典型系统所给出的，具有较强的限制性和保守性，而且往往计算复杂度较高，不利于在工程实际中应用。作为模糊控制系统分析和设计的理论基础，系统稳定性的分析有待进一步深入、广泛地研究。

1.3.3　在线自组织模糊神经网络

一个模糊神经网络无论从结构还是本质上来说，都是一个神经网络，其网络结构大小由模糊规则数决定。评价一个神经网络好坏的核心指标是其泛化能力，而泛化能力固然与初值的选取和学习的策略密切相关，最主要的因素仍是结构的选取。节点数太少，则学习误差大，会出现学习不下去的现象，容易导致过训练；而节点数太多，又容易出现过拟合的现象，这两种情况都会大大降低神经网络的泛化能力。另外，大多数现有的模糊神经网络的学习方式都是 BP 算法或其他基于导数的混合学习算法。我们知道这些算法的速度通常都较慢，并且容易陷入局部极小值。因此，迫切需要找到一种快速、精确的学习方法，以实现模糊系统的在线自组织设计。

1.4　本书主要研究内容

针对以上指出的模糊系统理论中存在的问题，本书主要研究了模糊系统的结构解析和在线自组织设计等问题。研究工作主要涉及：两维和三维最简模糊控制器的结构及其闭环控制系统的输入输出(IO)稳定性、齐次 T-S 模糊系统的逼近性能、T-S 模糊控制系统的稳定性分析与系统化设计、模糊系统与神经网络的等价性、基于神经网络的模糊系统在线自组织设计及其在船舶工程领域的应用等。全书共 9 章，具体内容和安排如下。

为论述方便，第 2 章简要介绍本书研究工作中用到的一些基础知识和基本概念。内容包括：模糊系统理论基础、神经网络理论基础以及两者的融合。

第 3 章研究模糊控制器的解析结构。首先研究了一大类更为普遍的最简两维 Mamdani 模糊控制器的解析结构，推导了两类模糊控制器的解析式，并对这两类模糊控制器进行了结构分析，给出的结构解析定理包含了现有模糊控制器结构解析的结果。然后深入研究了一类采用 Zadeh 模糊逻辑 AND 算子和 Zadeh 模糊逻辑 OR 算子的最简三维 Mamdani 模糊控制器的解析结构。严格推导了该类模糊控制器的解析表达式，证明了该类模糊控制器是一种动态变增益非线性 PID 控制器、动态变增益非线性 PI 或 PD 控制器加定常控制偏置、分段线性控制器、分段定常控制器的组合。所得理论结果为 Mamdani 模糊控制系统的分析与设计奠定了理论基础。

第 4 章研究模糊系统的逼近性能。通过归纳常用模糊集的一般特性，基于对输入空间模糊划分的一般化定义，推导了一大类齐次 T-S 模糊系统的解析式。进而，研究了该类模糊系统的通用逼近性能，并且给出了齐次 T-S 模糊系统逼近任意非线性函数的充分条件。仿真结果验证了所得理论结果的有效性。实际上，在非线性系统建模与控制中，齐次 T-S 模糊系统的应用更为广泛。并且，本章所研究的齐次 T-S 模糊系统是一大类更为普遍的模糊系统。因此，所得理论结果对于 T-S 模糊系统的分析与设计更具实际指导意义。

第 5 章研究模糊控制系统的稳定性。该章内容可分为两部分：第一部分在 Mamdani 模糊控制器解析结构的基础上，进一步研究了两维和三维模糊控制器系统的稳定性。对于任意非线性被控对象，基于小增益理论，分析了闭环模糊控制系统的 BIBO 稳定性。与传统的 PID 控制器系统相比，所得稳定的模糊控制系统的性能极为优越。仿真示例验证了所得稳定性条件的有效性以及模糊控制系统的优越性。这为 Mamdani 模糊控制器的系统化设计与分析提供了理论基础。第二部分基于更为普遍的对输入空间的模糊划分方法，研究了一大类 T-S 模糊控制系统的稳定性问题。通过充分利用规则前件的结构信息和构造连续分段光滑 Lyapunov 函数，得到了保证闭环 T-S 模糊控制系统稳定的充分条件。因为该条件充分利用了前件变量的结构信息和后件各局部子系统之间的相互关系，所以降低了现有基于分段 Lyapunov 函数得到的稳定性条件的保守性和求解难度，通过严格证明和数值示例说明了所得稳定性条件的低保守性。基于平行分布补偿(PDC)原理和线性矩阵不等式(LMI)方法，探讨了 T-S 模糊控制器的系统化设计方法，并将其应用于船舶力控减摇鳍系统中，所得控制效果优于现有的控制策略。仿真结果表明，所设计的 T-S 模糊控制系统具有较高的控制性能，从而验证了所得 T-S 模糊控制系统稳定性分析和系统化设计方法的有效性和优越性。

第 6 章研究一大类神经网络与 T-S 模糊系统之间的函数等价关系。具体包括：①若神经网络的隐层节点和局部模型分别对应于 T-S 模糊系统的前件和后件，则神经网络等价于该 T-S 模糊系统；②若 T-S 模糊系统采用神经网络的激活函数和局部模型分别作为其隶属度函数和模糊规则后件，则正则化(非正则化)神经网络等价于该正则化(非正则化)T-S 模糊系统；③若采用隐层节点作为模糊规则的多变量隶属度函数，则正则化神经网络等价于非正则化 T-S 模糊系统。最后，数值示例验证上述等价关系。

第 7 章和第 8 章研究基于神经网络的模糊系统在线自组织设计问题，提出了快速精确在线自组织精简模糊神经网络(FAOS-PFNN)和广义椭球基函数在线自组织模糊神经网络(GEBF-OSFNN)，其显著特点是，该方法将模糊规则的修剪策略合并到生长准则中，使得新的生长准则兼具增长和修剪的特点，从而加快了在线学习速度。基于该合成的规则生长准则，随着训练数据的输入，模糊系统从没有任何模糊规则逐渐生长，生成精简的且具有较高逼近和泛化能力的模糊神经网络。采用扩展的卡尔曼滤波(EKF)和线性最小二乘(LLS)算法在线调节所有的自由参数，以加快收敛速度。为验证其有效性和优越性，分别将其应用于非线性函数逼近、动态系统辨识和 Mackey-Glass 混沌时间序列预测及真实标杆数据回归等领域，并与现有的其他学习算法进行广泛的比较。结果显示，所提出的 FAOS-PFNN 和 GEBF-OSFNN 算法的学习速度更快，所得模糊神经网络的结构更为精简，而且具有相当的逼近和泛化能力。这为模糊系统的自动化设计及优化提供了新的有效方法。

第 9 章面向船舶领域建模、船舶运动模型辨识和船舶操纵运动控制等船舶工程领域的重要问题，针对所提出的 FAOS-PFNN 和 GEBF-OSFNN 算法，展开了广泛的应用研究。实验和仿真结果表明，在上述的潜在应用领域中，所提出的 FAOS-PFNN 和 GEBF-OSFNN 算法能够有效地应用于船舶工程领域的精确模型辨识和复杂系统控制。而且，精简的系统结构极大地降低了计算复杂度，更易于工程实践。

第 2 章　模糊系统和神经网络理论基础

为方便叙述本书所做的研究工作，本章将简要介绍一下在本书研究中涉及的基本知识。内容包括：模糊系统理论基础、神经网络理论基础以及两者的融合。

2.1　模 糊 系 统

模糊系统基于模糊逻辑，与传统的二值逻辑相比，模糊逻辑更接近人的思维和自然语言。原理上，模糊逻辑提供了一种有效的方式来获取现实世界中近似的和不精确的特性。一个模糊系统中基本的部分是一个语言规则集，通过模糊蕴涵和推理式的合成，把基于专家知识的语言规则转换为自动的控制行为。许多试验表明，模糊系统得出的结果远优于传统方法，特别是当用传统的定量方法分析起来太复杂，或者当已知信息源只能定性地、不精确地或不确定地描述时，模糊系统方法显得极为有效。因此，可以认为模糊系统朝着传统的精确数学方法和人类决策的最终交融迈进了坚实的一步[7]。

2.1.1　模糊集

设 U 是论域，称映射 u_A：$U \to [0, 1], x \mapsto u_A(x) \in [0, 1]$确定了一个 U 上的模糊子集 A，简称模糊集。映射 u_A 称为 A 的隶属函数。模糊集是传统集合的推广，该集合包含隶属于不精确的元素。把隶属的程度定义为隶属函数，通常该函数是一个属于 0～1 的值。这种方法明确地提供了一种用数学模型表达不确定性的方式，应用最为广泛的隶属函数当属三角形隶属函数和高斯隶属函数，它们定义如下。

(1) 三角形隶属函数[7]。

$$\mu(x)=\begin{cases}1-\dfrac{|x-m|}{\sigma}, & |x-m| \leqslant \sigma \\ 0, & |x-m| > \sigma\end{cases} \tag{2.1}$$

其中，m 和 σ 分别为模糊集的中心和宽度。

(2) 高斯隶属函数[7]。

$$\mu(x)=\exp\left(-\frac{(x-c)^2}{\sigma^2}\right) \tag{2.2}$$

其中，c 和 σ 分别为模糊集的中心和宽度。

此外，Lee[154,155]定义了一种更为一般化的伪梯形隶属函数。设$[a, d] \subset W \subset \mathbf{R}$，伪梯形隶属函数是在 W 上由式(2.3)定义的非负连续实函数：

$$\mu(x)=\begin{cases} I(x), & x\in[a,b] \\ 1, & x\in[b,c] \\ D(x), & x\in[c,d] \\ 0, & x\notin[a,d] \end{cases} \tag{2.3}$$

其中，$a\leqslant b\leqslant c\leqslant d$ 且 $a<d$，$I(x)\geqslant 0$ 是$[a, b]$上的严格单调增函数，$D(x)\geqslant 0$ 是$[c, d]$上的严格单调减函数。我们称$[a, b]$为上升段，$[b, c]$为水平段，$[c, d]$为下降段。显然，三角形和高斯隶属函数是伪梯形隶属函数的特例。

下面给出几个关于模糊集的概念：支撑集(Support)、核集(Core)和模糊单值(Fuzzy singleton)或单点模糊集。

定义 2.1[7] 论域 U 上模糊集 A 的支撑集是一个清晰集，它包含了 U 中所有在 A 上具有非零隶属度值的元素，即

$$\text{Supp}(A)=\{x\in U \mid \mu_A(x)>0\} \tag{2.4}$$

模糊集 A 的核集是包含了 U 中所有在 A 上其隶属度值为 1 的元素，即

$$\text{Core}(A)=\{x\in U \mid \mu_A(x)=1\} \tag{2.5}$$

此外，如果模糊集合的支撑集中仅包含 U 中的一个点，则称该模糊集为模糊单值或单点模糊集。

2.1.2 模糊规则

模糊系统本质上是一个基于规则的专家系统，它包括一组“IF-THEN”形式的语言规则[154]。到目前为止，最常用的模糊规则是纯粹的模糊 IF-THEN 模型(或称 Mamdani 模糊规则)以及 Takagi-Sugeno-Kang 模型(TSK 模糊规则)。

1. Mamdani 模糊规则

由于 Mamdani 模型形式简单，通常用于表达不精确的推理方式，这种推理方式对于人们在不确定或不精确环境下仍具有作出决策的能力上起着非常重要的作用。其规则形式如下：

$$R_l\text{:IF } x_1 \text{ is } M_{1,l} \text{ and } \cdots \text{ and } x_n \text{ is } M_{n,l} \text{ THEN } y_1 \text{ is } C_{1,l} \text{ and} \cdots \text{and } y_m \text{ is } C_{m,l},\ l=1,2,\cdots,r \tag{2.6}$$

其中，R_l表示为第 l 条模糊规则，r 为模糊规则数，$M_{i,l}(i=1,2,\cdots,n)$ 和 $C_{j,l}(j=1,2,\cdots,m)$ 分别为输入变量 x_i 和输出变量 y_j 的模糊集，$\boldsymbol{x}=[x_1, x_2,\cdots, x_n]^{\mathrm{T}}\in U\subset\mathbf{R}^n$ 和 $\boldsymbol{y}=[y_1, y_2,\cdots, y_m]^{\mathrm{T}}\in V\subset\mathbf{R}^m$ 分别为模糊系统的输入向量和输出向量，分别用适当的隶属函数来刻画。每一条模糊规则定义了一个模糊集：

$$M_{1,l}M_{2,l}\cdots M_{n,l}\rightarrow C_{1,l}+C_{2,l}+\cdots+C_{m,l} \tag{2.7}$$

其中，“＋”表示独立变量的和。由于多输入多输出(MIMO)的规则都是相互独立的，所以 MIMO 模糊系统的一般规则结构都可以表示为多输入单输出(MISO)模糊系统。之所以如此，是因为可以根据 $C_{j,l}(j=1,2,\cdots,m)$ 把以上的规则分解为 m 个子规则，并以此作为第 l 个子规则的独立结果。为叙述方便，在以后的分析中将仅考虑 MISO 系统。

Mamdani 模型是一个普遍的架构，在这个框架中，来自人类专家的语言信息被量化，同时模糊逻辑的法则使得这个语言信息能够被系统利用。这种规则的不足之处主要是它的输入和输出都是模糊集。然而在大多数工程系统中，系统的输入和输出都是清晰量。为简单起见，模糊规则后件中常采用单点模糊集，即

$$R_l\text{:IF } x_1 \text{ is } M_{1,l} \text{ and } \cdots \text{ and } x_n \text{ is } M_{n,l} \text{ THEN } y_l \text{ is } C,\ l=1,2,\cdots,r \tag{2.8}$$

其中，C 为一个单点模糊集(即清晰量)。

2．TSK 模糊规则

Takagi 和 Sugeno 等[4]提出了 TSK 模型，其 IF-THEN 规则如下：

$$R_l\text{:IF } x_1 \text{ is } M_{1,l} \text{ and } \cdots \text{ and } x_n \text{ is } M_{n,l} \text{ THEN } y_l=a_{0,l}+a_{1,l}x_1+\cdots+a_{n,l}x_n,\ l=1,2,\cdots,r \tag{2.9}$$

其中，R_l 表示模糊系统的第 l 条规则，r 为模糊规则数，$M_{i,l}(i=1,2,\cdots,n)$ 为输入变量 x_i 的模糊集，$a_{i,l}(i=1,2,\cdots n,l=1,2,\cdots,r)$ 为实值参数，$\boldsymbol{x}=[x_1,x_2,\ \cdots,x_n]^{\mathrm{T}}\in U\subset\mathbf{R}^n$ 为模糊系统的输入向量，而 $y_l\in V\subset\mathbf{R}$ 是根据第 l 条规则的系统输出。也就是说，TSK 模型考虑的规则的 IF 部分是模糊的而 THEN 部分是清晰的。它的输出是所有输入变量的线性组合。该模型具有以下优点：①计算效率高；②用线性方法能够较好地处理；③用优化和自适应方法能够较好地处理；④能够确保输出平面的连续性；⑤更适合于用数学方法分析。

需要指出的是，如不考虑输入变量对输出的影响，式(2.8)与式(2.9)形式上是相同的。通常称式(2.8)为 Sugeno 模型，一种简化的 TSK 模型。这两种类型的模糊模型都已经在建模和控制领域得到了广泛的应用。

因为模糊规则库是由规则集合组成的，所以这些规则之间的关系以及规则整体都蕴涵着一些重要的特性。下面给出几个关于模糊规则库特性的几个概念：完备性(Complete)、一致性(Consistent)、连续性(Continuous)[7]。

定义 2.2[7]　如果对任意 $\boldsymbol{x}\in U$，在模糊规则库中都至少存在一条规则 R_l，对于所有 $i=1,2,\cdots,n$ 都满足 $\mu_{M_{i,l}}(x_i)\neq 0$，则称这个模糊规则库是完备的。

定义 2.3[7]　如果模糊规则库不存在“IF 部分相同，THEN 部分不同”的规则，则认为该模糊规则库是一致的。

定义 2.4[7]　当临近模糊规则的 THEN 部分的模糊集的交集不为空时，称该模糊规则库是连续的。

2.1.3　模糊推理系统的结构与基本原理

模糊推理系统也称为基于模糊规则的系统[16]、模糊模型[4]或模糊控制器[155](用作控制器时)。如图 2.1 所示，一个模糊推理系统基本上包括 5 个功能块，分别如下所述。

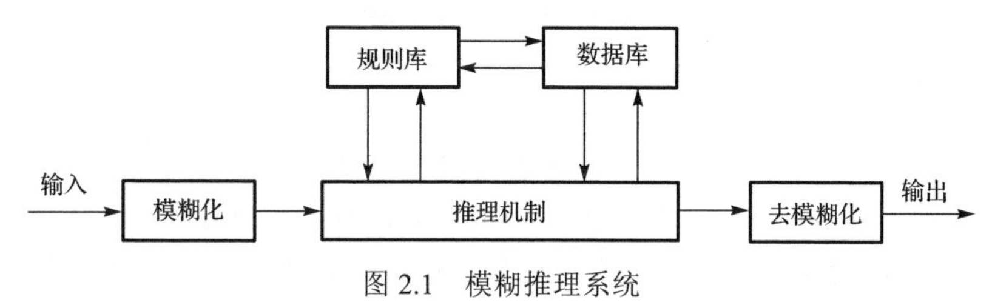

图 2.1　模糊推理系统

(1) 规则库：它包含了许多模糊 IF-THEN 规则。

(2) 数据库：它定义了模糊规则中的各模糊集的隶属函数。

(3) 推理机制：它对模糊规则进行推理运算。

(4) 模糊输入接口：将清晰的输入转换为与语言值匹配的程度。

(5) 去模糊化接口：将接口中模糊计算结果转换为清晰的输出。

通常情况下，规则库和数据库一起合称为知识库。模糊推理的步骤，即通过模糊推理系统执行在模糊 IF-THEN 规则上的推理过程如下。

(1) 在初始部分比较输入变量和隶属函数从而获得每个语言标识的隶属度，这一步称为模糊化。

(2) 对初始部分的隶属函数作并运算(通过特殊的 T-范数算子，通常是乘或者最小化)得到每个规则的激活度。

(3) 依赖于激活度产生每一条规则的有效结果(模糊或者清晰)。

(4) 叠加所有的有效结果产生一个明确的输出，该过程称为去模糊化。

1. 模糊化接口

模糊化接口即模糊器可定义为由一实值点 $\boldsymbol{x}^* \in U \subset \mathbf{R}^n$ 向 U 上的模糊集 M' 的映射。设计模糊器的准则有三条[7]：①模糊器应该考虑输入是在清晰点 $\boldsymbol{x}^*$处输入的这一事实，即在点 $\boldsymbol{x}^*$处模糊集 M' 应该有一个更大的隶属度值；②如果模糊系统的输入受到噪声干扰，则要求模糊器有助于克服噪声的影响；③模糊器应有助于简化模糊推理机的计算。常用的模糊器有以下三种。

(1) 单值模糊器：单值模糊器将一个实值点 $\boldsymbol{x}^* \in U$ 映射成 U 上的一个模糊单值 M'，M' 在 $\boldsymbol{x}^*$点上的隶属度值为 1，在 U 中的其他所有点上的隶属度值为 0，即

$$\mu_{M'}(\boldsymbol{x})=\begin{cases}1, & \boldsymbol{x}=\boldsymbol{x}^* \\ 0, & \boldsymbol{x}\neq\boldsymbol{x}^*\end{cases} \tag{2.10}$$

(2) 高斯模糊器：高斯模糊器将 $\boldsymbol{x}^* \in U$ 映射成 U 上的一个模糊集 M'，它具有如式(2.1)所示的高斯隶属度函数。

(3) 三角形模糊器：三角形模糊器将 $\boldsymbol{x}^* \in U$ 映射成 U 上的一个模糊集 M'，它具有如式(2.2)所示的三角形隶属度函数。

总的来说，关于这三种模糊器有以下三点结论[7]。

(1) 对于任意可能采用的模糊 IF-THEN 规则的隶属度函数类型，单值模糊器都可以大大简化模糊推理机的计算。

(2) 如果模糊 IF-THEN 规则中的隶属度函数分别为高斯隶属度函数或三角形隶属度函数，则高斯模糊器或三角形模糊器也能简化模糊推理机的计算。

(3) 高斯模糊器和三角形模糊器能克服输入变量中包含的噪声，而单值模糊器却不能。

2. 知识库

所有输入、输出变量所对应的论域以及这些论域上所定义的规则库中所使用的全部模糊子集的定义都存放在数据库中。在模糊控制器推理过程中，数据库向推理机提供必要的数据。在模糊化接口和解模糊接口进行模糊化和解模糊时，数据库也向它们提供相关论域的必要数据。

规则库存放模糊控制规则。模糊控制规则库是由一系列“IF-THEN”型的模糊条件句所构成。条件句的前件为输入和状态，后件为控制变量。模糊控制规则基于手动操作人员长期积累的控制经验和领域专家的有关知识，它是对被控对象进行控制的一个知识模型(不是数学模型)。这个模型建立的是否准确，即是否准确地总结了操作人员的成功经验和领域专家的知识，将决定模糊控制器控制性能的好坏。规则库的建立一般可以通过以下途径：①总结操作人员、领域专家、控制工程师的经验和知识；②基于过程的模糊模型；③基于学习；④基于计算机优化。

3. 推理机制

模糊推理是模糊逻辑控制系统和模糊控制的核心，具有模拟人基于模糊概念的推理能力的行为。它根据模糊系统的输入和模糊推理规则，经过模糊关系合成和模糊推理合成等逻辑运算，得出模糊系统的输出。模糊控制应用的是广义前向推理，该推理过程是基于模糊逻辑中的模糊推理算法及模糊推理规则来进行的。模糊推理算法和很多因素有关，如模糊蕴涵规则、推理合成规则、模糊条件语句前件部分的连接词“AND”和语句之间的连接词“OR”的不同定义等。因为这些因素有多种不同定义，可以组合出相当多的推理算法，因此这个问题也是非常庞杂的。

下面给出三种主要的模糊逻辑运算[7,154-156]：模糊与(AND)、模糊或(OR)、模糊蕴涵(Implication)。

(1)模糊与："AND"。"AND"操作是规则中条件之间的连接关系，即模糊控制器的多个输入变量之间的逻辑关系运算，通常是计算激活的隶属度之间的关系，常采用从[0, 1] × [0, 1] → [0, 1]上的二元函数——T-范数来运算，常用的算子有以下四种。

最小：$x \wedge y = \min\{x, y\}$。

代数积：$x \cdot y = xy$。

有界积：$x \oplus y = \max\{0, x + y - 1\}$。

直积：$x \cap y = \begin{cases} x, & y = 1 \\ y, & x = 1 \\ 0, & x \cdot y < 1 \end{cases}, \quad x, y \in [0,1]$。

(2)模糊或："OR"。"OR"操作是规则间的关系，当两条规则的结论部分相同时，通常采用从[0, 1] × [0, 1] → [0, 1]上的二元函数——T-协范数来运算，常用的算子有以下四种。

最大：$x \vee y = \max\{x, y\}$。

代数和：$x \hat{+} y = x + y - xy$。

有界和：$x \otimes y = \min\{1, x + y\}$。

直和：$x \cup y = \begin{cases} x, & y = 0 \\ y, & x = 0 \\ 1, & x \cdot y > 0 \end{cases}, \quad x, y \in [0,1]$。

(3)模糊蕴涵："Implication"。"Implication"操作是规则中条件和结论之间的关系，由前提的隶属度和蕴涵算子可以确定出结论的隶属度。由于模糊推理过程是基于模糊逻辑中的蕴涵关系及模糊规则集进行的，所以在模糊控制中，模糊控制规则的实质是模糊蕴涵关系，因为模糊关系有多种定义方法，模糊蕴涵算子也存在很多种选择，常用的模糊蕴涵关系运算有以下几种。

模糊最小蕴涵运算(Mamdani)：$R = A \to B = A \times B = \int_{X \times Y} \mu_A(x) \wedge \mu_B(x) / (x, y)$。

模糊积蕴涵运算(Larsen)：$R = A \to B = A \times B = \int_{X \times Y} \mu_A(x) \cdot \mu_B(x) / (x, y)$。

模糊算术蕴涵运算(Zadeh)：

$$R = A \to B = (\bar{A} \times Y) \oplus (X \times B) = \int_{X \times Y} (1 \wedge (1 - \mu_A(x) + \mu_B(x)) / (x, y)。$$

模糊最大最小蕴涵运算(Zadeh)：

$$R = A \to B = (A \times B) \cup (\bar{A} \times Y) = \int_{X \times Y} (\mu_A(x) \wedge \mu_B(x)) \vee (1 - \mu_A(x)) / (x, y) 。$$

选择不同的模糊运算，将产生不同的模糊推理机制，常用的推理机有：乘积(Product)推理机、最小(Mamdani)推理机、Lukasiewicz 推理机、Zadeh 推理机和 Dienes-Rescher 推理机。

(1) Product 推理机：T-范数选用代数积算子、T-协范数选用最大算子。

$$\mu_{C_l}(y) = \max_{l=1}^{r} \left\{ \sup_{x \in U} (\mu_{M'}(\boldsymbol{x})) \prod_{i=1}^{n} [\mu_{M_{i,l}}(x_i) \mu_{C_l}(y)] \right\} \tag{2.11}$$

(2) Mamdani 推理机：T-范数选用最小算子、T-协范数选用最大算子。

$$\mu_{C_l}(y) = \max_{l=1}^{r} \left\{ \sup_{x \in U} \min[\mu_{M'}(\boldsymbol{x}), \mu_{M_{1,l}}(x_1), \cdots, \mu_{M_{n,l}}(x_n), \mu_{C_l}(y)] \right\} \tag{2.12}$$

(3) Lukasiewicz 推理机：T-范数选用最小算子、Lukasiewicz 模糊运算。

$$\mu_{C_l}(y) = \min_{l=1}^{r} \left\{ \sup_{x \in U} \min[\mu_{M'}(\boldsymbol{x}), 1 - \min_{i=1}^{n}(\mu_{M_{i,l}}(x_i)) + \mu_{C_l}(y)] \right\} \tag{2.13}$$

(4) Zadeh 推理机：T-范数选用最小算子、Zadeh 模糊运算。

$$\mu_{C_l}(y) = \min_{l=1}^{r} \left\{ \sup_{x \in U} \min[\mu_{M'}(\boldsymbol{x}), \max(\min(\mu_{M_{1,l}}(x_1), \cdots, \mu_{M_{n,l}}(x_n), \mu_{C_l}(y)), 1 - \min_{i=1}^{n}(\mu_{M_{i,l}}(x_i)))] \right\} \tag{2.14}$$

(5) Dienes-Rescher 推理机：T-范数选用最小算子、Dienes-Rescher 模糊运算。

$$\mu_{C_l}(y) = \min_{l=1}^{r} \left\{ \sup_{x \in U} \min\left[\mu_{M'}(\boldsymbol{x}), \max\left(1 - \min_{i=1}^{n}(\mu_{M_{i,l}}(x_i)), \mu_{C_l}(y)\right) \right] \right\} \tag{2.15}$$

4. 解模糊接口

与模糊化相反，解模糊是由模糊量到精确量的转化过程。解模糊器可定义为由 $V \subset \mathbf{R}$ 上模糊集 C' (模糊推理机的输出)向清晰点 $y^* \in V$ 的一种映射。解模糊化接口主要有两个功能：量程转换和解模糊。解模糊是模糊化的逆过程，它把模糊推理得到的控制作用的模糊集转化为执行机构所能接受的精确量，解模糊也称判决。常用的解模糊方法有以下几种[7,157]。

(1) 最大隶属度法。若输出模糊集合 C 的隶属函数只有一个峰值(隶属度最大的点)，则取隶属函数最大的点为清晰值，若输出模糊集合 C 的隶属函数有多个峰值，则取这些峰值所对应的点的平均值为清晰值。以清晰值的横坐标作为输出结果。

(2) 中位数法。采用中位数法是取 $\mu_{C'}(y)$ 的中位数作为 y 的清晰量，即满足 $\int_a^{y_0}\mu_{C'}(y)\mathrm{d}y=\int_{y_0}^{b}\mu_{C'}(y)\mathrm{d}y$ 的点 y_0，以 y_0 为分界，$\mu_{C'}(y)$ 与 y 轴之间面积两边相等。将描述输出模糊集合的隶属函数曲线与横坐标轴围成面积的等分线的横坐标作为输出结果。

(3) 加权平均法。以各条规则的前件和输入的模糊集，按确定的值 k_l 为权值，对后件代表值 y_l 作加权平均，输出清晰值 y_0 为

$$y_0=\frac{\sum_{l=1}^{r}k_l y_l}{\sum_{l=1}^{r}k_l} \tag{2.16}$$

(4) 重心法。输出 y 的可能性分布曲线与横坐标轴所包围的面积上求该面积的重心，重心的横坐标作为解模糊的结果 y_0 为

$$y_0=\frac{\int_a^b y\mu_{C'}(y)\mathrm{d}y}{\int_a^b \mu_{C'}(y)\mathrm{d}y} \tag{2.17}$$

在模糊逻辑控制系统中，由于采用模糊推理规则、模糊推理算法以及解模糊的方法很多，每一个模糊控制器中的各个环节都有不同的选择，从而每一种组合都产生各种不同类型的模糊逻辑控制系统。

2.1.4　模糊推理系统的分类

由于模糊系统的知识库中规则的形式和推理机的推理方法不同，模糊推理系统的具体类型是多种多样的。通过对各种类型的分析，现有的模糊系统可以归纳为两种基本类型：Mamdani 型和 Takagi-Sugeno (T-S) 型，其他的类型都可视为这两种类型的特例。Mamdani 型和 T-S 型模糊控制器也并不是严格区分的，如规则后件采用单点模糊数的模糊控制器既可认为是一种 Mamdani 型模糊控制器又可以认为是零阶 T-S 型模糊控制器，而且 Mamdani 型和 T-S 型模糊控制器在一定条件下可以互相转化[158]。下面分别介绍一下这两种模糊系统的工作原理。

1．Mamdani 型模糊系统

Mamdani 模糊控制器是英国学者 Mamdani 教授于 1974 年提出的，是模糊控制技术发展初期普遍采用的模糊控制器模型，因而也常常称为传统的模糊控制器。多输入单输出 (MISO) Mamdani 模糊控制器的模糊控制规则为[3,154,155]

$$\begin{cases} R_1: \text{IF } z_1 \text{ is } A_{1,1} \text{ and } z_2 \text{ is } A_{2,1} \text{ and } \cdots \text{ and } z_n \text{ is } A_{n,1} \text{ THEN } u \text{ is } B_1 \\ R_2: \text{IF } z_1 \text{ is } A_{1,2} \text{ and } z_2 \text{ is } A_{2,2} \text{ and } \cdots \text{ and } z_n \text{ is } A_{n,2} \text{ THEN } u \text{ is } B_2 \\ \quad \cdots \\ R_r: \text{IF } z_1 \text{ is } A_{1,r} \text{ and } z_2 \text{ is } A_{2,r} \text{ and } \cdots \text{ and } z_n \text{ is } A_{n,r} \text{ THEN } u \text{ is } B_r \end{cases} \tag{2.18}$$

其中，$z_i(i=1,2,\cdots,n)$ 为前件(输入)变量，其论域分别为 $Z_i(i=1,2,\cdots,n)$，$A_{i,l}\in F(Z_i)$，$l=1,2,\cdots,r$ 为前件变量 z_i 的模糊集，u 为输出变量，论域为 U，$B_l\in F(U), l=1,2,\cdots,r$ 为输出变量的模糊集。

每条规则表示直积空间 $Z_1\times Z_2\times\cdots\times Z_n\times U$ 上的一个模糊关系 $(A_{1,l}\times A_{2,l}\times\cdots\times A_{n,l})\to B_l$：

$$R_l = A_{1,l}\times A_{2,l}\times\cdots\times A_{n,l}\times B_l \tag{2.19}$$

所有规则构成的模糊关系为

$$R=\bigcup_{l=1}^{r} R_l \tag{2.20}$$

对某一组输入 $(z_1 \text{ is } A_1', z_2 \text{ is } A_2', \cdots, z_n \text{ is } A_n')$，模糊推理的结论为

$$B'=(A_1'\times A_2'\times\cdots\times A_n')\circ R \tag{2.21}$$

其中，“∘”为合成算子。

对于模糊关系，Zadeh、Mamdani、Larsen 和 Mizumoto 等学者给出了不同的定义，其中在模糊控制中常用的是 Mamdani 提出的取小“∧”运算(R_c)和 Larsen 提出的乘积运算(R_p)。对于合成算子“∘”也有多种选择，如“∨－∧”(Max-Min)、“∨－•”(Max-Product)、“⊕－∧”(Sum-Min)、“⊕－•”(Sum-Product)等。

因此，对于 Mamdani 模糊控制器，如果选择不同的模糊关系含义、合成算子以及模糊化和去模糊化方法，则模糊控制器的算法和控制效果将不同。在实际应用中，比较常见的 Mamdani 模糊控制器选择模糊关系运算为 R_c、合成算子为“∨－∧”、单点模糊化和重心法解模糊。所有规则综合后的总模糊关系为

$$R=\bigcup_{l=1}^{r} R_l=\bigcup_{l=1}^{r}\int_{Z_1\times Z_2\times\cdots\times Z_n\times U} A_{1,l}(z_1)\wedge A_{2,l}(z_2)\wedge\cdots\wedge A_{n,l}(z_n)\wedge B_l(u)/(z_1,z_2,\cdots,z_n,u) \tag{2.22}$$

对于某一模糊输入 $(z_1 \text{ is } A_1', z_2 \text{ is } A_2', \cdots, z_n \text{ is } A_n')$，模糊推理的结论为

$$B'(u)=(A_1'\times A_2'\times\cdots\times A_n')\circ R=\bigvee_{l=1}^{r}\left\{\bigwedge_{i=1}^{n}\left[\bigvee_{z_i\in Z_i}(A_i'(z_i)\wedge A_{i,l}(z_i)\wedge B_l(u))\right]\right\} \tag{2.23}$$

对于模糊控制器的一组精确输入 $(z_1,z_2,\cdots,z_n)\in Z_1\times Z_2\times\cdots\times Z_n$，先将其单点模糊化，然后由式(2.23)可得推理结果为

$$B'(u)=\mathop{\vee}_{l=1}^{r}\left\{\mathop{\wedge}_{i=1}^{n}\left[A_{i,l}(z_i)\wedge B_l(u)\right]\right\}=\mathop{\vee}_{l=1}^{r}\left\{\left[A_{1,l}(z_1)\wedge A_{2,l}(z_2)\wedge\cdots\wedge A_{n,l}(z_n)\right]\wedge B_l(u)\right\}\tag{2.24}$$

其中，B' 为模糊集，采用“重心法”解模糊后得到的精确值输出为

$$u'=\frac{\int_{u\in U}uB'(u)\mathrm{d}u}{\int_{u\in U}B'(u)\mathrm{d}u}\tag{2.25}$$

2. T-S 型模糊系统

T-S 模糊模型是 Takagi 和 Sugeno[4]首先提出来的，它采用系统状态变量或输入变量的函数作为 IF-THEN 模糊规则的后件，不仅可以用来描述模糊控制器，也可以描述被控对象的动态模型。T-S 模糊模型可描述如下：

$$\begin{cases}R_1:\text{IF } z_1 \text{ is } A_{1,1} \text{ and } z_2 \text{ is } A_{2,1} \text{ and } \cdots \text{ and } z_n \text{ is } A_{n,1} \text{ THEN } u=f_1(x_1,x_2,\cdots,x_m)\\R_2:\text{IF } z_1 \text{ is } A_{1,2} \text{ and } z_2 \text{ is } A_{2,2} \text{ and } \cdots \text{ and } z_n \text{ is } A_{n,2} \text{ THEN } u=f_2(x_1,x_2,\cdots,x_m)\\\qquad\cdots\\R_r:\text{IF } z_1 \text{ is } A_{1,r} \text{ and } z_2 \text{ is } A_{2,r} \text{ and } \cdots \text{ and } z_n \text{ is } A_{n,r} \text{ THEN } u=f_r(x_1,x_2,\cdots,x_m)\end{cases}\tag{2.26}$$

其中，$z_i(i=1,2,\cdots,n)$ 为前件（输入）变量，其论域分别为 $Z_i(i=1,2,\cdots,n)$，$A_{i,l}\in F(Z_i), l=1,2,\cdots,r$ 为前件变量 z_i 的模糊集，$x_i(i=1,2,\cdots,m)$ 为系统状态变量，u 为输出变量，论域为 U，$B_l\in F(U), l=1,2,\cdots,r$ 为输出变量的模糊集。

对于 T-S 型模糊控制器，如果选择不同的模糊推理方法以及模糊化和去模糊方法，则控制器的算法和控制效果也将不同。对于一组精确输入 $(z_1,z_2,\cdots,z_n)\in Z_1\times Z_2\times\cdots\times Z_n$，将其单点模糊化后，经过模糊推理并采用“重心法”去模糊后得到的精确值输出为

$$u'=\frac{\sum_{l=1}^{r}w_l f_l(x_1,x_2,\cdots,x_m)}{\sum_{l=1}^{r}w_l}\tag{2.27}$$

其中，w_l 为输入对第 l 条规则的激活度(或匹配度)，如采用“$\vee-\wedge$”(Max-Min)推理方法：

$$w_l=A_{1,l}(z_1)\wedge A_{2,l}(z_2)\wedge\cdots\wedge A_{n,l}(z_n)\tag{2.28}$$

若采用“$\oplus-\bullet$”(Sum-Product)推理方法：

$$w_l=A_{1,l}(z_1)\times A_{2,l}(z_2)\times\cdots\times A_{n,l}(z_n)\tag{2.29}$$

在实际应用中，T-S 模糊规则后件的函数 $f_l(x_1,x_2,\cdots,x_m)$ 可采用多项式或状态方程的形式，为了使推理算法更加简便明了，多数系统采用 Sum-Product 推理方法。

T-S 模糊系统模型的提出对于模糊控制系统的解析化设计具有非常重要的意义。因为每一条规则的后件一般采用线性子系统模型，整个系统模型由多个局部线性子系统合成，这样就将原来复杂的、难以解析描述的系统分解为一系列线性子系统，从而为利用经典控制理论和现代控制理论来解析分析和设计模糊控制系统创造了有利的条件。

2.1.5 输入空间的模糊划分

模糊控制规则中前件(输入)语言变量构成模糊输入空间，后件(输出)语言变量构成模糊输出空间。输入空间的模糊划分是指在输入语言变量的论域上所定义的基本模糊子集的集合[159-161]。因为每一个基本模糊子集的支撑集覆盖了论域上的某一区段，因此论域上定义了多少个基本模糊子集也就把论域划分了多少个区段，这些区段一般互有重叠部分。每个模糊语言名称对应一个基本模糊子集，模糊划分的个数决定了模糊控制精细化的程度。这些语言名称通常均具有一定的含义，如 NB(负大)、NM(负中)、NS(负小)、ZE(零)、PS(正小)、PM(正中)、PB(正大)。模糊划分的个数也决定了最大可能的模糊规则的个数。可见，模糊划分数越多，控制规则数也越多，所以模糊划分不可太细，否则需要确定太多的控制规则。当然，模糊划分数太小将导致控制太粗略。前件变量的模糊隶属度函数的选择与模糊系统逼近任意函数的精度有很大关系，当相邻的两个模糊集的隶属度函数交点位于交叠区域中点附近时，模糊系统有很好的逼近精度，相反，逼近精度就会降低[162,163]。

模糊划分可以是均匀的，即基本模糊子集在论域上是均匀分布的；也可以是不均匀的，不均匀的模糊划分一般是在零(ZO)左右的模糊子集划分得较细，因为零(ZO)一般对应控制系统的工作点，这样使得控制器在工作点附近有更细腻的控制动作。

基本模糊子集隶属度函数的形状对模糊控制器的性能也有很大影响[164,165]。当隶属度函数比较窄瘦时，控制较灵敏，反之，控制较粗略和平稳。当用函数定义时，基本模糊子集的隶属函数表示为其连续论域上的一个函数形式，典型的常用的函数形式有三角形、梯形和高斯隶属函数等[159,160]。

对于模糊系统输入空间的划分问题，通常采用上述的网格划分方法[110]。该方法存在两个问题：第一，要预先确定每个输入变量的语言项个数，而该过程是高度启发式的；第二，随着输入维数的增加，规则数会由于维数灾难的影响呈指数增长。

2.1.6 模糊系统是万能逼近器

根据上述模糊推理方法，我们建立了由输入 $\boldsymbol{x} \in \mathbf{R}^n$ 到输出 $y = f(\boldsymbol{x}) \in \mathbf{R}$ 的非线性映射。模糊系统之所以可以用作建模和控制的工具，是因为已证明：一个模糊系统是万能逼近器。

定理 2.1(万能逼近定理)[7]　假设输入论域 U 是 $\mathbf{R}^n$ 上的一个紧集，则对于任意定义在 U 上的实连续函数 $g(\boldsymbol{x})$ 和任意 $\varepsilon > 0$，一定存在一个模糊系统 $f(\boldsymbol{x})$ 使式(2.30)成立：

$$\sup_{\boldsymbol{x}\in U}\left|f(\boldsymbol{x})-g(\boldsymbol{x})\right|<\varepsilon \tag{2.30}$$

定理 2.1 为模糊系统的广泛应用提供了证明，即指出了对于任意非线性运算总能设计出一个模糊系统，并使其以任意精度完成所需运算。同时，定理 2.1 也对模糊系统在实践中的成功应用提供了一种理论上的解释。

但值得指出的是，所谓“模糊系统是万能逼近器”的论述，只是一个存在性的结论，我们往往不知道如何找到这样一个模糊系统。对工程实践而言，仅知道一种理想的模糊系统的存在性是不够的。

2.2 神经网络

2.2.1 神经网络的特性

神经网络之所以引起众多学者的广泛关注，是因为其具有如下优良特性[111,166]。

(1)神经网络是一种能够逼近任意非线性映射的有效方法。

(2)神经网络具有学习能力，即它们可以用样本数据训练。

(3)神经网络具有泛化能力，即一个训练好的神经网络可以对任意的输入(尽管在样本数据中没有被学习)产生正确的响应。

(4)神经网络可以同时运行于定性的和定量的数据。在这方面，神经网络可以看作传统工程系统(定量数据)的人工智能领域处理技术(符号数据)的混合。

(5)神经网络可以很容易地应用于多变量系统。

(6)神经网络具有高度的并行实现能力，因此，有望比传统的方法具有更高程度的容错能力。

神经网络的参数，即连接权值是通过学习来确定的。神经元个数的确定，又称为神经网络结构的确定，是神经网络中至今还没有解决的问题，其结构直接影响神经网络的性能。学习是一个调整网络参数和结构并把知识反映在分布式的网络结构中的过程。一个训练好的网络代表了一个静态的知识库，该知识库在它的运行阶段可以被重新获取。因此，一个神经网络的性能很大限度上取决于它的学习能力。

现有的学习算法可大致分为以下三类：①有监督学习。如果能提供一组输入输出样本，该样本反映了被逼近对象的固有特性(映射)，那么，所谓有监督学习是指基于对该输入输出样本的训练，学习到这组数据所代表的系统特性。有监督学习算法最常见的一种表示方法是误差反向传播方法，这种方法具有简单性、准确性和鲁棒性的优点，因此是一种广泛使用的学习算法。它的主要缺点是容易陷入局部极小点，因此训练速度慢，同时，对训练集的要求使得它无法应用于许多实时问题。②无监督学习。无监督学习不需要提供理想的输出值，这种学习方法也称为有竞争学习。其基本思想就是使处理单元根据正比于用来训练网络输入向量的概率分布来配置结构和参数，以达到网络训练的目的。在一个稳定的学习系统中，每个单元代表一组或一簇相似输入，所以，竞争学习系统常用于模式分类。③增强型学习。与有监督学习相似的是，二者都需要通过交互的环境，获得关于输入影响的信息。但是不同之处在于，增强学习仅提供一个标量的性能指标，目的是使这个性能指标达到最小。这种学习系统建立在一个评价基础之上，评价将从周围环境中接收到的原始信号转换为一种称为启迪增强信号的高质量的增强信号，两者都是标量输入。这类学习方法的优势在于训练网络时，不必知道对单个输入的确切的响应——无需训练集，这对在线学习的非常有用的，因为在这种情况下，无法获取训练数据，甚至给定一个输入，也不可能知道正确的或期望的输出。

一般来说，影响神经网络泛化能力的因素有很多，如网络选取、学习算法、初值选择等，但以下因素对神经网络的泛化能力是决定性的[111,163]：①逼近对象(系统)的复杂程度；②足够的训练数据及训练数据的代表性；③神经网络的复杂程度，即网络结构的大小。

而逼近对象的复杂程度是无法预知的，只有后两个问题是神经网络泛化能力研究中应考虑的。针对训练样本数一定的情况来讨论神经网络的结构与泛化能力的关系，主要表现在以下两个方面：①过拟合。神经网络的结构如果选取过大，即神经元太多，训练时会带来一定的好处：对初值不敏感，学习速度快，而且训练误差小。但是，这个神经网络可能是没有意义的，因为它的自由度大，训练时只是记住了训练样本。由于训练样本有误差，所以这样的训练也把噪声或随机特性带进来了，而不是真正学习到系统的规律。这样的神经网络完全没有泛化能力，这种情况就称为过拟合。②过训练。神经网络结构如果选取过小，可以发现，这样的神经网络很难训练：训练时初值的选取很重要，因为这样的神经网络很容易陷入局部最小值；而训练误差大且下降慢。特别地，如果在训练过程中，同时测试神经网络的泛化能力，就会发现：起初，随着训练误差越来越小，测试误差也越来越小，可是到某点后，虽然训练误差还是在减小，但测试误差却在增大。这种情况称为过训练。

为了避免产生过拟合及过训练，在实际应用中常采用如下策略：①把训练数据分为两部分：一部分用来训练，另一部分用来测试泛化误差。②Occam’s razor 准则：即选取不同结构的神经网络来训练，选择能足够逼近对象的最小结构。③修剪技术的应用：即神经网络的结构起初很大，在训练过程中，逐渐淘汰权值小的连接，最后得到适当结构的神经网络。

2.2.2　径向基神经网络

由于高斯函数具有各向同性，所以以高斯函数作为激活函数的神经网络称为径向基(RBF)神经网络。文献[167]对 RBF 神经网络和多层感知器(MLP)的逼近能力进行了深入的探讨。为度量神经网络的逼近能力，提出了“最佳逼近”的概念：设 K 表示一个度量空间中的一个紧集，对于该空间中的每一个点 p，在 K 中相应地存在一个与 p 距离最短的点。基于以上概念，得出结论：RBF 神经网络具有最好的逼近特性，而 MLP 则没有。正因如此，下面我们对 RBF 神经网络做一简要介绍。

一个具有 r 输入单输出的 RBF 神经网络如图 2.2 所示。

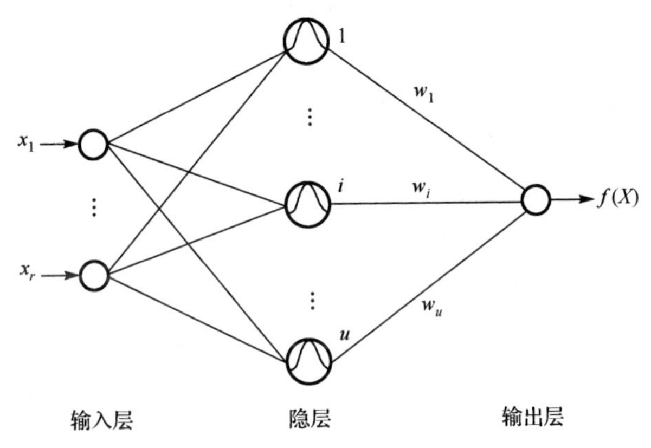

图 2.2　RBF 神经网络

该网络可看成映射 f: $\mathbf{R}^r \to \mathbf{R}$：

$$f(\boldsymbol{X}) = w_0 + \sum_{i=1}^{u} w_i R_i\left(\left\|\boldsymbol{X} - \boldsymbol{C}_i\right\|\right) \tag{2.31}$$

其中，$\boldsymbol{X} \in \mathbf{R}^r$ 是输入向量，$R_i(\bullet)$是基函数，$\|\bullet\|$表示输入空间上的欧氏范数，$w_i, 0 \leqslant i \leqslant u$ 是权值，$C_i \in \mathbf{R}^r (1 \leqslant i \leqslant u)$ 是 RBF 的中心，u 是 RBF 的单元数。

一般地，在 RBF 神经网络中，函数 $R_i(\bullet)$和中心通常假定为已经固定。通过给定输入集合 $\boldsymbol{X}(t)$ 以及相应的期望输出 $d(t), 1 \leqslant t \leqslant N$，使用线性最优方法确定权值 w_i。然而，为了使 RBF 神经网络能够与两层神经网络的性能相匹配，$R_i(\bullet)$和 $\boldsymbol{C}_i$ 的选择必须认真考虑，最典型的选择通常为高斯函数：

$$R(x) = \exp\left(-\frac{x^2}{\sigma^2}\right) \tag{2.32}$$

注意到，高斯函数是可分解的，并随着与中心的距离增大而单调递减，同时形成一种局部可调的处理单元。通常高斯函数是 RBF 神经网络的标准选择，因为高斯函数不仅适合于全局映射而且适合于细化局部的特征，而且在已学习的映射上无需太多的改动就能够达到快速的学习。

如果采用高斯函数而不考虑偏置量，则式(2.31)可描述为

$$f(\boldsymbol{X})=\sum_{i=1}^{u} w_i R_i\left(-\frac{\|\boldsymbol{X}-\boldsymbol{C}_i\|^2}{\sigma^2}\right) \tag{2.33}$$

如果把各高斯函数的输出归一化，则 RBF 网络可以产生如下归一化的输出响应：

$$f(\boldsymbol{X})=\frac{\sum_{i=1}^{u} w_i R_i\left(-\frac{\|\boldsymbol{X}-\boldsymbol{C}_i\|^2}{\sigma^2}\right)}{\sum_{i=1}^{u} R_i\left(-\frac{\|\boldsymbol{X}-\boldsymbol{C}_i\|^2}{\sigma^2}\right)} \tag{2.34}$$

2.3 基于神经网络的模糊系统

尽管模糊系统和神经网络的起源和动机截然不同，前者试图在认知层面上获取人类的思维和推理能力，而后者试图在生物层面上模仿人脑的机制，但它们之间确实享用一些共同的特性。

2.3.1 模糊系统与神经网络的知识处理

(1) 表示法与结构。与模糊系统中使用 IF-THEN 规则来表达局部知识不同，神经网络通过它的结构，即通过它的连接权和局部处理单元，以一种分布式的或局部的方式来存储知识。

(2) 推理与计算。神经网络中的前馈计算与模糊系统中的前向推理扮演同样的角色。这两种系统都能根据当前输入通过对存储知识的操作来执行任务，以得到期望的输出。可是，两者完成任务的方法是不同的。模糊系统是基于逻辑推论的插值推理，而神经网络是基于泛化能力的代数计算。

(3) 获取与学习。模糊系统通常从领域专家获取知识，这个知识借助模糊逻辑理论融入系统。相反，神经网络通常从样本中获取知识，通过训练被吸收到神经网络中。

2.3.2 模糊系统与神经网络的等价性

事实上，由式(2.25)、式(2.27)和式(2.34)可知，如果以下条件成立，就可建立 RBF 网络和模糊推理系统间的功能等价性[167-169]。

(1) RBF 单元的个数等于模糊 IF-THEN 规则数。

(2) 每个模糊 IF-THEN 规则的输出由一个常数组成。

(3) 每个规则的隶属函数被选为带有相同宽度的高斯函数。

(4) 所用的模糊推理采用乘积算子。

(5) RBF 神经网络和模糊推理系统都基于加权平均或者权叠加产生整个输出。

因此，RBF 神经网络可以看做一个表达基于规则的模糊知识的神经网络。正是 RBF 单元的局部特性，才使得这种表达是一致的。从知识表示的观点来看，RBF 网络本质上是一个 IF-THEN 规则的网络表达，它的每一个隐含单元表示一条规则，基函数等价于模糊系统中的隶属函数。该等价性是构建模糊神经网络的基础。

2.3.3 基于神经网络的自组织模糊系统

尽管模糊系统提供了一种有效的方法来获取不确定性和不精确性信息，但是其设计方法通常都是高度启发式的，没有系统化的设计方法。另外神经网络虽然具有学习能力、自适应能力、容错能力、并行处理能力和泛化能力等优点，但没有明确的物理意义，不便于使用者理解和设计。作为两者的结合——模糊神经网络兼具两种系统的优点又克服各自的缺点。把神经网络应用于模糊系统，可以解决模糊系统中的知识抽取问题；把模糊系统应用于神经网络，神经网络就不再是“黑箱”了，人类知识就很容易融合到神经网络中，避免了初值选择的任意性。综合来看，主要可解决以下问题。

(1) 使用模糊神经网络去调整模糊系统。

(2) 知识抽取，即从给定的数据样本中提取模糊规则。

(3) 建模，即模糊神经网络逼近所研究的对象，从而用于控制、分类等问题。

第 3 章　模糊控制器结构解析

3.1　概　　述

在模糊控制发展初期，大多学者致力于模糊控制的应用研究，在很多领域上取得了优于传统控制策略的效果。相比之下，模糊控制器的系统分析和理论研究却显得较为滞后，模糊控制系统本质特性的研究仍然不够深入，这是因为其结构的复杂性已成为传统数学分析的主要障碍。一些学者试图建立模糊控制理论与传统控制理论之间的关系，运用经典系统理论从不同的侧面阐明模糊控制器的内部结构和工作机理。这不仅促进对模糊控制器本质特性的理解和探索，而且能够为模糊控制系统的设计与应用提供新的思路，进一步开辟模糊控制技术的应用领域。1989 年 Siler 和 Ying[170]最先研究了不同模糊推理算法对模糊控制器的影响。随后，国内外学者开始分析和研究模糊控制器各设计参数对控制性能的影响，逐渐形成了模糊控制器结构分析这一新的理论研究方向。研究表明，模糊控制器能够表示成 PID 控制器的形式，只是控制器的增益随输入变量的变化而变化，因此模糊控制器可看做一种特殊的非线性 PID 控制器，从而可运用成熟的 PID 控制技术对其结构进行深入分析和研究，称为模糊控制器的 PID 模型，这是模糊控制器解析结构中颇具代表性的一种，大致可归纳为两类：两维模糊控制器结构解析和三维模糊控制器结构解析。

文献[37]最先提出了模糊 PID 控制器的解析结构，并证明了一类两维最简模糊控制器是线性(或非线性)PI 控制器。随后的研究成果[21-24,26,38-40]将这一结果推广至采用其他推理方法、非线性控制规则、任意梯形输入隶属函数等设计参数的各类两维模糊控制器，建立了模糊控制器与非线性 PI 控制器及两维多值继电控制器之间的关系，这种解析结构对于建立模糊控制与传统控制之间的联系具有重要意义。近年来，文献[41]～[43]等推导了各种典型模糊控制器的解析表达式，在此基础上对模糊控制器进行了结构分析，得到了类似的结果。文献[45]证明了一类模糊控制器是具有 P 与 D(或 P 与 I)交互影响的分段 PD(或 PI)调节器，文献[32]对其中较为粗糙的结果进行了修正。最近，文献[50]～[53]等进一步研究了采用多种不同模糊推理方法和解模糊算法的两维模糊控制器与 PID 控制器之间的关系。文献[47]得到了一些比较有价值的成果。但以上结果均是采用三角形或梯形隶属函数。文献[159]和[160]定义了一种伪梯形(PTS)隶属函数，所构造的一类模糊系统具有更大的普遍性。基于此，文献[44]证明了输入隶属函数采用 PTS 的一类两维模糊控制器相当于一个全局两维多值继电器和局部线性或非线性的 PI 或 PD 控制器之和，并且这类模糊控制器的输出是输入的连续不减函数。但 PTS 隶属函数的水平段会导致模糊控制器出现死区，从而恶化了模糊控制器的控制品质。因此，一种更为普遍和有效的输入隶属函数有待进一步研究和定义。

三维模糊控制器的结构分析是该研究方向上的一个难点，最近几年才出现一些比较有价值的研究成果。文献[45]证明了一类三输入单输出模糊控制器是一个具有 P、I、D 之间交互影响的分段 PID 调节器。文献[48]指出，若采用任意输入模糊集建立三维模糊控制器的 PID 模型是相当困难的，甚至是不可能的。文献中证明了隶属函数满足一定条件时，采用 Zadeh 模糊逻辑 AND 和乘积 AND 算子的三维最简模糊控制器是变增益的非线性 PID 控制器，但这仅仅是一个充分条件。文献[49]采用 Zadeh 模糊逻辑 AND 算子和任意输入模糊集研究了三维模糊控制器的输入空间划分问题，给出了子空间分界面为平面的充要条件。文献[54]采用乘积 AND 算子，研究了 13 种三维模糊控制器 PID 模型。然而，Zadeh 模糊逻辑 AND 运算更为简便，在工程应用中更为普遍，但其解析结构的获得更为困难。

本章结合工程应用中广泛应用的三角形和梯形隶属函数的共同特点，明确定义了一种将以上两种隶属函数作为特例的广义梯形(GTS)隶属函数，并深入研究了输入变量采用 GTS 隶属函数的两类(Ⅰ类和Ⅱ类)最简模糊控制器的结构，推导了Ⅰ类和Ⅱ类模糊控制器的解析表达式，对这两类模糊控制器进行了结构分析，证明了这两类模糊控制器等价于一种变结构的非线性(或线性)PI 控制器与相应的非线性(或定常)控制偏置之和，并且在其输入论域上是单调递增、连续且有界的[171-173]。最后，将该模糊控制器应用于倒立摆控制系统，仿真结果验证了其有效性和优越性。

另外，本章后半部分研究了一类采用 Zadeh 模糊逻辑 AND 算子、Zadeh 模糊逻辑 OR 算子、Mamdani 最小模糊推理方法和重心解模糊算法的三输入单输出三维最简模糊控制器的解析结构。输入变量均采用两个梯形模糊集，输出变量采用四个单值模糊集，提出了一种对三维输入空间的模糊划分方法。在所生成的输入子空间内，推导了该类三维模糊控制器的 PID 模型，并给出了解析表达式[174-176]。

本章内容主要基于文献[171]～[176]。

3.2　两维最简模糊控制器结构分析

通过对一系列研究成果中所采用的前件变量隶属度函数特点进行细致的归纳分析，可以发现除了模糊神经网络(FNN)中常采用高斯型等无限支集模糊隶属度函数[111]，其他单纯的模糊控制系统或复合模糊控制系统一般采用三角形、梯形、分段多项式等有限支集的模糊隶属度函数，并且同一前件变量的模糊集在论域上是全交叠的。为了便于模糊控制器的解析分析，本书首先定义一种更为普遍的隶属函数，进而明确输入空间的模糊划分，并给出相应的重要性质。

3.2.1 广义梯形隶属函数

定义 3.1 广义梯形函数，GTS 模糊集和隶属函数：设$[a, c]\subset U\subset \mathbf{R}$，GTS 函数是在论域 U 上，由式(3.1)定义的非负连续实函数：

$$A(x;a,b,c,r_1,sl_1,r_2,sl_2,h;I_k,D_k)=\begin{cases} I_1(x), x\in[a,a+r_1) \\ I_2(x), x\in[a+r_1,b-r_1] \\ I_3(x), x\in(b-r_1,b) \\ h, \quad x=b \\ D_1(x), x\in(b,b+r_2) \\ D_2(x), x\in[b+r_2,c-r_2] \\ D_3(x), x\in(c-r_2,c] \\ 0, \quad x\notin[a,c] \end{cases} \tag{3.1}$$

其中，$a\leqslant b\leqslant c$ 且 $a<c$，$0\leqslant r_1\leqslant(b-a)/2$，$0\leqslant r_2\leqslant(c-b)/2$；$I_k(x)\geqslant 0$，$k=1,2,3$，分别在其定义域上为单调递增的线性函数，$D_k(x)\geqslant 0$，$k=1,2,3$，分别在其定义域上为单调递减的线性函数，如图 3.1 所示。我们称 $I_2(x)$为严格上升函数，$D_2(x)$为严格下降函数；$I_1(x)$和 $I_3(x)$为一般上升函数，取其斜率为$0\leqslant sl_1\leqslant h/(b-a)$，$D_1(x)$和 $D_3(x)$为一般下降函数，取其斜率为$h/(b-c)\leqslant sl_2\leqslant 0$。如果模糊集 A_i 的隶属函数是 GTS 函数 $A_i(x)=A_i(x;a_i,b_i,c_i,r_{1,i},sl_{1,i},r_{2,i},sl_{2,i},h_i;I_{k,i},D_{k,i})$，则称 A_i 为 GTS 模糊集，称它的隶属函数为 GTS 隶属函数[171,172]。

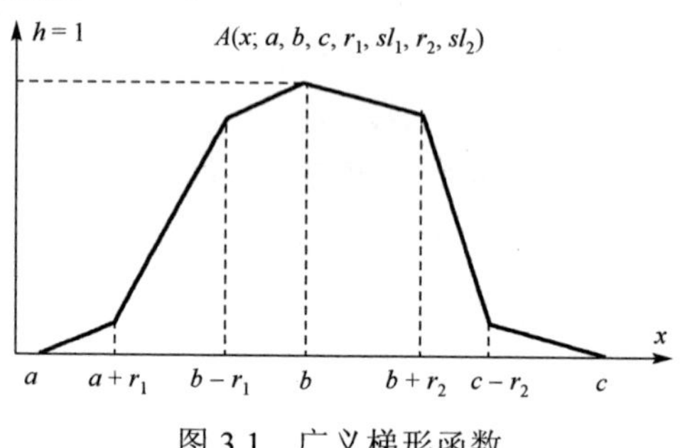

图 3.1　广义梯形函数

注 3.1 当 $r_1\neq 0$，$r_2\neq 0$，$sl_1=0$ 且 $sl_2=0$ 时，GTS 函数退化为梯形函数；当 $sl_1=h/(b-a)$且 $sl_2=h/(b-c)$，或 $r_1=0$ 且 $r_2=0$ 时，GTS 函数退化为三角形函数。

定义 3.2 称 GTS 模糊集 A 是左 GTS 模糊集，如果 $A(x)$满足 $c-b=0$；称 GTS 模糊集 A 是右 GTS 模糊集，如果 $A(x)$满足 $b-a=0$。此时，$A(x)$简记为 $A(x; a, b, h, r_1, sl_1; I_k)$或 $A(x; b, c, h, r_2, sl_2; D_k)$。

定义 3.3 称 GTS 模糊集 A 是正则(normal)的，如果 $A(x)$满足 $h=1$，此时 $A(x)$可简记为 $A(x; a, b, c, r_1, sl_1, r_2, sl_2; I_k, D_k)$。

因此，正规左或右 GTS 隶属函数 $A(x)$简记为 $A(x; a, b, r_1, sl_1; I_k)$或 $A(x; b, c, r_2, sl_2; D_k)$。

定义 3.4　称 GTS 模糊集组$\{A_i, i=1,2,\cdots,N\}$在论域 U 上是完备(complete)的，如果$\forall x_0 \in U$，$\exists A_s$ 使得 $A_s(x_0)>0$，其中 $s \in \{1,2,\cdots,N\}$。

定义 3.5　称GTS模糊集组$\{A_i, i=1,2,\cdots,N\}$在论域U上是双交叠(dual-overlapped)的，如果对$\forall s \in \{1,2,\cdots,N-1\}$，使得 $A_s(x)$和 $A_{s+1}(x)$满足：

$$\begin{cases} b_s = a_{s+1}, c_s = b_{s+1} \\ a_1 = b_1, b_N = c_N \\ r_{2,s} = r_{1,s+1} \end{cases} \tag{3.2}$$

定义 3.6　称 GTS 模糊集组$\{A_i, i=1,2,\cdots,N\}$为论域 U 的一个Ⅰ类 GTS 模糊划分，如果模糊集组 A_i 满足定义 3.1～定义 3.5。

定理 3.1　满足Ⅰ类 GTS 模糊划分的模糊集组$\{A_i, i=1,2,\cdots,N\}$在论域 U 上是完备、双交叠的。

证明　由定义 3.1～定义 3.5 可直接得证。证毕。

定义 3.7　称 GTS 模糊集组$\{A_i, i=1,2,\cdots,N\}$在论域 U 上是一致(consistent)的，对$\forall x_0 \in U$，满足$\sum_{i=1}^{N} A_i(x_0)=1$。

定义 3.8　称 GTS 模糊集组$\{A_i, i=1,2,\cdots,N\}$为论域 U 的一个Ⅱ类 GTS 模糊划分，如果模糊集组 A_i 满足定义 3.6 和定义 3.7。

定理 3.2　满足Ⅱ类 GTS 模糊划分的模糊集组$\{A_i, i=1,2,\cdots,N\}$在论域 U 上是完备、双交叠的，并且对$\forall s \in \{1,2,\cdots,N-1\}$，$A_s(x)$和 $A_{s+1}(x)$必满足 $sl_{2,s}=-sl_{1,s+1}$。

证明　由定义 3.6 和定理 3.1 可知，模糊集组$\{A_i, i=1,2,\cdots,N\}$在论域 U 上是完备、双交叠的，并且对$\forall s \in \{1,2,\cdots,N-1\}$，$A_s(x)$和 $A_{s+1}(x)$必满足式(3.2)。由定义 3.7，对$\forall x_0 \in U$，有$\sum_{i=1}^{N} A_i(x_0)=A_s(x_0)+A_{s+1}(x_0)=D_{k,s}(x_0)+I_{k,s+1}(x_0)=1, k=1,2,3$。由于 $D_{k,s}(x)$、$I_{k,s+1}(x)$均为线性函数，其斜率 $sl_{2,s}$ 和 $sl_{1,s+1}$ 必满足 $sl_{2,s}=-sl_{1,s+1}$。证毕。

显然，Ⅱ类 GTS 模糊划分是Ⅰ类 GTS 模糊划分的一种退化。其存在意义在于，Ⅱ类 GTS 模糊划分可简化模糊控制器的解模糊过程，计算复杂度得以降低，更便于工程应用[172,173]。

3.2.2　Mamdani 最简模糊控制器

考虑单输入单输出被控对象，包含两维最简模糊控制器的模糊控制系统如图 3.2 所示。其中，T 为采样周期，在第 k 个采样周期，$\Delta u^*(k)$为控制量，$y(k)$为被控对象的实际输出，$y_d(k)$为被控对象的期望输出。模糊控制器的输入分别为误差 $e^*(k)$和误差变化率 $v^*(k)$，即

$$
\begin{cases}
e^*(k) = y_d(k) - y(k) \\
v^*(k) = (e^*(k) - e^*(k-1)) / T \\
u(k) = u(k-1) + \Delta u^*(k)
\end{cases}
\tag{3.3}
$$

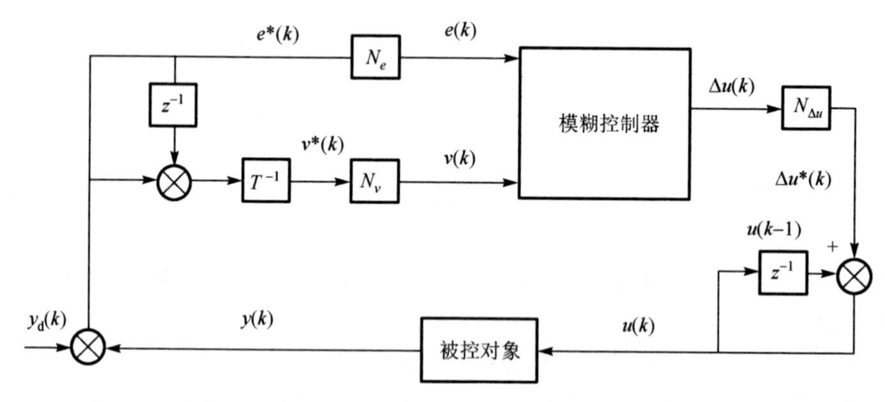

图 3.2　包含两维最简模糊控制器的模糊控制系统

引入比例因子 N_e、N_v、$N_{\Delta u}$ 使模糊控制器输入输出变量正规化，$e^*(k)$、$v^*(k)$和 $\Delta u^*(k)$分别简记为 e^*、v^*和 Δu^*，其他变量依此类推，可得

$$
\begin{cases}
e = N_e e^* \\
v = N_v v^* \\
\Delta u^* = N_{\Delta u} \Delta u
\end{cases}
\tag{3.4}
$$

模糊控制器输入为误差 e 和误差变化率 v，输出为控制增量 Δu，则模糊控制器可表示为非线性映射 $f: E \times V \subset \mathbf{R}^2 \to U \subset \mathbf{R}$，其中 $E \times V = [-L, L] \times [-L, L]$为输入空间，$U = [-H, H]$为输出空间。在论域 E 和 V 上分别进行 I 类 GTS 和 II 类 GTS 模糊划分，如图 3.3 和图 3.4 所示。输出隶属函数为单点模糊集，如图 3.5 所示。

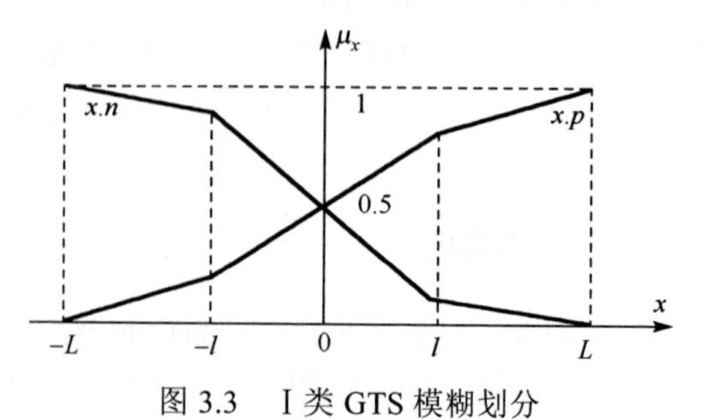

图 3.3　I 类 GTS 模糊划分

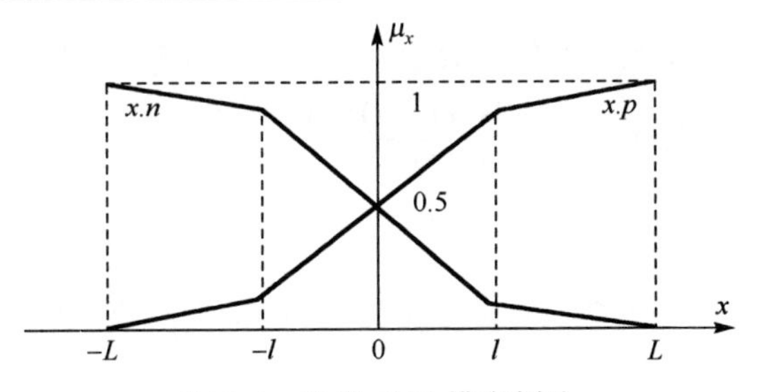

图 3.4　Ⅱ类 GTS 模糊划分

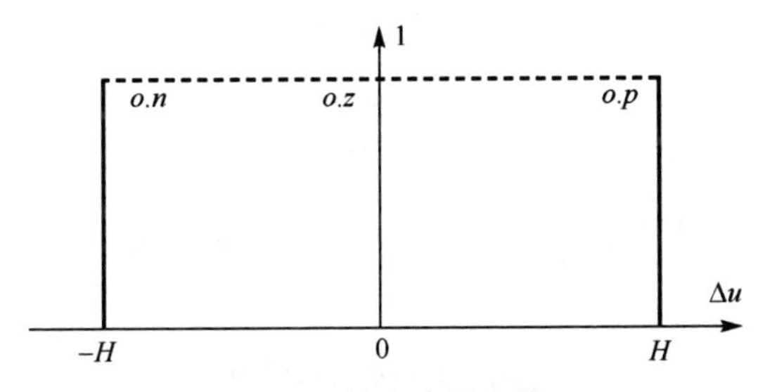

图 3.5　输出隶属函数

研究输入空间采用Ⅰ类和Ⅱ类 GTS 模糊划分的最简两维模糊控制器，分别称其为Ⅰ类和Ⅱ类模糊控制器。线性模糊控制规则的一般形式为[37]

$$\begin{cases} R_1: \text{IF } e \text{ is } e.p \text{ and } v \text{ is } v.p \text{ THEN } \Delta u \text{ is } o.p \\ R_2: \text{IF } e \text{ is } e.p \text{ and } v \text{ is } v.n \text{ THEN } \Delta u \text{ is } o.z \\ R_3: \text{IF } e \text{ is } e.n \text{ and } v \text{ is } v.p \text{ THEN } \Delta u \text{ is } o.z \\ R_4: \text{IF } e \text{ is } e.n \text{ and } v \text{ is } v.n \text{ THEN } \Delta u \text{ is } o.n \end{cases} \tag{3.5}$$

其中，$o.p$、$o.z$、$o.n$ 和 $x.p$、$x.n$，$x\in\{e, v\}$，为相应的 GTS 模糊集，其隶属函数为

$$x.p(x)=\begin{cases} I_1(x), & x\in[-L,-l) \\ I_2(x), & x\in[-l,l] \\ I_3(x), & x\in(l,L] \\ 0, & x\notin[-L,L] \end{cases},\quad x.n(x)=\begin{cases} D_1(x), & x\in[-L,-l) \\ D_2(x), & x\in[-l,l] \\ D_3(x), & x\in(l,L] \\ 0, & x\notin[-L,L] \end{cases} \tag{3.6}$$

其中

$$\begin{cases} D_1(x)=1+sl_2(x+L), & x\in[-L,-l) \\ D_2(x)=\dfrac{-(1+2sl_2(L-l))x+l}{2l}, & x\in[-l,l] \\ D_3(x)=-sl_2(L-x), & x\in(l,L] \end{cases} \tag{3.7}$$

$$\begin{cases} I_1(x) = sl_1(x+L), & x \in [-L,-l) \\ I_2(x) = \dfrac{(1-2sl_1(L-l))x+l}{2l}, & x \in [-l,l] \\ I_3(x) = 1 - sl_1(L-x), & x \in (l,L] \end{cases} \tag{3.8}$$

采用单点模糊化、乘积推理、重心解模糊和式(3.5)所示的线性模糊规则，模糊控制器的输出为

$$\Delta u = \frac{\sum_{i=1}^{4} w_i h_i}{\sum_{i=1}^{4} w_i} \tag{3.9}$$

其中，h_i为单点输出模糊集的峰点，$h_1 = -H$，$h_2 = h_3$，$h_4 = H$，w_i为第i条规则的激活度，如式(3.10)所示：

$$\begin{cases} w_1 = e.p(e) \times v.p(v) \\ w_2 = e.p(e) \times v.n(v) \\ w_3 = e.n(e) \times v.p(v) \\ w_4 = e.n(e) \times v.n(v) \end{cases} \tag{3.10}$$

令

$$S(x) = x.p(x) + x.n(x), x \in \{e, v\} \tag{3.11}$$

下面我们将给出所得模糊控制器结构解析的主要结果。

3.2.3 输入采用 GTS 隶属函数的模糊控制器结构分析

定理 3.3 Ⅰ类模糊控制器的解模糊输出为

$$\Delta u^*_{k_1,k_2} = N_{\Delta u} H \left(\frac{-D_{k_1}(e)}{S_{k_1}(e)} + \frac{I_{k_2}(e)}{S_{k_2}(e)} \right) \tag{3.12}$$

其中，$k_1 = 1,2,3$，$k_2 = 1,2,3$。

$$S_k(x) = I_k(x) + D_k(x), k = 1,2,3 \tag{3.13}$$

证明 由式(3.4)～式(3.11)，直接推导可得。证毕。

定理 3.4 Ⅰ类模糊控制器等价于一种变结构的非线性 PI 控制器与相应的非线性变控制偏置之和。在每个结构中，比例增益都是误差变化率v的非线性函数，积分增益都是误差e的非线性函数，控制偏置都是误差e和误差变化率v的非线性函

数。II 类模糊控制器等价于变结构的线性 PI 控制器与相应的控制偏置之和。在每个结构中，比例增益、积分增益和控制偏置均为常量。

证明　GTS 模糊集将输入空间划分为 9 个子空间 IC1～IC9，如图 3.6 所示。每个子空间对应一个输入变量取值范围的组合，如输入子空间 IC1 表示 $e \in [-L, -l)$，$v \in [-L, -l)$。

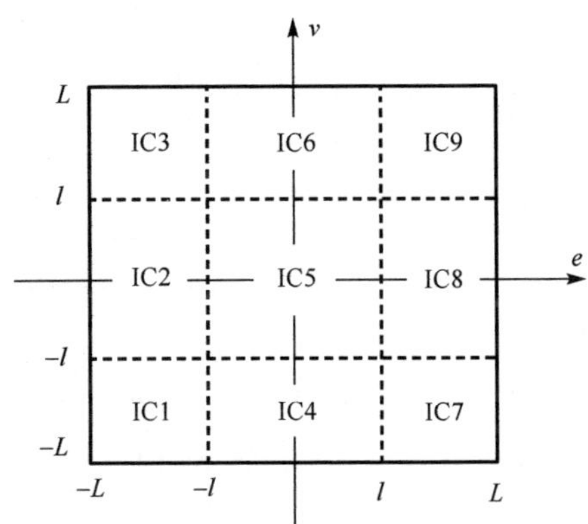

图 3.6　输入空间的模糊划分

由定理 3.3 及式(3.7)和式(3.8)可得 I 类模糊控制器的解析表达式为

$$\Delta u_m^* = K_{pm}^{\mathrm{I}}(v)v + K_{im}^{\mathrm{I}}(e)e + \mathrm{Offset}_m^{\mathrm{I}}(e,v) \tag{3.14}$$

由定理 3.2 可知，当 $sl_1 = -sl_2 = sl$ 时，得到 II 类模糊控制器的解析表达式为

$$\Delta u_m^* = K_{pm}^{\mathrm{II}}v + K_{im}^{\mathrm{II}}e + \mathrm{Offset}_m^{\mathrm{II}} \tag{3.15}$$

其中，$m = 3(k_1-1) + k_2$，$k_1 = 1,2,3$，$k_2 = 1,2,3$。

$$K = N_{\Delta u}H \tag{3.16}$$

I 类和 II 类模糊控制器的比例增益 K_p、积分增益 K_i 和控制偏置 Offset 如表 3.1 和表 3.2 所示。

表 3.1　I 类模糊控制器的比例增益、积分增益和控制偏置

ICs	K_p	K_i	Offset
IC1	$Ksl_1/S_1(v)$	$-Ksl_2/S_1(e)$	$K\{sl_1L/S_1(v)-(1+sl_2L)/S_1(e)\}$
IC2	$K(1-2sl_1(L-l))/(2lS_2(v))$	$-Ksl_2/S_1(e)$	$K\{1/(2S_2(v))-(1+sl_2L)/S_1(e)\}$
IC3	$Ksl_1/S_3(v)$	$-Ksl_2/S_1(e)$	$K\{(1-sl_1L)/S_3(v)-(1+sl_2L)/S_1(e)\}$
IC4	$Ksl_1/S_1(v)$	$K(1+2sl_2(L-l))/(2lS_2(e))$	$K\{sl_1L/S_1(v)-1/(2S_2(e))\}$
IC5	$K(1-2sl_1(L-l))/(2lS_2(v))$	$K(1+2sl_2(L-l))/(2lS_2(e))$	$K\{1/(2S_2(v))-1/(2S_2(e))\}$
IC6	$Ksl_1/S_3(v)$	$K(1+2sl_2(L-l))/(2lS_2(e))$	$K\{(1-sl_1L)/S_3(v)-1/(2S_2(e))\}$
IC7	$Ksl_1/S_1(v)$	$-Ksl_2/S_3(e)$	$K\{sl_1L/S_1(v)+sl_2L/S_3(e)\}$
IC8	$K(1-2sl_1(L-l))/(2lS_2(v))$	$-Ksl_2/S_3(e)$	$K\{1/(2S_2(v))+sl_2L/S_3(e)\}$
IC9	$Ksl_1/S_3(v)$	$-Ksl_2/S_3(e)$	$K\{(1-sl_1L)/S_3(v)+sl_2L/S_3(e)\}$

表 3.2　II 类模糊控制器的比例增益、积分增益和控制偏置

ICs	K_p	K_i	Offset
IC1	Ksl	Ksl	$K(2slL-1)$
IC2	$K(1-2sl(L-l))/(2l)$	Ksl	$K(2slL-1)/2$
IC3	Ksl	Ksl	0
IC4	Ksl	$K(1-2sl(L-l))/(2l)$	$K(2slL-1)/2$
IC5	$K(1-2sl(L-l))/(2l)$	$K(1-2sl(L-l))/(2l)$	0
IC6	Ksl	$K(1-2sl(L-l))/(2l)$	$K(1-2slL)/2$
IC7	KN_vsl	KN_esl	0
IC8	$KN_v(1-2sl(L-l))/(2l)$	KN_esl	$K(1-2slL)/2$
IC9	KN_vsl	KN_esl	$K(1-2slL)$

由表 3.1 可知，I 类模糊控制器的比例增益 K_p 随误差变化率 v 的变化而变，积分增益 K_i 随误差 e 的变化而变，控制偏置 Offset 同时随误差 e 和误差变化率 v 的变化而变。此时，比例增益 K_p、积分增益 K_i 和控制偏置 Offset 在每个输入子空间都是输入变量的非线性函数，而在不同的输入子空间内，这种函数关系也是不同的。因此，这是一种变结构的非线性 PI 控制器加非线性变控制偏置的控制策略。

由表 3.2 可知，II 类模糊控制器的比例增益 K_p、积分增益 K_i 和控制偏置 Offset 在每个输入子空间都是常量，并不是输入变量的函数；但在不同的输入子空间内，比例增益 K_p、积分增益 K_i 和控制偏置 Offset 的常量组合也不相同，而子空间的选择又取决于输入变量。因此，这是一种变结构的线性 PI 控制器加控制偏置的控制策略。证毕。

基于以上定理，我们直接可得如下推论。

推论 3.1　当 $sl_1 = -sl_2 = 0$ 时，I 类模糊控制器退化为输入采用梯形隶属函数的最简模糊控制器，其等价于变结构的线性 PI(P 或 I)控制器与饱和控制输出的组合。

注 3.2　此时，梯形隶属函数的水平段将导致模糊控制器出现饱和输出，对输入变量的变化失去调控作用，从而恶化了模糊控制器的控制品质。

推论 3.2　当 $sl_1 = -sl_2 = 1/(2L)$时，I 类模糊控制器退化为输入采用三角形隶属函数的最简模糊控制器，其等价于一个线性 PI 控制器。

注 3.3　此时，这是一种比较粗糙的最简模糊控制器，需增加对输入论域的模糊分划方可达到理想的控制效果。

注 3.4　本章所得推论 3.1 和推论 3.2 是定理 3.4 的两个特例，文献[41]～[43]也得到了同推论 3.1 和推论 3.2 相同或类似的结论，可见采用 GTS 输入隶属函数的模糊控制器更具一般性，I 类和 II 类模糊控制器是更为一般化的最简模糊控制器。

另外，不可避免地引入了新的参数 l 和 sl，通过对 l 和 sl 的合理选取和调整以追求更为理想的控制效果。GTS 隶属函数的引入进一步总结和完善了输入隶属函数的定义，使得对隶属函数的选取更加灵活有效。从定理 3.4 的证明过程不难看出，GTS 隶属函数对输入空间的划分更为精细，在相同数目模糊集的情况下，一方面，势必增加了模糊控制器的复杂度；但另一方面，GTS 隶属函数对输入空间更为细致的划分，使得仅 4 条模糊规则即可将输入空间划分为 9 个输入子空间，对于三角形、梯形以及其他一些类似形状的隶属函数，往往需要 9 条模糊规则。基于此，不难得出结论：在相同规则数目的前提下，输入采用 GTS 隶属函数的 I 类和 II 类模糊控制器控制效果更为理想，但其复杂度相应提高；在相同性能指标的前提下，模糊控制器所需的 GTS 模糊集数目要小于其他形状的模糊集，规则数目也将大大降低，从而在一定程度上解决了“规则爆炸”问题。

定理 3.5　I 类模糊控制器和 II 类模糊控制器在其输入空间上是单调递增、连续且有界的，其边界为$[-K, K]$。

证明　由表 3.1 和表 3.2，考虑最为复杂的输入子空间 IC5 内 I 类模糊控制器的解析表达式：

$$\Delta u_5^* = K\frac{1-2sl_1(L-l)}{2lS_2(v)}v + K\frac{1+2sl_2(L-l)}{2lS_2(e)}e + K\left(\frac{1}{2S_2(v)} - \frac{1}{2S_2(e)}\right) \tag{3.17}$$

由于 GTS 模糊划分的完备性与双交叠性可知 $S_k(x) > 0$，即 $S_2(e) > 0$，$S_2(v) > 0$，并且没有奇点与间断点，故 Δu_5^* 在其输入空间上是连续的。分别求 Δu_5^* 对 e 和 v 的偏导数：

$$\begin{aligned}
\frac{\partial \Delta u_5^*}{\partial e} &= \frac{\partial\left(K\dfrac{1+2sl_2(L-l)}{2lS_2(e)}e - K\dfrac{1}{2S_2(e)}\right)}{\partial e} \\
&= K\frac{2lS_2(e)\dfrac{\partial((1+2l_2(L-l))e-l)}{\partial e} - ((1+2l_2(L-l))e-l)\dfrac{\partial(2lS_2(e))}{\partial e}}{(2lS_2(e))^2} \\
&= K\frac{2l(1+(sl_2-sl_1)(L-l))}{(2lS_2(e))^2}
\end{aligned}$$

由定义 3.1 可得，$0 \leqslant sl_1 \leqslant h/(b-a)$，$h/(b-c) \leqslant sl_2 \leqslant 0$，即 $0 \leqslant sl_1 \leqslant 1/(2L)$，$1/(-2L) \leqslant sl_2 \leqslant 0$，从而有 $-1/L \leqslant sl_2 - sl_1 \leqslant 0$，因此

$$\frac{K}{(2LS_2(e))^2} \leqslant K\frac{2l(1+(sl_2-sl_1)(L-l))}{(2lS_2(e))^2} \leqslant \frac{K}{(2lS_2(e))^2} \tag{3.18}$$

由于 $S_2(e)>0$，所以 $\partial(\Delta u_5^*)/\partial e>0$。在输入子空间 IC5 内，Ⅰ类模糊控制器的输出是输入变量 e 的单调增函数。

类似地，可得 $\partial(\Delta u_5^*)/\partial v>0$，所以，$\Delta u_5^*$ 在其输入空间 IC5 内同时是输入变量 e 和 v 的单调增函数，显然也是连续、有界的。

由 GTS 隶属函数的连续性可知，在相邻输入子空间的交界处两个不同函数的取值是一致的，各输入子空间之间的输出也是连续的，所以在整个输入空间上，Ⅰ类模糊控制器的输出是单调递增、连续且有界的。我们可求得其边界为

$$\Delta u_{\min}^* = \Delta u^*(-L,-L) = \Delta u_1^*(-L,-L) = -K \tag{3.19}$$

$$\Delta u_{\max}^* = \Delta u^*(L,L) = \Delta u_9^*(L,L) = K \tag{3.20}$$

Ⅱ类模糊控制器是Ⅰ类模糊控制器的一种退化，因此，Ⅱ类模糊控制器的输出也是单调递增、连续且有界的，其边界与Ⅰ类模糊控制器的边界一致。证毕。

从实际应用的角度，Ⅱ类模糊控制器采用一致模糊划分，简化了解模糊算法的计算过程，并且，与Ⅰ类模糊控制器的控制曲面相比差异甚微。因此，对Ⅱ类模糊控制器的结构分析更具实际价值。依据表 3.1 和表 3.2 以及定理 3.5，着重给出Ⅱ类模糊控制器的一些性质。

性质 3.1　Ⅱ类模糊控制器是分段线性 PI 控制器和控制偏置之和，并且在平衡点处比例增益和积分增益同时取得最大值，使模糊控制器在平衡点附近具有较高的灵敏度，从而提高了控制器的控制品质。

证明　由表 3.2 直接可得。证毕。

性质 3.2　Ⅱ类模糊控制器的比例增益关于 e 轴对称，积分增益关于 v 轴对称，控制偏置关于平衡点对称。

证明　由表 3.2 直接可得。证毕。

性质 3.3　在关于 $e+v=0$ 的对称区域内，Ⅱ类模糊控制器的控制偏置为零；在关于 $e\pm v=0$ 的区域内，比例增益等于积分增益。

证明　由表 3.2 直接可得。证毕。

3.2.4　仿真研究

以单级倒立摆的控制为例，验证本节所研究的Ⅱ类模糊控制器的有效性和优越性。单级倒立摆的非线性动力学模型为[177]

$$\begin{cases} \dot{x}_1 = x_2 \\ \dot{x}_2 = \dfrac{g\sin x_1 - amlx_2^2\sin(2x_1)/2 - au\cos x_1}{4l/3 - aml\cos^2(x_1)} \end{cases} \tag{3.21}$$

其中，$g=9.8\text{m}/\text{s}^2$ 为重力加速度，$l=0.3\text{m}$ 为摆杆的长度，$a=1/(M+m)$，$M=1.0\text{kg}$ 为小车的重量，$m=0.3\text{kg}$ 为摆杆的重量，x_1 和 x_2 分别为摆杆与垂直方向的夹角和摆杆的加速度，u 为作用在小车上的力(单位为 N)。

Ⅱ类模糊控制器参数取为 $L=1$，$l=0.8$，$H=1$，$sl=0.3$，并将其应用于倒立摆控制系统，选择合适的比例系数 G_e，G_v，G_u，分别以初始状态 $\boldsymbol{x}(0)$为(20°, 0)、(30°, 0)、(60°, 0)、(88°, 0)进行仿真，结果如图 3.7 和图 3.8 所示。由图可见，控制效果是颇为理想的。值得指出的是，本节所研究的Ⅰ类和Ⅱ类模糊控制器均为只有 4 条模糊规则的最简模糊控制器，若追求更为理想的控制效果，可以通过调整参数或增加模糊规则来实现。而且，由于Ⅱ类模糊控制器是Ⅰ类模糊控制器的一种退化，所以输入采用 GTS 模糊集的Ⅰ类和Ⅱ类模糊控制器的有效性同时得以验证。因为三角形和梯形隶属函数均为 GTS 隶属函数的特例，所以该控制器更具一般性。图 3.9 为在各初始状态下，Ⅱ类模糊控制器与每维输入分别采用均匀分布的两个和三个三角形隶属函数的模糊控制器的控制效果比较。可见，无论初始角度大小，Ⅱ类模糊控制器的控制效果远优于每维输入采用两个模糊集的模糊控制器。而对于每维输入采用三个模糊集的模糊控制器，Ⅱ类模糊控制器的控制效果与其相仿，在初始角度较小时，Ⅱ类模糊控制器的控制效果甚至更优，但初始角度较大时，稍逊于后者。究其原因，由性质 3.1 可得，Ⅱ类模糊控制器在平衡点处比例增益和积分增益同时取得最大值，使模糊控制器在偏离角度较小时具有较高的灵敏度，从而提高了控制器的控制品质。

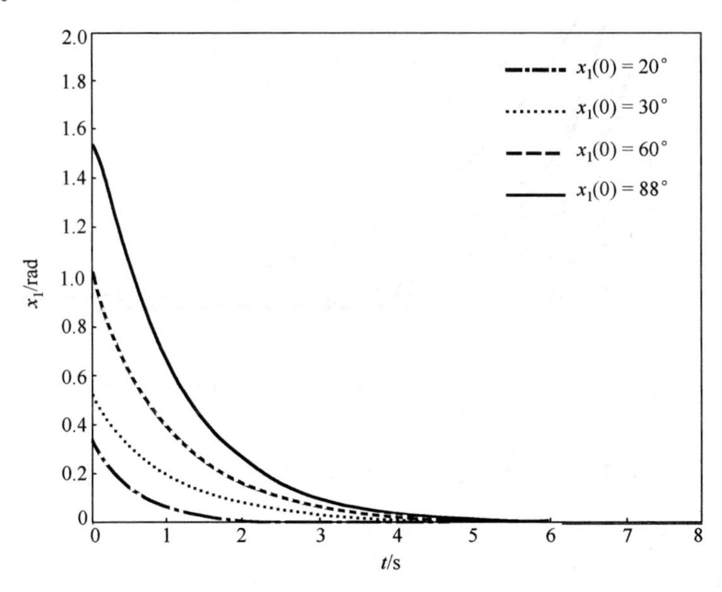

图 3.7　各初始状态下 x_1 的响应曲线

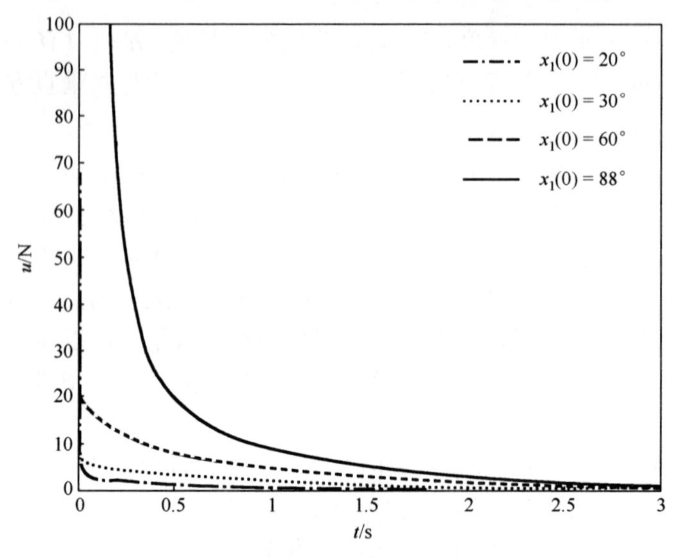

图 3.8　各初始状态下控制量 u 的曲线

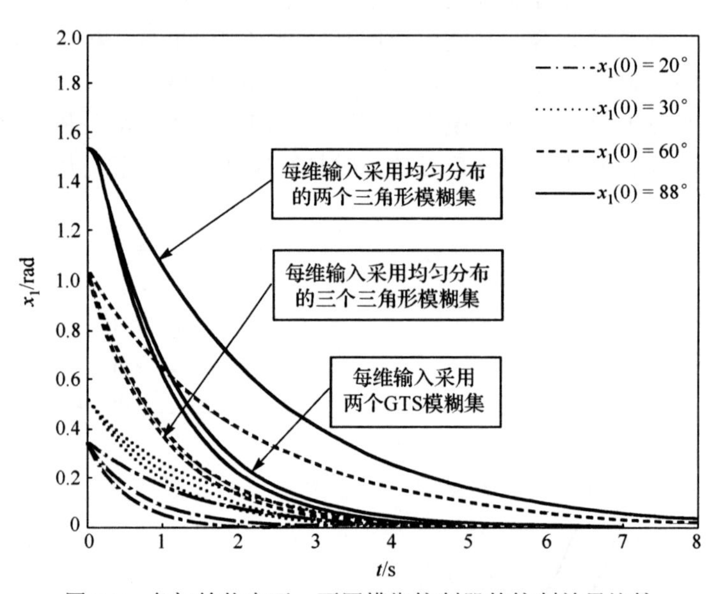

图 3.9　各初始状态下，不同模糊控制器的控制效果比较

3.3　三维最简模糊控制器结构分析

3.3.1　基本结构

一般地，三维模糊控制器的基本结构如图 3.10 所示。

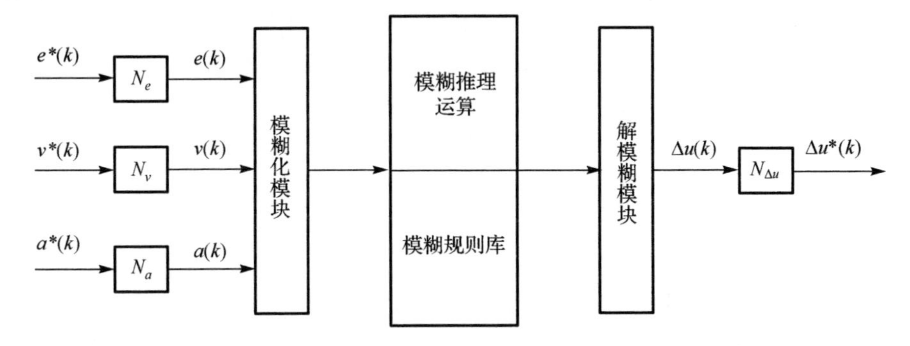

图 3.10　三维模糊控制器结构图

其中，$e^*(k)$为第 k 个采样周期所测量到的误差值，$v^*(k)$为误差变化率，$a^*(k)$为误差变化加速度，$\Delta u^*(k)$为模糊控制器控制增量最终输出的真实值，GE、GV、GA 和 GU 分别为相应的输入输出变量的比例因子，$e(k)$、$v(k)$、$a(k)$和$\Delta u(k)$分别为经比例因子缩放后的模糊控制器的正规化输入输出量。设采样时间为 T，可得

$$\begin{cases} e^*(k) = y_d(k) - y(k) \\ v^*(k) = (e^*(k) - e^*(k-1)) / T \\ a^*(k) = (v^*(k) - v^*(k-1)) / T \\ u(k) = u(k-1) + \Delta u^*(k) \end{cases} \tag{3.22}$$

$$\begin{cases} e = N_e e^* \\ v = N_v v^* \\ a = N_a a^* \\ \Delta u^* = N_{\Delta u} \Delta u \end{cases} \tag{3.23}$$

其中，$y(k)$为第 k 个采样周期被控对象的实际输出，$y_d(k)$为被控对象的期望输出。

此外，模糊化模块将正规化的控制器输入转化为模糊量，以便调用模糊规则进行模糊推理运算，模糊推理模块的模糊量输出由解模糊模块转化为清晰值作为模糊控制器的输出。关于模糊化策略、模糊推理运算以及解模糊算法，文献[23]作了较为深入的研究。下面将对三维模糊控制器的各组成部分做一简短的剖析，进而对三维模糊控制器进行结构解析。

3.3.2　模糊化模块

模糊控制器的输入变量 e、v 和 a 分别在其论域$[-L, L]$上采用如图 3.11 所示的梯形隶属函数进行模糊划分。

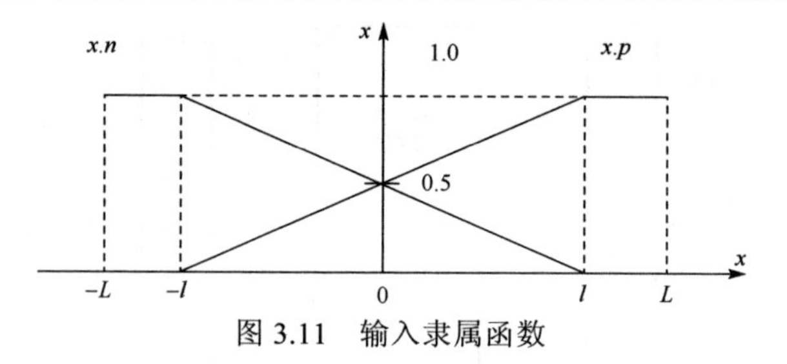

图 3.11　输入隶属函数

该三维模糊控制器各输入变量隶属函数可定义为

$$x.p(x)=\begin{cases}0, & x\in[-L,-l)\\ \dfrac{x+l}{2l}, & x[-l,l]\\ 1, & x\in(l,L]\end{cases},\quad x.n(x)=\begin{cases}1, & x\in[-L,-l)\\ \dfrac{l-x}{2l}, & x[-l,l]\\ 0, & x\in(l,L]\end{cases},\quad x\in\{e,v,a\} \tag{3.24}$$

注意到

$$x.p(x)+x.n(x)=1 \tag{3.25}$$

输出论域$[-H, H]$上采用四个单点模糊集 O_{-2}、O_{-1}、O_{+1}和 O_{+2}用于模糊控制器的解模糊输出，如图 3.12 所示。

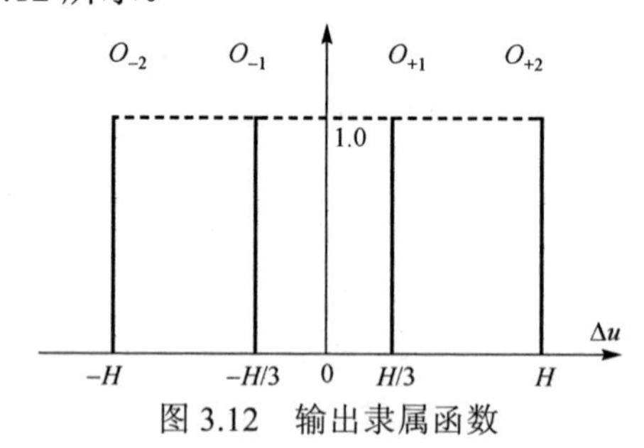

图 3.12　输出隶属函数

3.3.3　模糊规则与模糊推理

根据以上定义的输入输出模糊集，采用如下 8 条模糊规则[54,174]：

$$\begin{cases}\overline{R}_1: \text{IF } e \text{ is } e.p \text{ and } v \text{ is } v.p \text{ and } a \text{ is } a.p \text{ THEN } \Delta u \text{ is } O_{+2}\\ \overline{R}_2: \text{IF } e \text{ is } e.p \text{ and } v \text{ is } v.p \text{ and } a \text{ is } a.n \text{ THEN } \Delta u \text{ is } O_{+1}\\ \overline{R}_3: \text{IF } e \text{ is } e.p \text{ and } v \text{ is } v.n \text{ and } a \text{ is } a.p \text{ THEN } \Delta u \text{ is } O_{+1}\\ \overline{R}_4: \text{IF } e \text{ is } e.p \text{ and } v \text{ is } v.n \text{ and } a \text{ is } a.n \text{ THEN } \Delta u \text{ is } O_{-1}\\ \overline{R}_5: \text{IF } e \text{ is } e.n \text{ and } v \text{ is } v.p \text{ and } a \text{ is } a.p \text{ THEN } \Delta u \text{ is } O_{+1}\\ \overline{R}_6: \text{IF } e \text{ is } e.n \text{ and } v \text{ is } v.p \text{ and } a \text{ is } a.n \text{ THEN } \Delta u \text{ is } O_{-1}\\ \overline{R}_7: \text{IF } e \text{ is } e.n \text{ and } v \text{ is } v.n \text{ and } a \text{ is } a.p \text{ THEN } \Delta u \text{ is } O_{-1}\\ \overline{R}_8: \text{IF } e \text{ is } e.n \text{ and } v \text{ is } v.n \text{ and } a \text{ is } a.n \text{ THEN } \Delta u \text{ is } O_{-2}\end{cases} \tag{3.26}$$

其中，规则前件中的 AND 运算采用 Zadeh 模糊逻辑 AND 算子，式(3.26)中各模糊规则的激活度可由式(3.27)计算：

$$\bar{w}_{i(\alpha,\beta,\gamma)} = \min(e.\alpha(e), v.\beta(v), a.\gamma(a)),\ \alpha,\beta,\gamma \in \{p,n\},\ i(\alpha,\beta,\gamma) = 1,2,\cdots,8 \tag{3.27}$$

其中，(α, β, γ)与规则序号 i 之间的对应关系可从式(3.26)中得到。

根据式(3.26)中的模糊规则，注意到输出模糊集与输入模糊集之间并非线性对应的，这是一种非线性控制规则。并且，模糊规则 $\bar{R}_2$、$\bar{R}_3$、$\bar{R}_5$ 和模糊规则 $\bar{R}_4$、$\bar{R}_6$、$\bar{R}_7$ 的规则后件分别是一致的，因此，可将式(3.26)改写为[174]

$$\begin{cases} R_1: \text{IF } e \text{ is } e.p \text{ and } v \text{ is } v.p \text{ and } a \text{ is } a.p \text{ THEN } \Delta u \text{ is } O_{+2} \\ R_2: \text{IF } \{e \text{ is } e.p \text{ and } v \text{ is } v.p \text{ and } a \text{ is } a.n\} \\ \qquad \text{or } \{e \text{ is } e.p \text{ and } v \text{ is } v.n \text{ and } a \text{ is } a.p\} \\ \qquad \text{or } \{e \text{ is } e.n \text{ and } v \text{ is } v.p \text{ and } a \text{ is } a.p\} \text{ THEN } \Delta u \text{ is } O_{+1} \\ R_3: \text{IF } \{e \text{ is } e.p \text{ and } v \text{ is } v.n \text{ and } a \text{ is } a.n\} \\ \qquad \text{or } \{e \text{ is } e.n \text{ and } v \text{ is } v.p \text{ and } a \text{ is } a.n\} \\ \qquad \text{or } \{e \text{ is } e.n \text{ and } v \text{ is } v.n \text{ and } a \text{ is } a.p\} \text{ THEN } \Delta u \text{ is } O_{-1} \\ R_4: \text{IF } e \text{ is } e.n \text{ and } v \text{ is } v.n \text{ and } a \text{ is } a.n \text{ THEN } \Delta u \text{ is } O_{-2} \end{cases} \tag{3.28}$$

其中，规则中的 OR 运算采用 Zadeh 模糊逻辑 OR 算子，式(3.28)中各模糊规则的激活度为

$$\begin{cases} w_1 = \bar{w}_1, w_4 = \bar{w}_8 \\ w_2 = \max(\bar{w}_2, \bar{w}_3, \bar{w}_5) \\ w_3 = \max(\bar{w}_4, \bar{w}_6, \bar{w}_7) \end{cases} \tag{3.29}$$

3.3.4　解模糊模块

若输出模糊集为单点模糊集，则常见的各种解模糊算法的结果是一致的，本书采用重心解模糊，模糊控制器的直接输出为

$$\Delta u = \frac{w_1 H + w_2 (H/3) + w_3(-H/3) + w_4(-H)}{w_1 + w_2 + w_3 + w_4} \tag{3.30}$$

经比例因子缩放后作用于被控对象的输出为

$$\Delta u^* = N_{\Delta u} \times \Delta u \tag{3.31}$$

3.3.5　结构解析

由图 3.11 所示的梯形输入隶属函数及式(3.27)所描述的 Zadeh 模糊逻辑 AND 算子，每两个变量构成的两维平面空间可被划分为如图 3.13 所示的 12 个子空间，

在每个子空间内，两变量均是可比较的。相应地，由此我们可以得到更为复杂的三维输入空间的模糊划分，如图 3.14 所示。这样的划分生成了 68 个输入子空间，其中，24 个三角锥输入子空间，用 TPs 表示；24 个三角柱输入子空间，用 TPMs 表示；12 个长方体输入子空间，用 CDs 表示；8 个立方体输入子空间，用 CBs 表示。

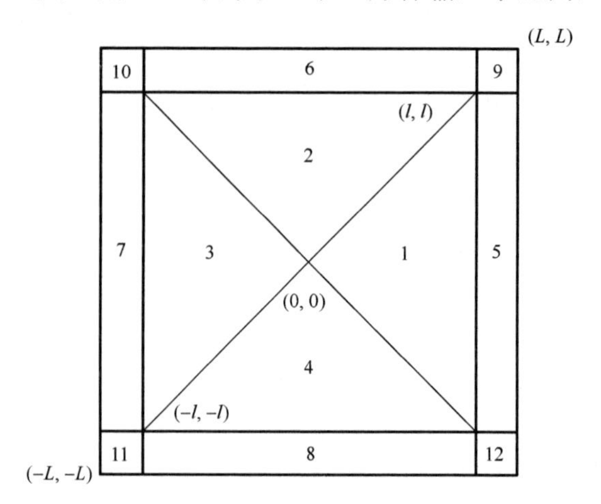

图 3.13　两维输入空间划分

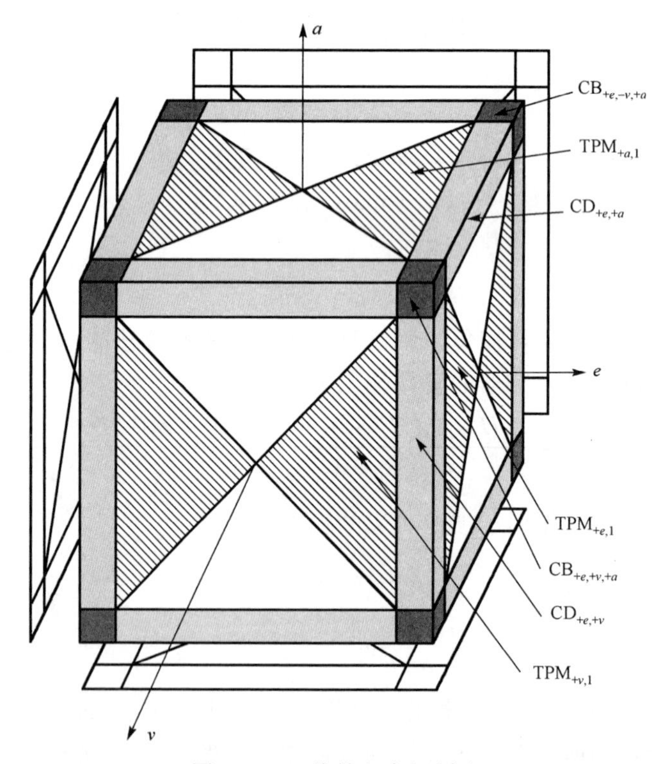

图 3.14　三维输入空间划分

以下将分四种情况分别具体讨论各种输入子空间内的模糊控制器结构。

1．TP 输入子空间

如果三维输入变量的取值均为$[-l, l]$，则构成的输入空间为图 3.15 所示的立方体。其中，由 24 个被输入模糊集划分生成的三角锥输入子空间构成，每个输入子空间记作 $\mathrm{TP}_{i,j}$，$i \in \{+e, -e, +v, -v, +a, -a\}$，$j = 1,2,3,4$，“$+e$”表示该子空间位于输入变量 e 的正半轴，“$-e$”表示该子空间位于输入变量 e 的负半轴，其他符号的意义类似可得。

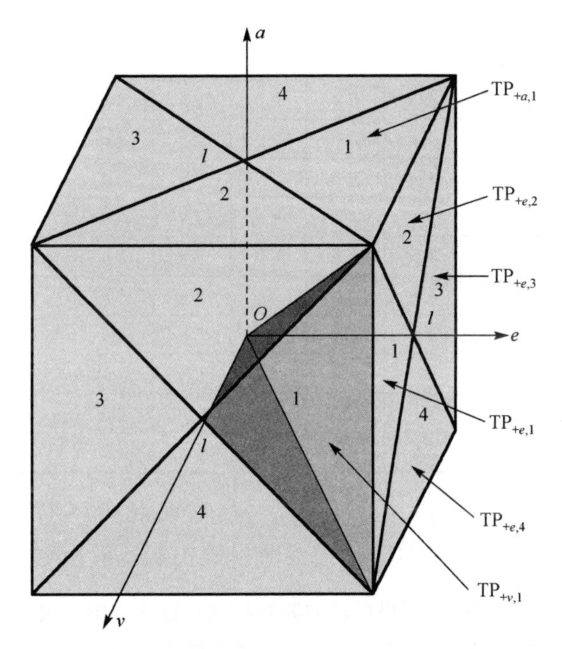

图 3.15　当各输入变量的取值均为$[-l, l]$时的三维输入空间划分

设 $E.p$ 和 $E.n$ 分别为隶属函数 $e.p(e)$和 $e.n(e)$的隶属度取值，类似地，可得 $V.p$、$V.n$、$A.p$、$A.n$。在所划分的每个 TP 输入子空间内，各变量的隶属度都是可比较的，可由式(3.27)和式(3.29)求得每条规则的激活度，如表 3.3 所示。

表 3.3　当输入变量取值均为$[-l, l]$时，TP 输入子空间内各模糊规则的激活度

TPs	$\bar{w}_1 = w_1$	$\bar{w}_2$	$\bar{w}_3$	$\bar{w}_4$	$\bar{w}_5$	$\bar{w}_6$	$\bar{w}_7$	$\bar{w}_8 = w_4$	w_2	w_3
$\mathrm{TP}_{+e,1}$	$A.p$	$A.n$	$V.n$	$V.n$	$E.n$	$E.n$	$E.n$	$E.n$	$A.n$	$V.n$
$\mathrm{TP}_{+e,2}$	$V.p$	$A.n$	$V.n$	$A.n$	$E.n$	$E.n$	$E.n$	$E.n$	$V.n$	$A.n$
$\mathrm{TP}_{+e,3}$	$V.p$	$V.p$	$A.p$	$A.n$	$E.n$	$E.n$	$E.n$	$E.n$	$A.p$	$A.n$
$\mathrm{TP}_{+e,4}$	$A.p$	$V.p$	$A.p$	$V.n$	$E.n$	$E.n$	$E.n$	$E.n$	$V.p$	$V.n$
$\mathrm{TP}_{-e,1}$	$E.p$	$E.p$	$E.p$	$E.p$	$A.p$	$A.n$	$V.n$	$V.n$	$A.p$	$A.n$
$\mathrm{TP}_{-e,2}$	$E.p$	$E.p$	$E.p$	$E.p$	$V.p$	$A.n$	$V.n$	$A.n$	$V.p$	$V.n$

续表

TPs	$\overline{w}_1=w_1$	$\overline{w}_2$	$\overline{w}_3$	$\overline{w}_4$	$\overline{w}_5$	$\overline{w}_6$	$\overline{w}_7$	$\overline{w}_8=w_4$	w_2	w_3
$TP_{-e,3}$	$E.p$	$E.p$	$E.p$	$E.p$	$V.p$	$V.p$	$A.p$	$A.n$	$V.p$	$A.p$
$TP_{-e,4}$	$E.p$	$E.p$	$E.p$	$E.p$	$A.p$	$V.p$	$A.p$	$V.n$	$A.p$	$V.p$
$TP_{+v,1}$	$A.p$	$A.n$	$V.n$	$V.n$	$E.n$	$E.n$	$V.n$	$V.n$	$A.n$	$E.n$
$TP_{+v,2}$	$E.p$	$A.n$	$V.n$	$V.n$	$E.n$	$A.n$	$V.n$	$V.n$	$E.n$	$A.n$
$TP_{+v,3}$	$E.p$	$E.p$	$V.n$	$V.n$	$A.p$	$A.n$	$V.n$	$V.n$	$A.p$	$A.n$
$TP_{+v,4}$	$A.p$	$E.p$	$V.n$	$V.n$	$A.p$	$E.n$	$V.n$	$V.n$	$E.p$	$E.n$
$TP_{-v,1}$	$V.p$	$V.p$	$A.p$	$A.n$	$V.p$	$V.p$	$E.n$	$E.n$	$A.p$	$A.n$
$TP_{-v,2}$	$V.p$	$V.p$	$E.p$	$A.n$	$V.p$	$V.p$	$E.n$	$A.n$	$E.p$	$E.n$
$TP_{-v,3}$	$V.p$	$V.p$	$E.p$	$E.p$	$V.p$	$V.p$	$A.p$	$A.n$	$E.p$	$A.p$
$TP_{-v,4}$	$V.p$	$V.p$	$A.p$	$E.p$	$V.p$	$V.p$	$A.p$	$E.n$	$A.p$	$E.p$
$TP_{+a,1}$	$V.p$	$A.n$	$V.n$	$A.n$	$E.n$	$A.n$	$E.n$	$A.n$	$V.n$	$E.n$
$TP_{+a,2}$	$E.p$	$A.n$	$V.n$	$A.n$	$E.n$	$A.n$	$V.n$	$A.n$	$E.n$	$V.n$
$TP_{+a,3}$	$E.p$	$A.n$	$E.p$	$A.n$	$V.p$	$A.n$	$V.n$	$A.n$	$V.p$	$V.n$
$TP_{+a,4}$	$V.p$	$A.n$	$E.p$	$A.n$	$V.p$	$A.n$	$E.n$	$A.n$	$E.p$	$E.n$
$TP_{-a,1}$	$A.p$	$V.p$	$A.p$	$V.n$	$A.p$	$E.n$	$A.p$	$E.n$	$V.p$	$V.n$
$TP_{-a,2}$	$A.p$	$E.p$	$A.p$	$V.n$	$A.p$	$E.n$	$A.p$	$V.n$	$E.p$	$E.n$
$TP_{-a,3}$	$A.p$	$E.p$	$A.p$	$E.p$	$A.p$	$V.p$	$A.p$	$V.n$	$E.p$	$V.p$
$TP_{-a,4}$	$A.p$	$V.p$	$A.p$	$E.p$	$A.p$	$V.p$	$A.p$	$E.n$	$V.p$	$E.p$

进而，由表 3.3 及式(3.24)、式(3.25)、式(3.30)和式(3.31)，在各 TP 输入子空间内，可求得模糊控制器的数学表达式，即模糊控制器解析结构，如表 3.4 所示。

表 3.4　各 TP 输入子空间内的模糊控制器解析结构以及比例、积分和微分动态增益

TPs	Δu^*	K_p	K_i	K_d
$TP_{+e,1}$; $TP_{-e,3}$	$K(3e+v+2a)/D_1$	K/D_1	$3K/D_1$	$2K/D_1$
$TP_{+v,1}$; $TP_{-v,3}$	$K(e+3v+2a)/D_1$	$3K/D_1$	K/D_1	$2K/D_1$
$TP_{+e,2}$; $TP_{-e,4}$	$K(3e+2v+a)/D_2$	$2K/D_2$	$3K/D_2$	K/D_2
$TP_{+a,1}$; $TP_{-a,3}$	$K(e+2v+3a)/D_2$	$2K/D_2$	K/D_2	$3K/D_2$
$TP_{+v,2}$; $TP_{-v,4}$	$K(2e+3v+a)/D_3$	$3K/D_3$	$2K/D_3$	K/D_3
$TP_{+a,2}$; $TP_{-a,4}$	$K(2e+v+3a)/D_3$	K/D_3	$2K/D_3$	$3K/D_3$
$TP_{+e,3}$; $TP_{-e,1}$; $TP_{+v,3}$; $TP_{-v,1}$	$K(3e+3v+2a)/D_4$	$3K/D_4$	$3K/D_4$	$2K/D_4$
$TP_{+e,4}$; $TP_{-e,2}$; $TP_{+a,3}$; $TP_{-a,1}$	$K(3e+2v+3a)/D_5$	$2K/D_5$	$3K/D_5$	$3K/D_5$
$TP_{+v,4}$; $TP_{-v,2}$; $TP_{+a,4}$; $TP_{-a,2}$	$K(2e+3v+3a)/D_6$	$3K/D_6$	$2K/D_6$	$3K/D_6$

其中

$$K = N_{\Delta u} \times H / 3 \tag{3.32}$$

$$
\begin{cases}
D_1 = 4l - |e+v|, \text{for } \mathrm{TP}_{+e,1}, \mathrm{TP}_{-e,3}, \mathrm{TP}_{+v,1}, \mathrm{TP}_{-v,3} \\
D_2 = 4l - |e+a|, \text{for } \mathrm{TP}_{+e,2}, \mathrm{TP}_{-e,4}, \mathrm{TP}_{+a,1}, \mathrm{TP}_{-a,3} \\
D_3 = 4l - |v+a|, \text{for } \mathrm{TP}_{+v,2}, \mathrm{TP}_{-v,4}, \mathrm{TP}_{+a,2}, \mathrm{TP}_{-a,4} \\
D_4 = 4l - |e-v|, \text{for } \mathrm{TP}_{+e,3}, \mathrm{TP}_{-e,1}, \mathrm{TP}_{+v,3}, \mathrm{TP}_{-v,1} \\
D_5 = 4l - |e-a|, \text{for } \mathrm{TP}_{+e,4}, \mathrm{TP}_{-e,2}, \mathrm{TP}_{+a,3}, \mathrm{TP}_{-a,1} \\
D_6 = 4l - |v-a|, \text{for } \mathrm{TP}_{+v,4}, \mathrm{TP}_{-v,2}, \mathrm{TP}_{+a,4}, \mathrm{TP}_{-a,2}
\end{cases}
\tag{3.33}
$$

由表 3.4 中的三维模糊控制器增量输出的解析表达式，它们均可表示为 PID 控制器的形式：

$$
\Delta u^* = K_p v + K_i e + K_d a \tag{3.34}
$$

其中，各动态比例增益 K_p、积分增益 K_i、微分增益 K_d 如表 3.4 所示。

作为以上讨论的结果，我们给出如下几个定理。

定理 3.6　如果各输入变量 e、v、a 的取值均为 $[-l, l]$，则上述三维模糊控制器是一个非线性 PID 控制器，其比例增益 K_p、积分增益 K_i、微分增益 K_d 随输入变量 e、v、a 的变化而动态变化。

证明　由表 3.4 及式(3.32)～式(3.34)立即可得。证毕。

定理 3.7　当各输入变量 e、v、a 的取值均为 $[-l, l]$ 时，上述三维模糊控制器的控制律是关于平衡点对称的。

证明　由表 3.4 立即可得。证毕。

定理 3.8　当各输入变量 e、v、a 的取值均为 $[-l, l]$ 时，上述三维模糊控制器的输出是连续有界的。

证明　由表 3.4 及式(3.32)和式(3.33)可知，模糊控制器的输出在每个输入子空间内都是连续有界的。由定理 3.6 和定理 3.7，我们只需考虑相邻输入子空间之间的控制器输出是否连续即可。结合图 3.15，由表 3.4，考虑 $\mathrm{TP}_{+e,1}$ 和 $\mathrm{TP}_{+e,2}$，其边界为平面 $S = \{(e,v,a) \mid a = v, e \geqslant v, e, v, a \in [0,l]\}$，易得

$$
\Delta u^*_{+e,1}(e,v,a) \equiv \Delta u^*_{+e,2}(e,v,a), (e,v,a) \in S \tag{3.35}
$$

类似地，可得在其他相临输入子空间边界处的模糊控制器输出也是一致的。因此，模糊控制器在整个输入论域 $[-l, l]^3$ 上是连续有界的，并且可求得模糊控制器输出的上、下界为

$$
\begin{cases}
\Delta u^*_{\min} = \Delta u^*(-l,-l,-l) = -N_{\Delta u} \times H \\
\Delta u^*_{\max} = \Delta u^*(l,l,l) = N_{\Delta u} \times H
\end{cases}
\tag{3.36}
$$

证毕。

2. TPM 输入子空间

此时，两维输入变量的取值为$[-l, l]$，另一维变量的取值不在此范围，即 TPM 输入子空间，如图 3.14 所示。如同第一种情况的分析思路，我们可得在各 TPM 输入子空间内的三维模糊控制器解析结构，如表 3.5 所示。

表 3.5　各 TPM 输入子空间内的模糊控制器解析结构

<table>
<tr><th>TPMs</th><th>IN_1</th><th>IN_2</th><th>Δu^*</th></tr>
<tr><td>$TPM_{+e,1}$; $TPM_{-e,3}$</td><td>v</td><td rowspan="2">a</td><td rowspan="12">$K\left(\pm 1+\frac{2(IN_1+IN_2)}{3l-|IN_1|}\right)$</td></tr>
<tr><td>$TPM_{+v,1}$; $TPM_{-v,3}$</td><td>e</td></tr>
<tr><td>$TPM_{+e,2}$; $TPM_{-e,4}$</td><td>a</td><td rowspan="2">v</td></tr>
<tr><td>$TPM_{+a,1}$; $TPM_{-a,3}$</td><td>e</td></tr>
<tr><td>$TPM_{+v,2}$; $TPM_{-v,4}$</td><td>a</td><td rowspan="2">e</td></tr>
<tr><td>$TPM_{+a,2}$; $TPM_{-a,4}$</td><td>v</td></tr>
<tr><td>$TPM_{+e,3}$; $TPM_{-e,1}$</td><td>v</td><td rowspan="2">a</td></tr>
<tr><td>$TPM_{+v,3}$; $TPM_{-v,1}$</td><td>e</td></tr>
<tr><td>$TPM_{+e,4}$; $TPM_{-e,2}$</td><td>a</td><td rowspan="2">v</td></tr>
<tr><td>$TPM_{+a,3}$; $TPM_{-a,1}$</td><td>e</td></tr>
<tr><td>$TPM_{+v,4}$; $TPM_{-v,2}$</td><td>a</td><td rowspan="2">e</td></tr>
<tr><td>$TPM_{+a,4}$; $TPM_{-a,2}$</td><td>v</td></tr>
</table>

依据表 3.5，作为讨论结果，我们给出如下定理。

定理 3.9　当输入子空间为 TPM 时，三维模糊控制器退化为一种 PI 或 PD 控制器加控制偏置$\pm K$的控制器策略，其中 PI 或 PD 控制器的参数随相应输入变量的变化而动态变化。

证明　由表 3.5，不失一般性，我们选取 $TPM_{+e,1}$ 和 $TPM_{-e,3}$，可得其模糊控制器的解析结构为

$$\Delta u^* = \begin{cases} K+\dfrac{2K}{3l-v}v+\dfrac{2K}{3l-v}a, & \text{for } TPM_{+e,1} \\ -K+\dfrac{2K}{3l-v}v+\dfrac{2K}{3l-v}a, & \text{for } TPM_{-e,3} \end{cases} \tag{3.37}$$

类似地，可得其他 TPM 输入子空间内的模糊控制器解析结构。证毕。

定理 3.10　当输入子空间为 TPM 时，三维模糊控制器的输出是连续有界的。

证明　依据表 3.5，其证明过程与定理 3.8 类似，不再赘述。证毕。

3．CD 输入子空间

此时，一维输入变量的取值为$[-l, l]$，另两维变量的取值不在此范围，即 CD 输入子空间，如图 3.14 所示。同理，我们可得在各 CD 输入子空间内的三维模糊控制器解析结构，如表 3.6 所示。

表 3.6　各 CD 输入子空间内的模糊控制器解析结构

CDs	Δu^*
$CD_{+e,+v}$;$CD_{-e,-v}$	$K(\pm 2+a/l)$
$CD_{+e,+a}$;$CD_{-e,-a}$	$K(\pm 2+v/l)$
$CD_{+v,+a}$; $CD_{-v,-a}$	$K(\pm 2+e/l)$
$CD_{+e,-v}$; $CD_{-e,+v}$	Ka/l
$CD_{+e,-a}$; $CD_{-e,+a}$	Kv/l
$CD_{+v,-a}$; $CD_{-v,+a}$	Ke/l

定理 3.11　当输入子空间为 CD 时，三维模糊控制器退化为分段线性控制器，且其增益均为 K/l。

证明　由表 3.6 立即可得。证毕。

4. CB 输入子空间

此时，三维变量的取值都不在$[-l, l]$内，如图 3.14 所示。类似地，我们可得在各 CB 输入子空间内的三维模糊控制器解析结构，如表 3.7 所示。

表 3.7　各 CB 输入子空间内的模糊控制器解析结构

CBs	Δu^*
$CB_{+e,+v,+a}$	$3K$
$CB_{+e,+v,-a}$; $CB_{+e,-v,+a}$; $CB_{-e,+v,+a}$	K
$CB_{+e,-v,-a}$; $CB_{-e,-v,+a}$; $CB_{-e,+v,-a}$	$-K$
$CB_{-e,-v,-a}$	$-3K$

定理 3.12 当输入子空间为 CB 时，模糊控制器退化为分段定常控制器。

证明　由表 3.7 立即可得。证毕。

综合以上四种情况，给出如下定理。

定理 3.13　三维最简模糊控制器(3.22)是一种动态变增益非线性 PID 控制器、动态变增益非线性 PI 或 PD 控制器加定常控制偏置、分段线性控制器、分段定常控制器的组合。

证明　由定理 3.6～定理 3.12 立即可得。证毕。

3.4　本 章 小 结

本章分为两部分，第一部分研究了一大类更为普遍的输入采用 GTS 隶属函数的最简两维 Mamdani 模糊控制器的解析结构，推导了 I 类和 II 类模糊控制器的解析式，并对这两类模糊控制器进行了结构分析，给出的结构解析定理包含了现有模糊控制器结构解析的结果。值得指出的是，输入采用 GTS 隶属函数的模糊控制器可在一定程度上解决“规则爆炸”问题，对这类模糊控制器的结构分析为隶属函数对模糊控制器性能的影响，提供了更为全面和深刻的认识，对模糊控制器的系统化设计和稳定性分析具有理论指导意义。仿真结果验证了该类最简模糊控制器的有效性和优越性。

第二部分深入研究了一类采用 Zadeh 模糊逻辑 AND 算子和 Zadeh 模糊逻辑 OR 算子的最简三维 Mamdani 模糊控制器的解析结构。严格推导了该类模糊控制器的解析表达式，证明了该类模糊控制器是一种动态变增益非线性 PID 控制器、动态变增益非线性 PI 或 PD 控制器加定常控制偏置、分段线性控制器、分段定常控制器的组合。所得理论结果为模糊控制系统的分析与设计奠定了理论基础。

本章所研究的最简两维和三维模糊控制器将用于第 4 章的 Mamdani 模糊控制系统，并结合本章所得理论结果，进一步研究该模糊控制系统的稳定性。

第 4 章　齐次模糊系统逼近性能分析

4.1　概　　述

T-S 模糊系统自 1985 年被提出以来，一直受到模糊控制界的极大关注和广泛研究。它是一种对非线性系统进行建模和控制的简单有效的方法。作为模糊系统理论研究和实际应用的基础，对模糊系统逼近性能的研究取得了长足的进展。近年来，不少学者围绕这一理论问题进行了研究，逐步形成了模糊系统逼近理论。T-S 模糊系统可分为两类：仿射(或典型)T-S 模糊系统和齐次 T-S 模糊系统，区别在于后者的规则后件中没有常数项。这两类模糊模型用于系统建模与控制，取得了一定的成功[178,179]。作为该应用的理论基础，仿射 T-S 模糊系统的逼近性能得到了广泛、深入的研究[180]。对于这两种模糊系统，由于线性函数对乘法运算不具备封闭性，无法使用 Stone-Weierstrass 定理证明其通用逼近性，所以，它们的逼近性能研究一直比较困难。直到 1998 年，Ying[83]首先证明了一类仿射 T-S 模糊系统的通用逼近性，并给出了一致逼近连续函数的充分条件，但只对双输入单输出的情况给予了证明。曾珂等[84-86]证明了多输入单输出情形的模糊系统的通用逼近性，并进一步研究了规则后件为常数的 Sugeno 模糊系统的通用逼近性。但规则后件中的常数项不利于模糊控制系统的分析和设计，在实际应用中，通常采用齐次 T-S 模糊系统，其优势在于可运用成熟的线性系统理论设计局部和全局稳定控制系统。单从逼近性能角度讲，Fantuzzi 和 Rovatti[89]指出齐次 T-S 模糊系统的逼近性能不及仿射 T-S 模糊系统，并研究了单输入单输出的齐次 T-S 模糊系统的逼近性能。Teixeira 和 Zak[181]提出了一种由非线性模型得到齐次 T-S 模糊系统规则后件参数的方法，但并未给出所构造的模糊系统的逼近性能分析。近年来，Wang 等[93,94]提出了一种基于平行分布补偿(PDC)原理和线性矩阵不等式(LMI)方法的 T-S 模糊控制系统设计方法。作为该方法的理论基础，文献[90]对一类齐次 T-S 模糊系统的逼近性能进行了初步研究，该模糊系统的构造具有一定的局限性，结构更为普遍的齐次 T-S 模糊系统有待进一步的深入研究。

本章结合常用模糊集的一般特性，明确定义了一种更为普遍的对输入空间的模糊划分，称为一般模糊划分(GFP)，并得到了输入采用 GFP 的齐次 T-S 模糊系统的一般结构。在此基础上，研究了一大类齐次 T-S 模糊系统的通用逼近性能和对函数导数的逼近性能，并给出了该类模糊系统作为通用逼近器的充分条件[182,183]。数值示例验证了所得理论结果的有效性。这为基于平行分布补偿(PDC)和线性矩阵不等式(LMI)方法的T-S模糊控制系统设计提供了理论基础。

本章内容主要基于文献[182]和[183]。

4.2 齐次T-S模糊系统

齐次T-S模糊系统本质上是一个非线性映射，考虑多输入单输出系统f_{TS}: $U \subset \mathbf{R}^n \to V \subset \mathbf{R}$，其中$U = U_1 \times U_2 \times \cdots \times U_n$为输入空间，$V$为输出空间。齐次T-S模糊系统可描述为

$$\begin{aligned} &R_l: \text{IF } x_1 \text{ is } M_{1,i_1} \text{ and} \cdots \text{ and } x_n \text{ is } M_{n,i_n} \\ &\quad \text{THEN } f_{\mathrm{TS}} = \boldsymbol{a}_l \boldsymbol{x}, l = \tau(i_1, i_2, \cdots, i_n), i_j = 1,2,\cdots,N_j, j = 1,2,\cdots,n \end{aligned} \tag{4.1}$$

其中，输入状态向量$\boldsymbol{x} = [x_1, x_2, \cdots, x_n]^{\mathrm{T}} \in U$, $x_j \in U_j = [a_j, b_j]$，$M_{j,i_j}, i_j = 1,2,\cdots,N_j$为相应的模糊集，$N_j$为相应的模糊集合的数目，并且

$$\tau(i_1, i_2, \cdots, i_n) = \begin{cases} \sum_{j=1}^{n-1}\left((i_j - 1)\prod_{m=j+1}^{n} N_m\right) + i_n, & n \geqslant 2 \\ i_n, & n = 1 \end{cases} \tag{4.2}$$

采用单点模糊化、乘积推理和中心平均解模糊方法，齐次T-S模糊系统(4.1)可表示为

$$f_{\mathrm{TS}}(\boldsymbol{x}) = \sum_{l=1}^{r} h_l(\boldsymbol{x}) \boldsymbol{a}_l \boldsymbol{x} \tag{4.3}$$

其中，$0 \leqslant h_l(\boldsymbol{x}) \leqslant 1$为正规化隶属函数，并且满足：

$$h_l(\boldsymbol{x}) = \frac{w_l(\boldsymbol{x})}{\sum_{l=1}^{r} w_l(\boldsymbol{x})}, \quad \sum_{l=1}^{r} h_l(\boldsymbol{x}) = 1 \tag{4.4}$$

$$w_l(\boldsymbol{x}) = \prod_{j=1}^{n} M_{j,i_j}(x_j) \tag{4.5}$$

其中，$w_l(\boldsymbol{x})$为第l条规则前件的激活度，$M_{j,i_j}(x_j)$为x_j对于模糊集M_{j,i_j}的隶属度。

4.3 输入空间的模糊划分及性质

对于T-S模糊系统(4.3)，通常采用具有有界支集的隶属度函数，各局部模型仅在输入状态空间的某一有限区域内是有效的。而且，每条规则的前件定义了一个局

部操作域，相应的规则后件描述了在此区域内有效的局部特性。此外，输入模糊集大多具有双交叠的特性。基于此，我们定义一种新的输入空间划分[182]。

设 $M_{j,i_j}(x_j)$ 为论域 U_j 上的连续函数

$$M_{j,i_j}(x_j)=\begin{cases}I_{j,i_j}(x_j), & x_j\in(a_{j,i_j},d_{j,i_j})\\ 1, & x_j=d_{j,i_j}\\ D_{j,i_j}(x_j), & x_j\in(d_{j,i_j},b_{j,i_j})\\ 0, & x_j\notin(a_{j,i_j},b_{j,i_j})\end{cases}\tag{4.6}$$

其中，$0\leqslant \partial I_{j,i_j}(x_j)/\partial x_j\leqslant\lambda$，$-\lambda\leqslant\partial D_{j,i_j}(x_j)/\partial x_j\leqslant 0$，$0<l<\infty$，$d_{j,i_j}$ 为模糊集 M_{j,i_j} 的中心。

定义 4.1　称模糊集组 $\{M_{j,i_j},i_j=1,2,\cdots,N_j,j=1,2,\cdots,n\}$ 是论域 U 上的一个一般模糊划分(GFP)，如果满足条件：

$$\begin{cases}d_{j,1}=\alpha_j\\ d_{j,N_j}=\beta_j\\ d_{j,1}<d_{j,2}<\cdots<d_{j,N_j}\end{cases}\tag{4.7}$$

$$a_{j,i_j}<b_{j,i_j-1}\leqslant d_{j,i_j}\leqslant a_{j,i_j+1}<b_{j,i_j},i_j=2,3,\cdots,N_j-1\tag{4.8}$$

定义 4.2　称模糊集组 $\{M_{j,i_j},i_j=1,2,\cdots,N_j,j=1,2,\cdots,n\}$ 是 U 上的一个线性模糊划分(LFP)，如果 $\{M_{j,i_j},i_j=1,2,\cdots,N_j,j=1,2,\cdots,n\}$ 是 U 上的一个 GFP，并且满足：

$$\frac{M_{j,k_j}(x_j)(x_j-d_{j,k_j})+M_{j,k_j+1}(x_j)(x_j-d_{j,k_j+1})}{M_{j,k_j}(x_j)+M_{j,k_j+1}(x_j)}=c_{j,k_j},x_j\in[d_{j,k_j},d_{j,k_j+1}]\tag{4.9}$$

其中，$c_{j,k_j},k_j=1,2,\cdots,K_j$ 为常数。

易见，LFP 是 GFP 的一个特例，常见的全交叠三角形隶属函数便是一种 LFP。

由定义 4.1 可知，输入空间 U 被划分为 K 个输入子空间 $D_k,k=1,2,\cdots,K$，$K=\prod_{j=1}^{n}K_j$，$K_j=N_j-1$。其中

$$D_k=\{x\mid x\in U,d_{j,k_j}\leqslant x_j\leqslant d_{j,k_j+1},j=1,2,\cdots,n\}\tag{4.10}$$

$$k=\sigma(k_1,k_2,\cdots,k_n),k_j=1,2,\cdots,K_j\tag{4.11}$$

$$\sigma(k_1,k_2,\cdots,k_n)=\begin{cases}\sum_{j=1}^{n-1}\left((k_j-1)\prod_{m=j+1}^{n}K_m\right)+k_n, & n\geqslant 2\\ k_n, & n=1\end{cases}\tag{4.12}$$

由式(4.3)～式(4.6)，可得输入采用 GFP 的齐次 T-S 模糊系统的输出为

$$f_{\mathrm{TS}}(\boldsymbol{x})=\sum_{l\in L_k}h_l(\boldsymbol{x})\boldsymbol{a}_l\boldsymbol{x},\ \boldsymbol{x}\in D_k,\ k=1,2,\cdots,K \tag{4.13}$$

其中

$$L_k=\{l=\tau(\sigma^{-1}(k))+\delta(e_1,e_2,\cdots,e_n)\mid e_j\in\{0,1\},j=1,2,\cdots,n\} \tag{4.14}$$

$$\delta(e_1,e_2,\cdots,e_n)=\sum_{j=1}^{n}\left(e_j\prod_{m=j+1}^{n}N_m\right)+e_n \tag{4.15}$$

4.4 模糊系统逼近性能分析

4.4.1 通用逼近性能

不失一般性，待逼近的任意非线性函数 $f(\boldsymbol{x})$：$U\subset\mathbf{R}^n\to V\subset\mathbf{R}$ 满足如下一般性假设。

假设 4.1 非线性函数 $f(\boldsymbol{x})$满足：①$f(\mathbf{0})=0$；②$f\in C_1^2$，即 $f(\boldsymbol{x})$、$\nabla f(\boldsymbol{x})$和$\nabla^2 f(\boldsymbol{x})$在论域 U 上是连续有界的。其中，$\nabla f(\boldsymbol{x})=[\partial f(\boldsymbol{x})/\partial x_1,\partial f(\boldsymbol{x})/\partial x_2,\cdots,\partial f(\boldsymbol{x})/\partial x_n]$，$\nabla^2 f(\boldsymbol{x})=[\partial^2 f(\boldsymbol{x})/\partial x_i\partial x_j]_{n\times n}$。

令

$$\boldsymbol{a}(\boldsymbol{x})=\begin{cases}\nabla f(\boldsymbol{x})+\dfrac{f(\boldsymbol{x})-\nabla f(\boldsymbol{x})\boldsymbol{x}}{\|\boldsymbol{x}\|^2}\boldsymbol{x}^{\mathrm{T}}, & \boldsymbol{x}\neq 0\\ \nabla f(\boldsymbol{x}), & \boldsymbol{x}=0\end{cases} \tag{4.16}$$

$$\boldsymbol{a}_l=\boldsymbol{a}(\boldsymbol{x}_l) \tag{4.17}$$

其中，$\boldsymbol{x}_{l(0)}=\mathbf{0}\in\{\boldsymbol{x}_l,l=1,2,\cdots,r\}$，$\boldsymbol{x}_l=[d_{1,i_1},d_{2,i_2},\cdots,d_{n,i_n}]^{\mathrm{T}}$。容易验证

$$f(\boldsymbol{x})=\boldsymbol{a}(\boldsymbol{x})\boldsymbol{x} \tag{4.18}$$

选取模糊规则如式(4.1)所示，所得逼近函数如式(4.13)所示。考虑任意输入子空间 D_k，则逼近误差 $e(x)$ 为[182,183]

当 $\boldsymbol{x}_{l(0)}=\mathbf{0}\in D_k$，有

$$\begin{aligned}e(\boldsymbol{x})&=f(\boldsymbol{x})-f_{\mathrm{TS}}(\boldsymbol{x})=\sum_{l\in L_k}h_l(\boldsymbol{x})(f(\boldsymbol{x})-\boldsymbol{a}_l\boldsymbol{x})\\&=h_{l(0)}(\boldsymbol{x})\left(f(\mathbf{0})+\nabla f(\mathbf{0})\boldsymbol{x}+\frac{1}{2}\boldsymbol{x}^{\mathrm{T}}\nabla^2 f(\boldsymbol{\eta}_{l(0)})\boldsymbol{x}-\nabla f(\mathbf{0})\boldsymbol{x}\right)\end{aligned}$$

$$+\sum_{l\neq l(0),l\in L_k} h_l(\boldsymbol{x})\begin{pmatrix} f(\boldsymbol{x}_l)+\nabla f(\boldsymbol{x}_l)(\boldsymbol{x}-\boldsymbol{x}_l)+\dfrac{1}{2}(\boldsymbol{x}-\boldsymbol{x}_l)^{\mathrm{T}}\nabla^2 f(\boldsymbol{\eta}_l)(\boldsymbol{x}-\boldsymbol{x}_l) \\ -\nabla f(\boldsymbol{x}_l)\boldsymbol{x}-\dfrac{f(\boldsymbol{x}_l)-\nabla f(\boldsymbol{x}_l)\boldsymbol{x}_l}{\|\boldsymbol{x}_l\|^2}\boldsymbol{x}_l^{\mathrm{T}}\boldsymbol{x} \end{pmatrix}$$

$$=h_{l(0)}(\boldsymbol{x})\left(\frac{1}{2}\boldsymbol{x}^{\mathrm{T}}\nabla^2 f(\boldsymbol{\eta}_{l(0)})\boldsymbol{x}\right)+\sum_{l\neq l(0),l\in L_k} h_l(\boldsymbol{x})\begin{pmatrix} \dfrac{f(\boldsymbol{x}_l)-\nabla f(\boldsymbol{x}_l)\boldsymbol{x}_l}{\|\boldsymbol{x}_l\|^2}\boldsymbol{x}_l^{\mathrm{T}}(\boldsymbol{x}_l-\boldsymbol{x}) \\ +\dfrac{1}{2}(\boldsymbol{x}-\boldsymbol{x}_l)^{\mathrm{T}}\nabla^2 f(\boldsymbol{\eta}_l)(\boldsymbol{x}-\boldsymbol{x}_l) \end{pmatrix}$$

$$=h_{l(0)}(\boldsymbol{x})\left(\frac{1}{2}\boldsymbol{x}^{\mathrm{T}}\nabla^2 f(\boldsymbol{\eta}_{l(0)})\boldsymbol{x}\right)$$

$$+\sum_{l\neq l(0),l\in L_k} h_l(\boldsymbol{x})\left((\boldsymbol{a}_l-\nabla f(\boldsymbol{x}_l))(\boldsymbol{x}_l-\boldsymbol{x})+\frac{1}{2}(\boldsymbol{x}-\boldsymbol{x}_l)^{\mathrm{T}}\nabla^2 f(\boldsymbol{\eta}_l)(\boldsymbol{x}-\boldsymbol{x}_l)\right)$$

当 $x_{l(0)}=\boldsymbol{0}\in D_k$，有

$$e(\boldsymbol{x})=f(\boldsymbol{x})-f_{\mathrm{TS}}(\boldsymbol{x})=\sum_{l\in L_k} h_l(\boldsymbol{x})(f(\boldsymbol{x})-\boldsymbol{a}_l\boldsymbol{x})$$

$$=\sum_{l\in L_k} h_l(\boldsymbol{x})\begin{pmatrix} f(\boldsymbol{x}_l)+\nabla f(\boldsymbol{x}_l)(\boldsymbol{x}-\boldsymbol{x}_l)+\dfrac{1}{2}(\boldsymbol{x}-\boldsymbol{x}_l)^{\mathrm{T}}\nabla^2 f(\boldsymbol{\eta}_l)(\boldsymbol{x}-\boldsymbol{x}_l) \\ -\nabla f(\boldsymbol{x}_l)\boldsymbol{x}-\dfrac{f(\boldsymbol{x}_l)-\nabla f(\boldsymbol{x}_l)\boldsymbol{x}_l}{\|\boldsymbol{x}_l\|^2}\boldsymbol{x}_l^{\mathrm{T}}\boldsymbol{x} \end{pmatrix}$$

$$=\sum_{l\in L_k} h_l(\boldsymbol{x})\left((\boldsymbol{a}_l-\nabla f(\boldsymbol{x}_l))(\boldsymbol{x}_l-\boldsymbol{x})+\frac{1}{2}(\boldsymbol{x}-\boldsymbol{x}_l)^{\mathrm{T}}\nabla^2 f(\boldsymbol{\eta}_l)(\boldsymbol{x}-\boldsymbol{x}_l)\right)$$

以上结果可合并为

$$e(\boldsymbol{x})=\sum_{l\in L_k} h_l(\boldsymbol{x})\left((\boldsymbol{a}_l-\nabla f(\boldsymbol{x}_l))(\boldsymbol{x}_l-\boldsymbol{x})+\frac{1}{2}(\boldsymbol{x}-\boldsymbol{x}_l)^{\mathrm{T}}\nabla^2 f(\boldsymbol{\eta}_l)(\boldsymbol{x}-\boldsymbol{x}_l)\right),\ \boldsymbol{x},\boldsymbol{\eta}_l\in D_k \tag{4.19}$$

定理 4.1　输入采用 GFP 的齐次 T-S 模糊系统 $f_{\mathrm{TS}}(\boldsymbol{x})$ 能够以任意精度一致逼近满足假设 4.1 的任意非线性函数 $f(\boldsymbol{x})$：$U\subset\mathbf{R}^n\to V\subset\mathbf{R}$。

证明　由式(4.19)可得

$$\|e(\boldsymbol{x})\|_\infty=\left\|\sum_{l\in L_k} h_l(\boldsymbol{x})\left((\boldsymbol{a}_l-\nabla f(\boldsymbol{x}_l))(\boldsymbol{x}_l-\boldsymbol{x})+\frac{1}{2}(\boldsymbol{x}-\boldsymbol{x}_l)^{\mathrm{T}}\nabla^2 f(\boldsymbol{\eta}_l)(\boldsymbol{x}-\boldsymbol{x}_l)\right)\right\|_\infty$$

$$\leqslant\sum_{l\in L_k} h_l(\boldsymbol{x})\|(\boldsymbol{a}_l-\nabla f(\boldsymbol{x}_l))(\boldsymbol{x}_l-\boldsymbol{x})\|_\infty+\sum_{l\in L_k} h_l(\boldsymbol{x})\left\|\frac{1}{2}(\boldsymbol{x}-\boldsymbol{x}_l)^{\mathrm{T}}\nabla^2 f(\boldsymbol{\eta}_l)(\boldsymbol{x}-\boldsymbol{x}_l)\right\|_\infty$$

$$\leqslant\max_{l\in L_k}\|(\boldsymbol{a}_l-\nabla f(\boldsymbol{x}_l))(\boldsymbol{x}_l-\boldsymbol{x})\|_\infty+\max_{l\in L_k}\left\|\frac{1}{2}(\boldsymbol{x}-\boldsymbol{x}_l)^{\mathrm{T}}\nabla^2 f(\boldsymbol{\eta}_l)(\boldsymbol{x}-\boldsymbol{x}_l)\right\|_\infty$$

$$\leqslant\max_{l\in L_k}\{\|\boldsymbol{a}_l-\nabla f(\boldsymbol{x}_l)\|_\infty\cdot\|\boldsymbol{x}_l-\boldsymbol{x}\|_\infty\}+\frac{1}{2}\max_{l\in L_k}\left\{\|\nabla^2 f(\boldsymbol{\eta}_l)\|_\infty\cdot\|\boldsymbol{x}-\boldsymbol{x}_l\|_\infty^2\right\},\ \boldsymbol{x},\boldsymbol{\eta}_l\in D_k$$

令

$$\Delta_k = \sqrt{n}\delta_k, \delta_k = \max_{j,k_j} \delta_{j,k_j}, k = \sigma(k_1, k_2, \cdots, k_n) \tag{4.20}$$

$$\delta_{j,k_j} = d_{j,k_j+1} - d_{j,k_j}, k_j = 1,2,\cdots,K_j, j = 1,2,\cdots,n \tag{4.21}$$

$$\gamma_k = \max_{l \in L_k} \left\| \boldsymbol{a}_l - \nabla f(\boldsymbol{x}_l) \right\|_\infty \tag{4.22}$$

$$\rho_k = \max_{l \in L_k} \left\| \nabla^2 f(\boldsymbol{\eta}_l) \right\|_\infty, \eta_l \in D_k \tag{4.23}$$

由以上可得

$$\left\| e(\boldsymbol{x}) \right\|_\infty = \gamma_k \Delta_k + \frac{1}{2} \rho_k \Delta_k^2, \boldsymbol{x} \in D_k \tag{4.24}$$

由式(4.17)和假设 4.1 可知，γ_k 和 ρ_k 都是有限的数。从而对于$\forall \varepsilon_k > 0$，当$\Delta_k$充分小时，有$\left\| e(\boldsymbol{x}) \right\| \leqslant \varepsilon_k, \boldsymbol{x} \in D_k$。从而可得

$$\left\| e(\boldsymbol{x}) \right\| \leqslant \varepsilon, \boldsymbol{x} \in U \tag{4.25}$$

$$\varepsilon = \max_k \varepsilon_k, k = 1,2,\cdots,K \tag{4.26}$$

即 $\forall \varepsilon > 0$，存在一般齐次 T-S 模糊系统使得$\left\| e(\boldsymbol{x}) \right\| \leqslant \varepsilon$。证毕。

4.4.2　一致逼近的充分条件

不失一般性，我们设每一维输入变量的论域均已缩放到[0, 1]。

定理 4.2[183]　如果 GFP 采用均匀分布的 N 个模糊子集，即 $N_j = N, j = 1,2,\cdots,n$，对任意满足假设 4.1 的非线性函数 $f(\boldsymbol{x})$和给定的逼近误差 $\varepsilon > 0$，则存在

$$N \geqslant \frac{\sqrt{n}(\gamma + \sqrt{\gamma^2 + 2\rho\varepsilon})}{2\varepsilon} + 1 \tag{4.27}$$

其中，$\gamma = \max_l \left\| \boldsymbol{a}_l - \nabla f(\boldsymbol{x}_l) \right\|_\infty$，$\rho = \max_{\boldsymbol{x} \in U} \left\| \nabla^2 f(\boldsymbol{x}) \right\|_\infty$。

证明　若每一维输入变量均采用均匀分布的 N 个模糊子集，由式(4.20)～式(4.24)可得

$$\begin{aligned} \left\| f_{\mathrm{TS}}(\boldsymbol{x}) - f(\boldsymbol{x}) \right\|_\infty &\leqslant \gamma\Delta + \frac{1}{2}\rho\Delta^2 \\ &= \sqrt{n}\gamma \Big/ (N-1) + \frac{1}{2} n\rho \Big/ (N-1)^2 \\ &\leqslant \varepsilon, \boldsymbol{x} \in U \end{aligned}$$

即 $\sqrt{n}\gamma\Big/(N-1)+\frac{1}{2}n\rho\Big/(N-1)^2\leqslant\varepsilon$。立即可得式(4.27)成立。证毕。

4.4.3　对一次导数的逼近

本节将讨论输入采用 LFP 的齐次 T-S 模糊系统对待逼近函数的导数的一致逼近性能。基于 GFP 和 LFP 的定义，首先给出如下引理。

引理 4.1　如果模糊集组 $\{M_{j,i_j}, i_j=1,2,\cdots,N_j, j=1,2,\cdots,n\}$ 满足 LFP 的定义，则有

$$\sum_{l\in L_k}\nabla h_l(\boldsymbol{x})=0 \tag{4.28}$$

$$\sum_{l\in L_k}(\boldsymbol{x}-\boldsymbol{x}_l)\nabla h_l(\boldsymbol{x})=-\boldsymbol{I},\ \boldsymbol{x}\in D_k \tag{4.29}$$

其中，$\nabla h_l(\boldsymbol{x})=[\partial h_l(\boldsymbol{x})/\partial x_1, \partial h_l(\boldsymbol{x})/\partial x_2,\cdots,\partial h_l(\boldsymbol{x})/\partial x_n]$，$\boldsymbol{I}$ 为单位矩阵。

证明　由 GFP 和 LFP 的定义可知，$\sum_{l\in L_k}h_l(\boldsymbol{x})=1$。从而可得式(4.28)成立。由式(4.4)和式(4.10)～式(4.12)可得

$$\sum_{l\in L_k}h_l(\boldsymbol{x})(\boldsymbol{x}-\boldsymbol{x}_l)=\sum_{l\in L_k}\left(\frac{\prod_{j=1}^{n}M_{j,k_j}(x_j)(\boldsymbol{x}-\boldsymbol{x}_l)}{\prod_{j=1}^{n}(M_{j,k_j}(x_j)+M_{j,k_j+1}(x_j))}\right)$$

$$=\begin{bmatrix}\dfrac{M_{1,k_1}(x_1)(x_1-d_{1,k_1})+M_{1,k_1+1}(x_1)(x_1-d_{1,k_1+1})}{M_{1,k_1}(x_1)+M_{1,k_1+1}(x_1)}\\ \vdots \\ \dfrac{M_{n,k_n}(x_n)(x_n-d_{n,k_n})+M_{n,k_n+1}(x_n)(x_n-d_{n,k_n+1})}{M_{n,k_n}(x_n)+M_{n,k_n+1}(x_n)}\end{bmatrix},\ \boldsymbol{x}\in D_k$$

又由式(4.9)可得，$\sum_{l\in L_k}h_l(\boldsymbol{x})(\boldsymbol{x}-\boldsymbol{x}_l)=[c_{1,k_1},c_{2,k_2},\cdots,c_{n,k_n}]^{\mathrm{T}}=\boldsymbol{c}_k,\boldsymbol{x}\in D_k$。从而有

$$\partial\left(\sum_{l\in L_k}h_l(\boldsymbol{x})(\boldsymbol{x}-\boldsymbol{x}_l)\right)\Big/\partial\boldsymbol{x}=\sum_{l\in L_k}(\boldsymbol{x}-\boldsymbol{x}_l)\nabla h_l(\boldsymbol{x})+\sum_{l\in L_k}h_l(\boldsymbol{x})\boldsymbol{I}=0,\ \boldsymbol{x}\in D_k$$

所以，$\sum_{l\in L_k}(\boldsymbol{x}-\boldsymbol{x}_l)\nabla h_l(\boldsymbol{x})=-\sum_{l\in L_k}h_l(\boldsymbol{x})\boldsymbol{I}=-\boldsymbol{I},\boldsymbol{x}\in D_k$。证毕。

引理 4.2[90]　对于 $\forall\zeta>0$，存在 $0<\xi\ll 1$，使得 $\|\boldsymbol{a}(\boldsymbol{x})-\boldsymbol{a}_l\|\leqslant\zeta$，如果 $\|\boldsymbol{x}-\boldsymbol{x}_l\|\leqslant\xi$。

证明　由假设 4.1 和式(4.16)可知

$$\lim_{\boldsymbol{x}\to 0}\boldsymbol{a}(\boldsymbol{x})=\lim_{\boldsymbol{x}\to 0}\left(\nabla f(\boldsymbol{x})+\frac{f(\boldsymbol{x})-\nabla f(\boldsymbol{x})\boldsymbol{x}}{\|\boldsymbol{x}\|^2}\boldsymbol{x}^{\mathrm{T}}\right)=\nabla f(0)=\boldsymbol{a}(0)$$

所以，$\boldsymbol{a}(\boldsymbol{x})$在其定义域上连续的。又由式(4.17)，该引理得证。证毕。

定理 4.3　输入采用 LFP 的齐次 T-S 模糊系统 $f_{\mathrm{TS}}(\boldsymbol{x})$ 不仅能够以任意精度一致逼近满足假设 4.1 的任意非线性函数 $f(\boldsymbol{x})$，而且除了有限数量的点，能够以任意精度逼近其导数$\nabla f(\boldsymbol{x})$。

证明　由于 LFP 是 GFP 的一个特例，由定理 4.1 可知，输入采用 LFP 的齐次 T-S 模糊系统能够以任意精度一致逼近满足假设 4.1 的任意非线性函数 $f(\boldsymbol{x})$。

由式(4.13)～式(4.15)可得

$$\begin{aligned}
\|\nabla f(\boldsymbol{x})-\nabla f_{\mathrm{TS}}(\boldsymbol{x})\|_\infty &=\left\|\nabla f(\boldsymbol{x})-\sum_{l\in L_k}\boldsymbol{a}_l\boldsymbol{x}\nabla h_l(\boldsymbol{x})-\sum_{l\in L_k}h_l(\boldsymbol{x})\boldsymbol{a}_l\right\|_\infty\\
&=\left\|\nabla f(\boldsymbol{x})-\sum_{l\in L_k}(f(\boldsymbol{x}_l)+\boldsymbol{a}_l(\boldsymbol{x}-\boldsymbol{x}_l))\nabla h_l(\boldsymbol{x})-\sum_{l\in L_k}h_l(\boldsymbol{x})\boldsymbol{a}_l\right\|_\infty\\
&=\left\|\begin{array}{l}\nabla f(\boldsymbol{x})-\displaystyle\sum_{l\in L_k}\begin{pmatrix}f(\boldsymbol{x})+\nabla f(\boldsymbol{x})(\boldsymbol{x}_l-\boldsymbol{x})+\\ \frac{1}{2}(\boldsymbol{x}_l-\boldsymbol{x})^{\mathrm{T}}\nabla^2 f(\boldsymbol{\eta}_l)(\boldsymbol{x}_l-\boldsymbol{x})\end{pmatrix}\nabla h_l(\boldsymbol{x})\\ -\displaystyle\sum_{l\in L_k}\boldsymbol{a}_l(\boldsymbol{x}-\boldsymbol{x}_l)\nabla h_l(\boldsymbol{x})-\sum_{l\in L_k}h_l(\boldsymbol{x})\boldsymbol{a}_l\end{array}\right\|_\infty\\
&=\left\|\begin{array}{l}\nabla f(\boldsymbol{x})+\displaystyle\sum_{l\in L_k}\nabla f(\boldsymbol{x})(\boldsymbol{x}-\boldsymbol{x}_l)\nabla h_l(\boldsymbol{x})\\ -\displaystyle\sum_{l\in L_k}f(\boldsymbol{x})\nabla h_l(\boldsymbol{x})-\sum_{l\in L_k}\boldsymbol{a}_l(\boldsymbol{x}-\boldsymbol{x}_l)\nabla h_l(\boldsymbol{x})\\ -\displaystyle\sum_{l\in L_k}h_l(\boldsymbol{x})\boldsymbol{a}_l-\frac{1}{2}\sum_{l\in L_k}(\boldsymbol{x}_l-\boldsymbol{x})^{\mathrm{T}}\nabla^2 f(\boldsymbol{\eta}_l)(\boldsymbol{x}_l-\boldsymbol{x})\nabla h_l(\boldsymbol{x})\end{array}\right\|_\infty,\ \boldsymbol{x},\boldsymbol{\eta}_l\in D_k
\end{aligned}$$

由引理 4.1 可知

$$\|\nabla f(\boldsymbol{x})-\nabla f_{\mathrm{TS}}(\boldsymbol{x})\|_\infty=\left\|\begin{array}{l}\displaystyle\sum_{l\in L_k}\boldsymbol{a}_l(\boldsymbol{x}-\boldsymbol{x}_l)\nabla h_l(\boldsymbol{x})+\sum_{l\in L_k}h_l(\boldsymbol{x})\boldsymbol{a}_l\\ +\displaystyle\frac{1}{2}\sum_{l\in L_k}(\boldsymbol{x}_l-\boldsymbol{x})^{\mathrm{T}}\nabla^2 f(\boldsymbol{\eta}_l)(\boldsymbol{x}_l-\boldsymbol{x})\nabla h_l(\boldsymbol{x})\end{array}\right\|_\infty$$

$$=\left\|\begin{array}{l}\sum_{l\in L_k}(\boldsymbol{a}_l-\boldsymbol{a}(\boldsymbol{x}))(\boldsymbol{x}-\boldsymbol{x}_l)\nabla h_l(\boldsymbol{x})+\sum_{l\in L_k}h_l(\boldsymbol{x})(\boldsymbol{a}_l-\boldsymbol{a}(\boldsymbol{x}))\\+\dfrac{1}{2}\sum_{l\in L_k}(\boldsymbol{x}_l-\boldsymbol{x})^{\mathrm{T}}\nabla^2 f(\eta_l)(\boldsymbol{x}_l-\boldsymbol{x})\nabla h_l(\boldsymbol{x})\end{array}\right\|_\infty \leqslant \varsigma_k,\ \boldsymbol{x},\eta_l\in D_k$$

由引理 4.2 可知，若$\|\boldsymbol{x}-\boldsymbol{x}_l\|_\infty$充分小，则存在$\forall\varsigma_k>0$，使得$\|\nabla f(\boldsymbol{x})-\nabla f_{\mathrm{TS}}(\boldsymbol{x})\|_\infty\leqslant\varsigma_k$，$\boldsymbol{x}\in D_k$。当$\boldsymbol{x}=\boldsymbol{x}_l,\ l\in L_k$时，$h_l(\boldsymbol{x})$的左、右导数不一定相等，尽管此时模糊系统对原函数的逼近误差为零，但对函数导数的逼近误差可能相对较大。证毕。

4.5　仿 真 研 究

4.5.1　示例一

待逼近函数为如图 4.1 所示的两维非线性函数 $f(x_1,x_2)=x_1x_2+x_1^2\sin(\pi x_2)$，其中 $x_1,x_2\in[-1,1]$。显然，$f(x_1,x_2)$满足假设 4.1，即满足：①$f(\mathbf{0})=0$；②$f\in C_1^2$。

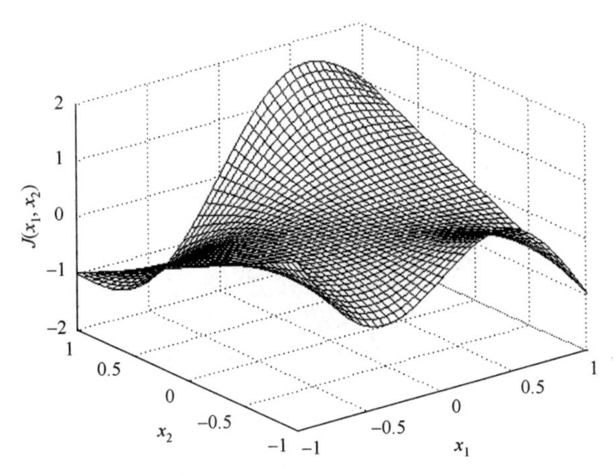

图 4.1　非线性函数 $f(x_1,x_2)=x_1x_2+x_1^2\sin(\pi x_2)$

构造齐次 T-S 模糊系统，每一维输入变量的输入隶属函数均采用均匀分布的 6 个三角形隶属函数，满足 GFP 和 LFP 的定义。该齐次 T-S 模糊系统逼近原函数的输出曲面如图 4.2 所示。对比图 4.1 和图 4.2 所示的曲面，所构造的齐次 T-S 模糊系统能够很好地逼近该非线性函数。仿真数据结果显示，最大逼近误差绝对值为 $E=0.0682$，逼近误差曲面如图 4.3 所示。显然，我们可以通过选取更多的模糊集或模糊规则以提高逼近精度。此外，需要指出的是，实际逼近误差 E 要小于理论逼近误差上限 ε。其主要原因是，所得理论结果是在一般假设的前提下推导出来的存在性结论，有一定的保守性。

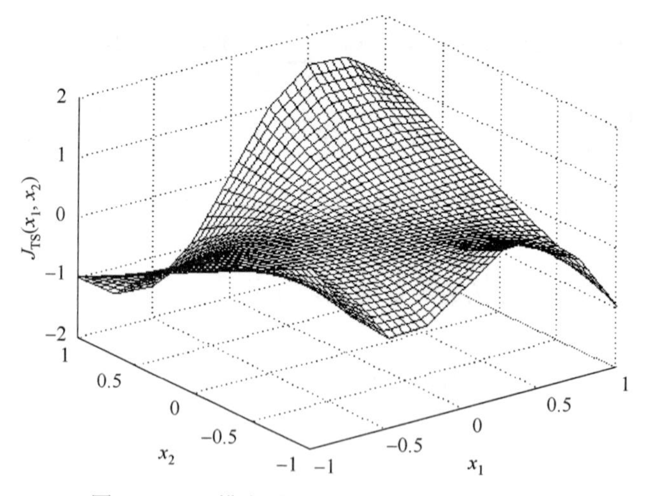

图 4.2　T-S 模糊系统逼近非线性函数 $f(x_1,x_2)$

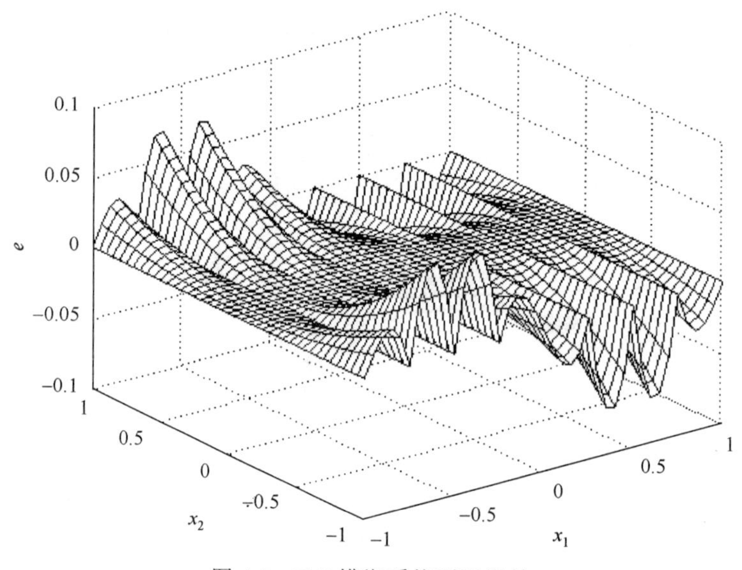

图 4.3　T-S 模糊系统逼近误差

4.5.2　示例二

考虑两输入单输出齐次 T-S 模糊系统，待逼近非线性函数为 $f(\boldsymbol{x}) = \sin(6x_1)\sin(6x_2)$，其中，$\boldsymbol{x} = [x_1, x_2] \in [0, 1]^2$，该函数的三维图形如图 4.4 所示。对于输入采用 GFP 的齐次 T-S 模糊系统，GFP 采用均匀分布的全交叠三角形隶属函数，并且每一维变量上的模糊集数目相等，分别选择不同数目的输入模糊集进行仿真，得到如图 4.5 所示的一致逼近误差与输入模糊集数目之间的曲线关系。由图 4.5 中曲线可得，随着输入模糊集数目的增长，一致逼近误差趋于零。也就是说，当输入模糊集数目足够多时，输入采用 GFP 的齐次 T-S 模糊系统能够以任意精度一致逼近待逼近函数。当输入模糊集数目取为 14 时，模糊系统逼近函数的三维图形如图 4.6 所示，逼近误差如图 4.7 所示。显然，该模糊系统能够很好地一致逼近给定的非线性函数，若追求更高的逼近精度，可通过增加输入模糊集的数目来实现。

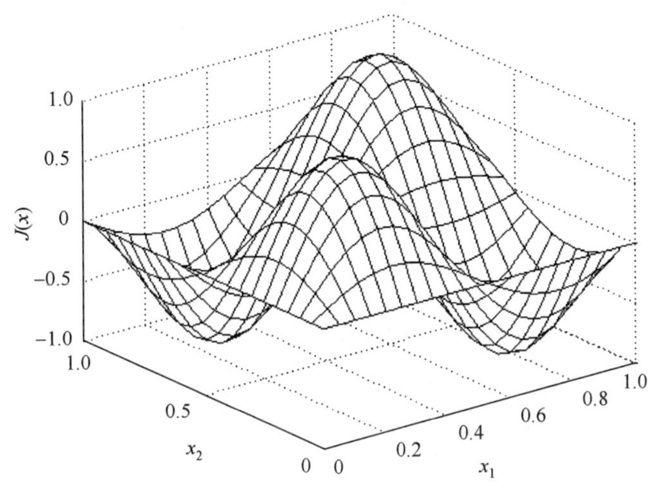

图 4.4　非线性函数 $f(\boldsymbol{x})=\sin(6x_1)\sin(6x_2)$的三维图形

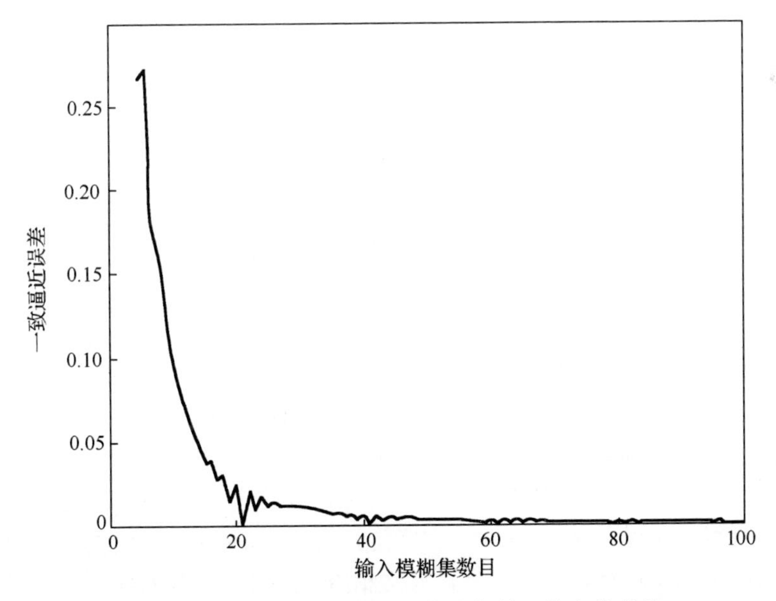

图 4.5　一致逼近误差随输入模糊集数目的变化曲线

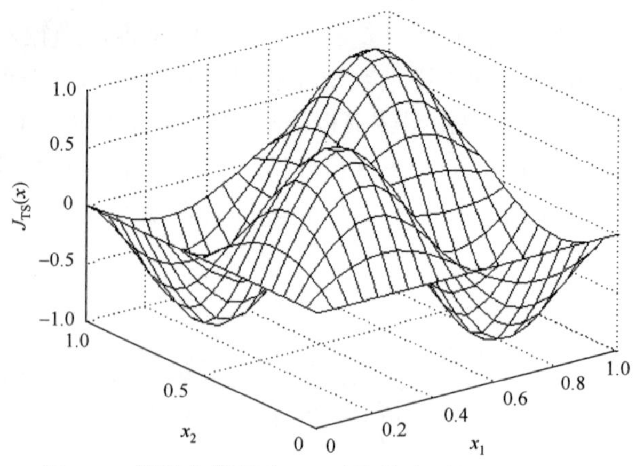

图 4.6　模糊集数目为 14 时的模糊系统 $f_{TS}(\boldsymbol{x})$输出

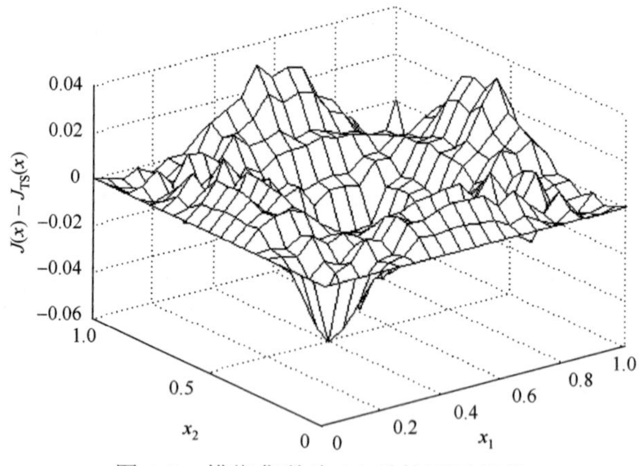

图 4.7　模糊集数为 14 时的逼近误差

4.6　本 章 小 结

通过归纳常用模糊集的一般特性，本章明确定义了一种更为普遍的对输入空间的模糊划分方法，称为一般模糊划分(GFP)，常用的线性模糊划分(LFP)是其中的一个特例。通过分析得到了输入采用 GFP 的齐次 T-S 模糊系统的解析式。进而，研究了该类模糊系统的通用逼近性能和输入采用 LFP 的齐次 T-S 模糊系统对函数导数的逼近性能，并且给出了齐次 T-S 模糊系统逼近任意非线性函数的充分条件。仿真结果验证了所得理论结果的有效性。实际上，在非线性系统建模糊与控制中，齐次 T-S 模糊系统的应用更为广泛。并且，与文献[90]相比，本章所研究的齐次 T-S 模糊系统更为普遍。因此，本章所得理论结果对于 T-S 模糊系统的分析与设计更具实际指导意义。

第5章　模糊控制系统稳定性分析及系统化设计

5.1　概　　述

众所周知，模糊控制器已在很多领域上取得了优于传统控制策略的控制效果[16]，原因在于模糊系统能够有效利用领域专家的经验知识，并且不依赖被控对象的精确模型，从而能够处理模型不确定性。基于IF-THEN规则的知识库来构成模糊推理的基础，是Mamdani模糊控制器的核心部分。该类模糊控制器更接近人类控制行为，更容易采纳、吸收人类的控制经验，有其特别的重要性。模糊推理具有复杂的并行处理机制和本质上的非线性，关于模糊推理过程的数学结构和性质缺少严格的分析工具。这使得基于语言变量描述方式的Mamdani模糊控制器缺少理论基础，其控制系统稳定性研究也变得尤为困难，已成为模糊控制理论发展的瓶颈问题[12]。Mamdani模糊控制器的控制对象可以是多种多样，甚至是不确定的，并且随着模糊控制器前件输入变量的增加，模糊控制规则数会以指数速度增加。所以，在基于Lyapunov稳定性理论的模糊控制系统稳定性分析中，寻找公共正定矩阵的方法变得异常困难，其稳定性条件也相当保守[15]。

20世纪60年代开始逐步发展起来的输入输出(IO)稳定性理论为研究模糊控制系统的稳定性提供了另一条有效的途径。该理论只考虑系统的外部输入和输出信号，其中有界输入有界输出(BIBO)稳定性概念的基本假设是：有界输入应产生有界输出，并且小的输入变化导致小的输出变化[74]。小增益定理是研究连续和离散控制系统BIBO稳定性的基本工具。基于模糊控制器的解析结构，结合被控对象和模糊控制器的非线性本质，一些学者采用小增益理论，建立了Mamdani模糊控制系统的BIBO稳定性的充分条件[22,54,76]。因为这些稳定性的结果是基于控制器的结构，所以与那些模糊控制器解析结构未知的稳定性结果相比，所得稳定性条件的保守性得以降低。

对于T-S模糊模型[4]，基于Lyapunov直接法的T-S模糊控制系统稳定性分析得到了广泛研究，取得了一系列有意义的研究成果[16]。Tanaka和Sugeno[91]最早给出了保证系统稳定的充分条件，在所有局部子系统中寻找一个公共正定矩阵$\boldsymbol{P}$满足一系列不等式组，该充分条件完全不考虑模糊规则的前件参数，稳定性判据相当保守和困难。Tanaka等[92-94]考虑了各子系统之间的关系，给出了保守性较低的稳定性判据，并提出了基于平行分布补偿(PDC)和线性矩阵不等式(LMI)方法的T-S模糊控制器设计方法。Kim 和 Lee[102]将各子系统之间的关系归结在一个分块对称矩阵中，进一步释放了稳定性条件的保守性。但以上方法均未考虑模糊规则前件隶属函数的结构信息，所给出的稳定性条件具有一定的保守性。Cao 等[98]和 Feng[99,100]将 T-S 模糊系统表示为多个线性不确定子系统，利用线性不确定系统的鲁棒镇定来研究其稳定性，但各局部子系统的不确定上界难以确定。Johansson 等[103]提出了一种输入空间的模糊划分方法，但连续分段光滑 Lyapunov 函数的构造带来了新的保守性，需在数量远大于模糊规则数的局部区域内分别寻找局部公共正定矩阵 $\boldsymbol{P}_j$，该稳定性条件的求解比较困难。Zhang 等[104]通过构造不连续分段光滑 Lyapunov 函数，研究了采用最大隶属度解模糊算法的 T-S 模糊系统，保守性和求解难度得以降低，但没有充分利用激活度较小的模糊规则的结构信息，研究结果具有一定的局限性。Xiu 等[106]和张松涛等[107]基于对输入空间的标准模糊划分(SFP)，研究了一类 T-S 模糊系统的稳定性，所得结果降低了原有充分条件的保守性，但各局部子系统之间的相互关系并未考虑。综上所述，一方面，近年来 T-S 模糊系统的稳定性理论研究有了很大进展；另一方面，由于模糊系统本质上的非线性和复杂性不能得到充分的考虑，其稳定性分析和系统化设计问题远未得到完善的解决。

对于 Mamdani 模糊系统，本章结合第 3 章所得模糊控制器的解析结构，应用小增益定理分析了 Mamdani 模糊控制系统的 BIBO 稳定性，并针对分别由最简两维和三维模糊控制器及任意非线性被控对象构成的闭环模糊控制系统，给出了保证其 BIBO 稳定的充分条件，为该类模糊控制器的系统化设计和分析打下了理论基础。仿真结果验证了所得稳定性条件的有效性[175,176]。

对于 T-S 模糊系统，本章通过归纳常用模糊集的一般特性，进一步明确定义了 T-S 模糊系统输入空间的一般模糊划分(GFP)，从而充分利用了模糊规则前件的结构信息，并详尽分析了 GFP 和输入采用 GFP 的 T-S 模糊系统的性质。为考虑各局部子系统之间的相互影响，在现有理论结果的基础上，通过构造连续分段光滑的 Lyapunov 函数，得到了新的 T-S 模糊控制系统的稳定性条件，该充分条件将输入空间的模糊划分信息归结在一个分块对称矩阵中，降低了现有结果的保守性和求解难度。此外，分别通过严格的理论证明和数值示例比较了所得稳定性条件之间的保守性关系及其与以往充分条件之间的关系。这为 T-S 模糊系统的稳定性分析和系统化设计提供了理论基础[184,185]。进而，运用平行分布补偿(PDC)原理和线性矩阵不等式(LMI)方法研究了 T-S 模糊控制系统的系统化设计问题，并将该设计方法应用于船舶力控减摇鳍的 T-S 模糊控制系统的设计[186,187]。分别对质量块-弹簧-阻尼器控制系统和力控减摇鳍控制系统进行仿真，结果表明本章所设计的 T-S 模糊控制系统优于传统的力控减摇鳍 PID 和 H_∞ 控制系统以及现有的模糊控制系统，验证了所得理论结果的有效性和优越性。

本章内容主要基于文献[184]～[187]。

5.2　小增益定理

为论述方便，本节简要介绍一下用于非线性系统 BIBO 稳定性分析的小增益定理[74]，详细内容请参见文献[74]。

5.2.1　$\mathcal{L}$稳定

因 BIBO 稳定是 IO 稳定（$\mathcal{L}$稳定）的一种，我们有必要首先明确$\mathcal{L}$稳定的概念。IO 稳定性理论无需系统内部结构知识，只需获得系统的输入输出关系即可，考虑系统

$$\boldsymbol{y}(t)=H\boldsymbol{u}(t),\ \ t\in[0,\infty) \tag{5.1}$$

其中，H 是某种映射或算子，$\boldsymbol{u}$: $[0,\infty)\to\mathbf{R}^m$，$\boldsymbol{u}\in\mathcal{L}_p^m$为系统输入，$\boldsymbol{y}\in\mathcal{L}_p^q$为系统输出，空间$\mathcal{L}_p^m$、$\mathcal{L}_p^q$分别为输入、输出空间，$1\leqslant p<\infty$表示用于定义该空间的 p-范数类型，m 和 q 分别为输入、输出空间的维数。

一般地，空间$\mathcal{L}_p^m, 1\leqslant p<\infty$定义为所有分段连续函数 $\boldsymbol{u}$: $[0,\infty)\to\mathbf{R}^m$ 的集合，使得

$$\|\boldsymbol{u}\|_{\mathcal{L}_p}=\left(\int_0^\infty\|\boldsymbol{u}(t)\|^p\,\mathrm{d}t\right)^{1/p}<\infty \tag{5.2}$$

特别地，对于分段连续、有界函数，范数定义为

$$\|\boldsymbol{u}\|_{\mathcal{L}_\infty}=\sup_{t\geqslant0}\|\boldsymbol{u}(t)\|<\infty \tag{5.3}$$

并且，相应的空间表示为$\mathcal{L}_\infty^m$。

不难发现，如果系统(5.1)是稳定的，H 可定义为从空间$\mathcal{L}_p^m$到$\mathcal{L}_p^q$的映射。然而，对于不稳定系统，给定输入$\boldsymbol{u}\in\mathcal{L}_p^m$，可能会产生输出$\boldsymbol{y}\notin\mathcal{L}_p^q$。所以，映射 H 通常定义在输入、输出空间的扩展空间$\mathcal{L}_e^m$、$\mathcal{L}_e^q$上，即

$$\mathcal{L}_e^m=\{\boldsymbol{u}\,|\,\boldsymbol{u}_\tau\in\mathcal{L}^m,\forall\tau\in[0,\infty)\} \tag{5.4}$$

其中，$\boldsymbol{u}_\tau$为 $\boldsymbol{u}$ 的τ截取，定义为

$$\boldsymbol{u}_\tau(t)=\begin{cases}\boldsymbol{u}(t), & 0\leqslant t\leqslant\tau\\ 0, & t>\tau\end{cases} \tag{5.5}$$

基于上述所定义的空间和映射，我们给出关于$\mathcal{L}$稳定的定义。

定义 5.1[74]　映射$H:\mathcal{L}_e^m\to\mathcal{L}_e^q$是因果的(causal)，如果在任意时刻 t 的系统输出值$(H\boldsymbol{u})(t)$仅取决于 t 时刻之前的系统输入，即

$$(H\boldsymbol{u})_\tau = (H\boldsymbol{u}_\tau)_\tau \tag{5.6}$$

定义 5.2[74] 映射 $H:\mathcal{L}_e^m \to \mathcal{L}_e^q$ 是有限增益 $\mathcal{L}$ 稳定(IO 稳定)的，如果存在非负常量γ和β，对所有 $\boldsymbol{u}\in\mathcal{L}_e^m$ 和 $\tau\in[0,\infty)$，使得

$$\left\|(H\boldsymbol{u})_\tau\right\|_{\mathcal{L}} \leqslant \gamma\left\|\boldsymbol{u}_\tau\right\|_{\mathcal{L}} + \beta,\quad \gamma,\beta\geqslant 0 \tag{5.7}$$

如果 $0\leqslant\gamma<\infty$ 是明确定义的，则称为系统增益，由式(5.8)定义：

$$\gamma(H) = \sup_{\boldsymbol{u}_\tau(t)\neq 0}\frac{\left\|(H\boldsymbol{u}(t))_\tau\right\|_{\mathcal{L}}}{\left\|\boldsymbol{u}_\tau(t)\right\|_{\mathcal{L}}} \tag{5.8}$$

定义 5.3[74] 映射 $H:\mathcal{L}_e^m \to \mathcal{L}_e^q$ 是有限增益 $\mathcal{L}_\infty$ 稳定(BIBO 稳定)的，如果系统 H 是因果的、有限增益 $\mathcal{L}$ 稳定(IO 稳定)的。可描述为

$$\left\|H\boldsymbol{u}\right\|_{\mathcal{L}} \leqslant \gamma\left\|\boldsymbol{u}_\tau\right\|_{\mathcal{L}} + \beta,\quad \gamma,\beta\geqslant 0,\forall\boldsymbol{u}\in\mathcal{L}^m \tag{5.9}$$

5.2.2 小增益定理

考虑如图 5.1 所示的闭环反馈系统，是由两个子系统 G_1: $\mathcal{L}_e^m\to\mathcal{L}_e^q$ 和 G_2: $\mathcal{L}_e^m\to\mathcal{L}_e^q$ 反馈连接而成，整个系统可描述为

$$\begin{cases} e_1 = u_1 - y_2 \\ e_2 = u_2 + y_1 \\ y_1 = G_1 e_1 \\ y_2 = G_2 e_2 \end{cases} \tag{5.10}$$

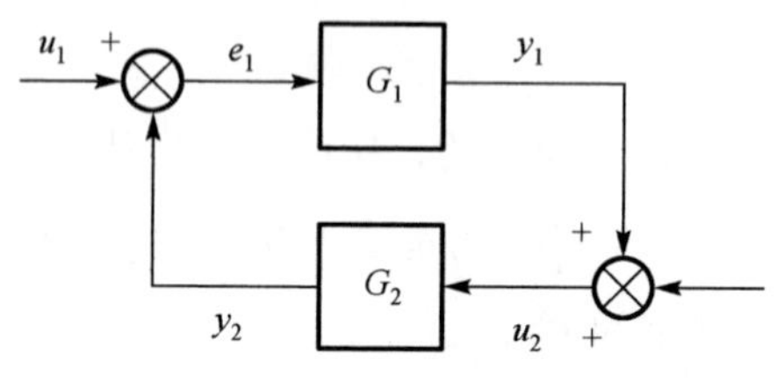

图 5.1 反馈系统

假设子系统 G_1 和 G_2 均满足定义 5.3，即 G_1 和 G_2 是有限增益 $\mathcal{L}_\infty$ 稳定(BIBO 稳定)的，存在$\gamma_1\geqslant 0$，$\gamma_2\geqslant 0$，β_1 和β_2 使得

$$\left\|y_{1\tau}\right\|_{\mathcal{L}} \leqslant \gamma_1\left\|e_{1\tau}\right\|_{\mathcal{L}} + \beta_1,\forall e_1\in\mathcal{L}_e^m,\forall\tau\in[0,\infty) \tag{5.11}$$

$$\left\|y_{2\tau}\right\|_{\mathcal{L}} \leqslant \gamma_2\left\|e_{2\tau}\right\|_{\mathcal{L}} + \beta_2,\forall e_2\in\mathcal{L}_e^m,\forall\tau\in[0,\infty) \tag{5.12}$$

其中

$$\gamma_1 = \gamma(G_1), \gamma_2 = \gamma(G_2) \tag{5.13}$$

分别为子系统 G_1 和 G_2 的增益。

根据以上假设，将上述反馈系统(5.10)看作从输入 $\boldsymbol{u}$ 到输出 $\boldsymbol{e}$(或 $\boldsymbol{y}$)的映射，其中

$$\boldsymbol{u} = \begin{pmatrix} u_1 \\ u_2 \end{pmatrix}, \boldsymbol{y} = \begin{pmatrix} y_1 \\ y_2 \end{pmatrix}, \boldsymbol{e} = \begin{pmatrix} e_1 \\ e_2 \end{pmatrix} \tag{5.14}$$

不难发现，以 $\boldsymbol{u}$ 为输入、$\boldsymbol{e}$ 为输出的系统是 BIBO 稳定的，当且仅当以 $\boldsymbol{u}$ 为输入、$\boldsymbol{y}$ 为输出的系统是 BIBO 稳定的。因此，我们只需考虑其中一种情形即可。下面给出的保证系统稳定的充分条件就是著名小增益定理。

定理 5.1[74]　满足上述假设的闭环反馈系统是 BIBO 稳定的，即任意有界输入 $\boldsymbol{u}$ 产生一个有界输出 $\boldsymbol{y}$，如果由式(5.8)和式(5.13)所描述的子系统增益 γ_1 和 γ_2 满足 $\gamma_1\gamma_2 < 1$。

5.3　Mamdani 模糊控制系统的稳定性分析及设计

5.3.1　两维模糊控制器系统的稳定性分析

基于第 3 章所得最简两维模糊控制器的解析结构，本节运用小增益定理研究两维模糊控制器系统的 BIBO 稳定性。为方便闭环控制系统的稳定性分析，我们首先给出关于两维模糊控制器比例增益 K_p 和积分增益 K_i 的一个定理[175]。

定理 5.2　II 类模糊控制器的比例增益 K_p，积分增益 K_i 在输入子空间 IC5 内同时取得最大值，分别为

$$\sup_{e,v} K_p(e,v) = \frac{K(1-2sl(L-l))}{2l} \tag{5.15}$$

$$\sup_{e,v} K_i(e,v) = \frac{K(1-2sl(L-l))}{2l} \tag{5.16}$$

证明　由表 3.2 可得，在输入子空间 IC5 内，有

$$\frac{K(1-2sl(L-l))}{2l} - Ksl = K\left(\frac{1-2slL}{2l}\right)$$

由 GTS 隶属函数的定义(定义 3.1)可知 $sl \leqslant 1/(2L)$，所以式(5.15)成立。同理可得式(5.16)成立。证毕。

考虑如图 3.2 所示的闭环反馈控制系统，被控对象为任意非线性对象 $\mathcal{N}$ 。通过令

$$\begin{cases} y_d(k) = u_1, u(k-1) = u_2 \\ e^*(k) = e_1, u(k) = e_2 \\ \Delta u^*(k) = y_1, y(k) = y_2 \end{cases} \tag{5.17}$$

可得如图 5.1 所示的等价闭环系统。下面的定理给出了保证该系统稳定的充分条件。

定理 5.3　由Ⅱ类模糊控制器(3.15)和任意非线性被控对象 $\mathcal{N}$ 构成的两维模糊控制系统(图 3.2)是 BIBO 稳定的，如果满足：

$$\frac{N_{\Delta u} H(N_v + TN_e)(1-2sl(L-l))}{2lT}\|\mathcal{N}\| < 1 \tag{5.18}$$

证明　由式(5.17)、式(3.3)和式(3.4)可得

$$\begin{aligned} \|\Delta u(k)\| &= \|y_1\| = \|G_1 e_1\| = \left\|K_p N_v v^*(k) + K_i N_e e^*(k) + \text{Offset}\right\| \\ &= \left\|K_p N_v (e^*(k) - e^*(k-1))/T + K_i N_e e^*(k) + \text{Offset}\right\| \\ &= \frac{1}{T}\left\|(K_p N_v + K_i N_e T) e^*(k) - K_p N_v e^*(k-1) + \text{Offset}\right\| \\ &\leqslant \frac{1}{T}((K_p N_v + K_i N_e T)\,|e^*(k)| + K_p N_v M_e + |\text{Offset}|) \\ &= \frac{K_p N_v + K_i N_e T}{T}|e^*(k)| + \beta_1 \end{aligned}$$

其中，$\beta_1 = (K_p N_v M_e + |\text{Offset}|)/T, M_e = \sup\limits_{k \geqslant 0}|e^*(k)|$。由定理 5.2 可得

$$\begin{aligned} \frac{K_p N_v + K_i N_e T}{T} &\leqslant \frac{1}{T}\left(N_v \sup_{e,v} K_p(e,v) + N_e T \sup_{e,v} K_i(e,v)\right) \\ &= \frac{K(N_v + TN_e)(1-2sl(L-l))}{2lT} \end{aligned}$$

所以

$$\|\Delta u(k)\| = \|G_1 e_1\| \leqslant \gamma_1 |e_1| + \beta_1 = \gamma_1 |e^*(k)| + \beta_1 \tag{5.19}$$

其中

$$\gamma_1 = \frac{K(N_v + TN_e)(1-2sl(L-l))}{2lT} \tag{5.20}$$

注意到

$$\|y(k)\| = \|G_2 e_2\| = \|\mathcal{N} u(k)\| \leqslant \|\mathcal{N}\| \cdot |u(k)| \tag{5.21}$$

由定理 5.1 可知，使得该闭环控制系统稳定的充分条件是$\gamma_1\|\mathcal{N}\|<1$，即

$$\frac{N_{\Delta u}H(N_v+TN_e)(1-2sl(L-l))}{2lT}\|\mathcal{N}\|<1$$。证毕。

5.3.2　三维模糊控制器系统的稳定性分析

基于第 3 章所得最简三维模糊控制器的解析结构，本节运用小增益定理研究三维模糊控制器系统的 BIBO 稳定性。为方便闭环控制系统的稳定性分析，考虑如图 5.2 所示的闭环反馈控制系统，被控对象为任意非线性对象$\mathcal{N}$。

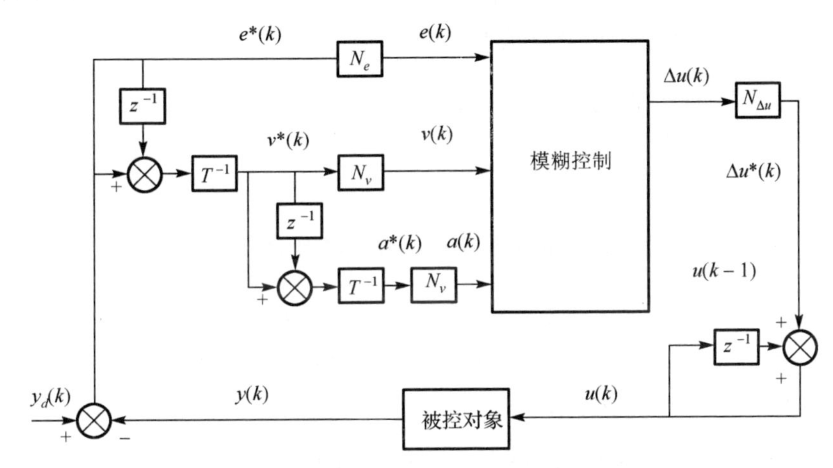

图 5.2　包含最简三维模糊控制器的模糊控制系统

令

$$\begin{cases} y_d(k)=u_1, u(k-1)=u_2 \\ e^*(k)=e_1, u(k)=e_2 \\ \Delta u^*(k)=y_1, y(k)=y_2 \end{cases} \tag{5.22}$$

可得如图 5.1 所示的等价闭环系统。下面的定理给出了保证该系统稳定的充分条件[176]。

定理 5.4　由三维模糊控制器(3.34)和任意非线性被控对象$\mathcal{N}$构成的三维模糊控制系统(图 5.2)是 BIBO 稳定的，如果满足：

$$\frac{N_{\Delta u}H(N_vT+N_eT^2+N_a)}{2lT^2}\|\mathcal{N}\|<1 \tag{5.23}$$

证明　由式(5.22)、式(3.22)和式(3.23)可得

$$
\begin{aligned}
\|\Delta u(k)\| &= \|y_1\| = \|G_1 e_1\| \\
&= \left\| K_p(e,v,a)N_v v^*(k) + K_i(e,v,a)N_e e^*(k) + K_d(e,v,a)N_a a^*(k) + \text{Offset} \right\| \\
&= \left\| \frac{K_p N_v (e^*(k) - e^*(k-1))}{T} + K_i N_e e^*(k) + \frac{K_d N_a (e^*(k) - 2e^*(k-1) + e^*(k-2))}{T^2} + \text{Offset} \right\| \\
&= \frac{1}{T^2} \left\| \begin{matrix} (K_p N_v T + K_i N_e T^2 + K_d N_a) e^*(k) \\ -(K_p N_v T + 2K_d N_a) e^*(k-1) + K_d N_a e^*(k-2) + \text{Offset} \end{matrix} \right\| \\
&\leqslant \frac{1}{T^2} \begin{pmatrix} (K_p N_v T + K_i N_e T^2 + K_d N_a) |e^*(k)| \\ +(K_p N_v T + 3K_d N_a) M_e + |\text{Offset}| \end{pmatrix} \\
&= \frac{K_p N_v T + K_i N_e T^2 + K_d N_a}{T^2} |e^*(k)| + \beta_1
\end{aligned}
$$

其中

$$
\beta_1 = \frac{1}{T^2} \sup_{e,v,a} ((K_p(e,v,a) N_v T + 3K_d(e,v,a) N_a) M_e + |\text{Offset}(e,v,a)|), \quad M_e = \sup_{k \geqslant 0} |e^*(k)|
$$

由表 3.4～表 3.7，注意到 $K_p(e, v, a)$、$K_i(e, v, a)$和 $K_d(e, v, a)$因输入子空间的不同而不同。对于不同的输入子空间 TP、TPM、CD 和 CB，我们需要分情况讨论。

(1) 在 TP 输入子空间内，有

$$
\sup_{(e,v,a)\in \text{TP}} \left(\frac{K_p(e,v,a) N_v T + K_i(e,v,a) N_e T^2 + K_d(e,v,a) N_a}{T^2} \right) \leqslant \frac{(N_v T + N_e T^2 + N_a) N_{\Delta u} H}{2lT^2} = \gamma_{\text{TP}}
$$

(2) 在 TPM 输入子空间内，有

$$
\begin{aligned}
&\sup_{(e,v,a)\in \text{TPM}} \left(\frac{K_p(e,v,a) N_v T + K_i(e,v,a) N_e T^2 + K_d(e,v,a) N_a}{T^2} \right) \\
&= \frac{1}{T^2} \max_{(e,v,a)\in \text{TPM}} \left\{ \begin{matrix} \sup\limits_{(e,v,a)\in \text{TPM}} (K_p(e,v,a) N_v T + K_i(e,v,a) N_e T^2), \\ \sup\limits_{(e,v,a)\in \text{TPM}} (K_i(e,v,a) N_e T^2 + K_d(e,v,a) N_a), \\ \sup\limits_{(e,v,a)\in \text{TPM}} (K_p(e,v,a) N_v T + K_d(e,v,a) N_a) \end{matrix} \right\} \\
&\leqslant \frac{N_{\Delta u} H}{3lT^2} \max\{N_v T + N_e T^2, N_e T^2 + N_a, N_v T + N_a\} = \gamma_{\text{TPM}}
\end{aligned}
$$

(3) 在 CD 输入子空间内，有

$$\sup_{(e,v,a)\in \mathrm{CD}}\left(\frac{K_p(e,v,a)N_vT+K_i(e,v,a)N_eT^2+K_d(e,v,a)N_a}{T^2}\right)$$
$$=\frac{1}{T^2}\max_{(e,v,a)\in \mathrm{CD}}\left\{K_p(e,v,a)N_vT,K_i(e,v,a)N_eT^2),K_d(e,v,a)N_a)\right\}$$
$$\leqslant\frac{N_{\Delta u}H}{3lT^2}\max\{N_vT,N_eT^2,N_a\}=\gamma_{\mathrm{CD}}$$

(4) 在 CB 输入子空间内，有

$$\sup_{(e,v,a)\in \mathrm{CD}}\left(\frac{K_p(e,v,a)N_vT+K_i(e,v,a)N_eT^2+K_d(e,v,a)N_a}{T^2}\right)=0=\gamma_{\mathrm{CB}}$$

从而，有

$$\gamma_1=\max_{\mathrm{TP,TPM,CD,CB}}\{\gamma_{\mathrm{TP}},\gamma_{\mathrm{TPM}},\gamma_{\mathrm{CD}},\gamma_{\mathrm{CB}}\}=\gamma_{\mathrm{TP}}$$
$$=\frac{(N_vT+N_eT^2+N_a)N_{\Delta u}H}{2lT^2} \tag{5.24}$$

所以

$$\|\Delta u(k)\|=\|G_1e_1\|\leqslant\gamma_1|e_1|+\beta_1=\gamma_1|e^*(k)|+\beta_1 \tag{5.25}$$

注意到

$$\|y(k)\|=\|G_2e_2\|=\|\mathcal{N}u(k)\|\leqslant\|\mathcal{N}\|\cdot|u(k)| \tag{5.26}$$

由定理 5.1 可知，使得该闭环控制系统稳定的充分条件是$\gamma_1\|\mathcal{N}\|<1$，即$\dfrac{N_{\Delta u}H(N_vT+N_eT^2+N_a)}{2lT^2}\|\mathcal{N}\|<1$。证毕。

5.3.3　仿真研究

本节通过计算机仿真验证所得稳定性条件的有效性以及两维模糊控制器和三维模糊控制器系统的优越性。

1. 两维模糊控制器系统设计与仿真

控制系统如图 3.2 所示，为了与传统的 PID 控制器相比较，被控对象选用高阶线性系统，如下所示[175]：

$$G_p(s)=\frac{1}{s(s+1)(s+5)} \tag{5.27}$$

给定参考输入为单位阶跃信号，针对上述被控对象(5.27)，精调后的 PID 参数为：$K_p=18$，$K_i=12.8114$，$K_d=6.3223$。根据定理 5.3，为保证系统稳定，所设计的两维模糊控制器的参数选择为：$N_e = 0.8$，$N_v = 0.43$，$N_{\Delta u} = 16$，$L = 1$，$l = 0.8$，$sl = 0.3$，$H = 1$，$T = 0.1$。由式(5.18)可得

$$\frac{N_{\Delta u}H(N_v + TN_e)(1-2sl(L-l))}{2lT}\|\mathcal{N}\| = 0.8976 < 1$$

对于给定参考输入信号，该系统响应输出如图 5.3 所示。由图可见，该模糊控制器系统是稳定的。而且，系统响应迅速，几乎无超调，其控制效果远优于传统的 PID 控制器。

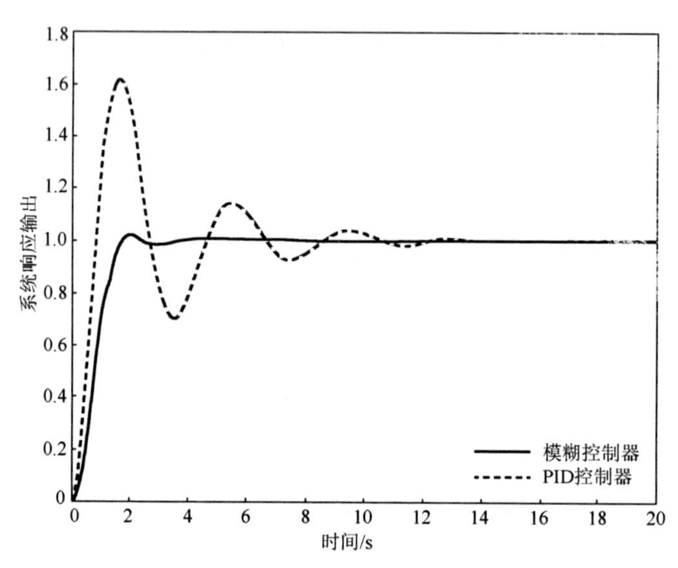

图 5.3　两维闭环系统的响应输出

2. 三维模糊控制器系统设计与仿真

控制系统如图 5.2 所示，为了与传统的 PID 控制器相比较，被控对象选用高阶线性系统，如下所示[176]：

$$G_p(s) = \frac{12(s^2 - 3s + 6)}{(s+1)(s+5)(s^2+3s+6)(s^2+s+2)} \tag{5.28}$$

给定参考输入为单位阶跃信号，针对上述被控对象(5.28)，精调后的 PID 参数为：$K_p = 1.028$，$K_i = 0.1771$，$K_d = 0.3578$。根据定理 5.4，为保证系统稳定，所设计的三维模糊控制器的参数选择为：$N_e = 1$，$N_v = 0.88$，$N_a = 0.4$，$N_{\Delta u} = 0.69$，$L = 1.2$，$l = 1$，$sl = 0.3$，$H = 1$，$T = 0.1$。由式(5.23)可得

$$\frac{N_{\Delta u}H(N_vT + N_eT^2 + N_a)}{2lT^2}\|\mathcal{N}\| = 0.9439 < 1$$

对于给定参考输入信号，该系统响应输出如图 5.4 所示。由图可见，该模糊控制器系统是稳定的。而且，系统响应迅速，几乎无超调，其控制效果远优于传统的 PID 控制器。

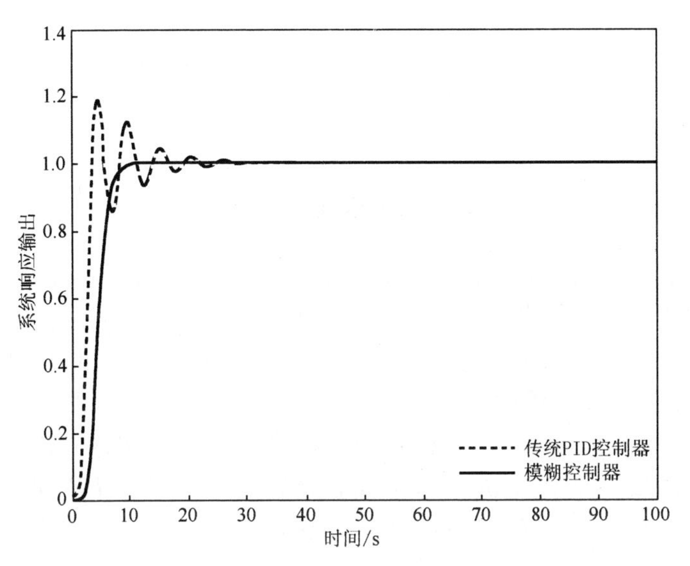

图 5.4　三维闭环系统的响应输出

通过以上两个仿真示例，所得模糊控制器的有效性和优越性得以验证。同时，保证闭环控制系统稳定的充分条件可用于指导该模糊控制系统的设计与分析。

5.4　T-S 模糊控制系统的稳定性分析及设计

5.4.1　T-S 模糊模型

T-S 模糊系统一般可表示为

$$\dot{\boldsymbol{x}}(t)=\sum_{l=1}^{r}h_l(\boldsymbol{x}(t))(\boldsymbol{A}_l\boldsymbol{x}(t)+\boldsymbol{B}_l\boldsymbol{u}(t)) \tag{5.29}$$

$$h_l(\boldsymbol{x})=\frac{\prod_{j=1}^{n}M_{j,i_j}(x_j)}{\sum_{l=1}^{r}\prod_{j=1}^{n}M_{j,i_j}(x_j)},\quad \sum_{l=1}^{r}h_l(\boldsymbol{x})=1 \tag{5.30}$$

其中，$l=\tau(i_1,i_2,\cdots,i_n),i_j=1,2,\cdots,N_j,j=1,2,\cdots,n$

$$\tau(i_1,i_2,\cdots,i_n)=\begin{cases}\sum_{j=1}^{n}\left((i_j-1)\prod_{m=j+1}^{n}N_m\right)+i_n, & n\geqslant 2\\ i_n, & n=1\end{cases} \tag{5.31}$$

其中，$\boldsymbol{x}(t)=[x_1(t), x_2(t), \wedge\cdots, x_n(t)]^{\mathrm{T}}\in X$ 为输入状态向量，$X=X_1\times X_2\times\cdots\times X_n$, $X_j=[\alpha_j, \beta_j]\subset\mathbf{R}$ 为输入状态空间，$M_{j,i_j}, i_j=1,2,\cdots,N_j$ 为输入变量 $x_j(t)\in X_j$ 的模糊集，$\boldsymbol{u}(t)\in\mathbf{R}^m$ 为输入变量。

5.4.2　输入采用 GFP 的 T-S 模糊系统

对于 T-S 模糊系统，通常采用有界支集输入隶属函数，各局部模型也仅在某一有限区域内是有效的。每条规则的前件定义了一个局部操作域，相应的规则后件描述了在此区域内有效的局部动态特性。此外，输入模糊集大多具有双交叠特性。我们进一步明确定义输入空间的模糊划分，以充分利用规则前件的结构信息[184,185]。

定义 5.4　称模糊集 M 为一般的，如果它的隶属函数 $M(x)$ 在定义域 $U\subset\mathbf{R}$ 上是连续的，并且满足：①$\inf_{x\in U}M(x)=0$，$\sup_{x\in U}M(x)=1$；②$\mathrm{Core}(M(x))\subset\mathrm{Supp}(M(x))\subset U$，其中 $\mathrm{Core}(M(x))=\{x\in U\mid M(x)=1\}$，$\mathrm{Supp}(M(x))=\{x\in U\mid M(x)>0\}$；③对任意 $x_1<x_2\leqslant d$，有 $M(x_1)\leqslant M(x_2)$；对任意 $x_1>x_2\geqslant d$，有 $M(x_1)\leqslant M(x_2)$；其中 d 为模糊集 M 的中心。

注 5.1　一般模糊集只需其隶属函数满足连续性和单调性即可，并非凸性，因此与凸模糊集相比，定义 5.4 所定义的一般模糊集更为一般化，更为普遍。

若系统(5.29)中的模糊集组 $\{M_{j,i_j}, i_j=1,2,\cdots,N_j, j=1,2,\cdots,n\}$ 是一般的，d_{j,i_j} 为模糊集 M_{j,i_j} 的中心，则状态空间 X 被划分为 K 个超多面体子空间 $D_k, k=1,2,\cdots,K$，$K=\prod_{j=1}^{n}K_j, K_j=N_j-1$，其中

$$D_k=\{x\mid x\in X, d_{j,k_j}\leqslant x_j\leqslant d_{j,k_j+1}, j=1,2,\cdots,n\}, k=\sigma(k_1,k_2,\cdots,k_n) \tag{5.32}$$

$$\sigma(k_1,k_2,\cdots,k_n)=\begin{cases}\sum_{j=1}^{n}\left((k_j-1)\prod_{m=j+1}^{n}K_m\right)+k_n, & n\geqslant 2\\ k_n, & n=1\end{cases}, k_j=1,2,\cdots,K_j \tag{5.33}$$

定义 5.5　称模糊集组 $\{M_{j,i_j}, i_j=1,2,\cdots,N_j, j=1,2,\cdots,n\}$ 是 X 上的一个 GFP，$D_k, k=1,2,\cdots,K$ 是 GFP 子空间，如果满足条件：①$d_{j,1}=\alpha_j, d_{j,N_j}=\beta_j$；②$\mathrm{Core}(M_{j,1}(x_j))<\mathrm{Core}(M_{j,2}(x_j))<\cdots<\mathrm{Core}(M_{j,N_j}(x_j))$；③ $\mathrm{Supp}(M_{j,i_j}(x_j))\cap\mathrm{Supp}(M_{j,i_j+1}(x_j))\neq\varnothing$ 且 $\mathrm{Supp}(M_{j,i_j}(x_j))\cap\mathrm{Supp}(M_{j,i_j+1}(x_j))\subset D_{j,i_j}$。

性质 5.1　在 GFP 输入子空间 D_k 上的子规则库 RB_k 包含 2^n 条规则，并且下标集可表示为

$$L_k = \{l = \tau(\sigma^{-1}(k)) + \delta(e_1, e_2, \cdots, e_n) \mid e_j \in \{0,1\}, j = 1,2,\cdots,n\} \tag{5.34}$$

其中

$$\delta(e_1, e_2, \cdots, e_n) = \sum_{j=1}^{n}\left(e_j \prod_{m=j+1}^{n} N_m\right) + e_n \tag{5.35}$$

证明　由定义 5.5 可得，X 被划分为 K 个 GFP 子空间 $D_k, k = 1,2,\cdots,K$，规则下标集 $\{1,2,\cdots,r\}$ 同时被分解为 K 个子下标集 L_k。L_k 包含了 D_k 上所有可能被激活的模糊规则的下标，其中 $k = \sigma(k_1, k_2, \cdots, k_n)$。由 GFP 的定义可知，在 D_k 内所有可能被激活的模糊集为 M_{j,k_j} 和 M_{j,k_j+1}。所以，每个子规则库 RB_k 包含 2^n 条规则。由式(5.31)和式(5.33)直接可得式(5.34)。证毕。

性质 5.2　输入采用 GFP 的 T-S 模糊系统(5.29)可表示为

$$\dot{\boldsymbol{x}}(t) = \sum_{l \in L_k} h_l(\boldsymbol{x}(t))(\boldsymbol{A}_l \boldsymbol{x}(t) + \boldsymbol{B}_l \boldsymbol{u}(t)), \boldsymbol{x}(t) \in D_k, k = 1,2,\cdots,K \tag{5.36}$$

证明　由性质 5.1 和式(5.29)直接可得。证毕。

采用并行分布补偿(PDC)原理为 T-S 模糊系统(5.36)设计模糊控制器，其基本思路是：如果各局部线性子系统均可控，首先对式(5.36)各局部子系统分别设计局部状态反馈控制器 $\boldsymbol{u} = -\boldsymbol{F}_l \boldsymbol{x}$，各局部控制器共享式(5.29)的规则前件，然后由各局部控制器合成全局模糊控制器，T-S 模糊控制器的模糊规则设计为

$$R_l: \text{IF} x_1(v) \text{ is } M_{1,i_1} \text{ and} \cdots \text{and } x_n(t) \text{ is } M_{n,i_n} \text{ THEN } \boldsymbol{u} = -\boldsymbol{F}_l \boldsymbol{x}, l = \tau(i_1, i_2, \cdots, i_n) \tag{5.37}$$

模糊控制器全局模型为

$$\boldsymbol{u} = -\sum_{l=1}^{r} h_l(\boldsymbol{x}) \boldsymbol{F}_l \boldsymbol{x} \tag{5.38}$$

性质 5.3　输入采用 GFP 的闭环 T-S 控制系统的总体模型为

$$\dot{\boldsymbol{x}}(t) = \sum_{i \in L_k} \sum_{j \in L_k} h_i h_j \boldsymbol{G}_{ij} \boldsymbol{x}, \boldsymbol{x} \in D_k, k = 1,2,\cdots,K \tag{5.39}$$

其中

$$\boldsymbol{G}_{ij} = \boldsymbol{A}_i - \boldsymbol{B}_i \boldsymbol{F}_j, i, j \in L_k \tag{5.40}$$

证明　由性质 5.1 及式(5.29)和式(5.38)直接可得式(5.39)。证毕。

5.4.3 Lyapunov 稳定性理论

由 Lyapunov 直接法，判定控制系统稳定性的充分条件如下。

引理 5.1[74] 考虑系统 $\dot{\boldsymbol{x}} = f(\boldsymbol{x})$， $\boldsymbol{x} \in \mathbf{R}^n$，$\boldsymbol{f}(\boldsymbol{x})$为 $n \times 1$ 的函数向量，且 $\boldsymbol{f}(\mathbf{0}) = \mathbf{0}$。如果存在一个标量函数 $V(\boldsymbol{x})$满足：①$V(\mathbf{0}) = 0$；②对所有的 $\boldsymbol{x} \neq \mathbf{0}$，有 $V(\boldsymbol{x}) > 0$；③当$\|\boldsymbol{x}\| \to \infty$时，$V(\boldsymbol{x}) \to \infty$；④对所有的 $\boldsymbol{x} \neq \mathbf{0}$，$\dot{V}(\boldsymbol{x}) < 0$，则系统的平衡状态 $\boldsymbol{x} = \mathbf{0}$ 是大范围渐进稳定的，且 $V(\boldsymbol{x})$是一个 Lyapunov 函数。

Cao 等[95]将引理 5.1 中 Lyapunov 函数的条件进一步放宽为只要是分段光滑的二次型函数，且在间断点的左、右偏导数小于 0 即可。

基于公共 Lyapunov 函数，文献[102]得到了一些判定 T-S 模糊系统稳定性的充分条件，但都具有一定的保守性。基于分段 Lyapunov 函数，文献[106]通过研究输入变量采用标准模糊划分(SFP)的 T-S 模糊系统，得到了保守性得以降低的稳定性条件。

5.4.4 释放的闭环模糊系统稳定性条件

由 GFP 的相关定义和性质可知，本章研究的输入采用 GFP 的 T-S 模糊系统是一类更为普遍的模糊系统。通过构造连续分段光滑的 Lyapunov 函数，我们得到以下新的稳定性条件。

定理 5.5 闭环 T-S 模糊系统(5.39)在平衡点大范围渐进稳定的充分条件是，在各 GFP 子空间 D_k 内存在公共正定对称矩阵 $\boldsymbol{P}_k$ 满足条件 C_1 或 C_2：

$$C_1:\quad \boldsymbol{G}_{ij}^{\mathrm{T}}\boldsymbol{P}_k + \boldsymbol{P}_k\boldsymbol{G}_{ij} < 0, i, j \in L_k, k = 1, 2, \cdots, K \tag{5.41}$$

$$C_2:\quad \begin{cases} \boldsymbol{\Lambda}_{ij}^{\mathrm{T}}\boldsymbol{P}_k + \boldsymbol{P}_k\boldsymbol{\Lambda}_{ij} \leqslant 0 \\ \boldsymbol{\Lambda}_{ii}^{\mathrm{T}}\boldsymbol{P}_k + \boldsymbol{P}_k\boldsymbol{\Lambda}_{ii} < 0 \end{cases}, i, j \in L_k, i < j, k = 1, 2, \cdots, K \tag{5.42}$$

其中

$$\boldsymbol{\Lambda}_{ij} = \frac{\boldsymbol{G}_{ij} + \boldsymbol{G}_{ji}}{2}, i \leqslant j \tag{5.43}$$

证明 首先构造如下连续分段光滑 Lyapunov 函数：

$$V(t) = V(\boldsymbol{x}(t)) = \lambda_k \boldsymbol{x}^{\mathrm{T}}(t)\boldsymbol{P}_k\boldsymbol{x}(t), \boldsymbol{x}(t) \in D_k, \lambda_k > 0, k = 1, 2, \cdots, K \tag{5.44}$$

$$\lambda_i \boldsymbol{x}^{\mathrm{T}}(t)\boldsymbol{P}_i\boldsymbol{x}(t) \equiv \lambda_j \boldsymbol{x}^{\mathrm{T}}(t)\boldsymbol{P}_j\boldsymbol{x}(t), \boldsymbol{x}(t) \in D_i \cap D_j, i \neq j; i, j = 1, 2, \cdots, K \tag{5.45}$$

由式(5.44)和式(5.45)直接可得，对任意 $\boldsymbol{x} \neq \mathbf{0}$ 有 $V(t) > 0$。需要指出的是，以上构造的 Lyapunov 函数在相邻的 GFP 子空间边界处是连续的，但左、右导数并不一定相等，我们取边界处的导数分别为左、右偏导数。由式(5.39)可得

$$
\begin{aligned}
\dot{V}(t) &= \frac{\mathrm{d}V}{\mathrm{d}t} = \lim_{\Delta \to 0}\frac{1}{\Delta}(V(t+\Delta)-V(t)) \\
&= \lambda_k(\dot{\boldsymbol{x}}^{\mathrm{T}}\boldsymbol{P}_k\boldsymbol{x}+\boldsymbol{x}^{\mathrm{T}}\boldsymbol{P}_k\dot{\boldsymbol{x}}) \\
&= \lambda_k\left\{\left(\sum_{i\in L_k}\sum_{i\in L_k}h_ih_j\boldsymbol{G}_{ij}\boldsymbol{x}\right)^{\mathrm{T}}\boldsymbol{P}_k+\boldsymbol{P}_k\left(\sum_{i\in L_k}\sum_{i\in L_k}h_ih_j\boldsymbol{G}_{ij}\boldsymbol{x}\right)\right\} \\
&= \lambda_k\boldsymbol{x}^{\mathrm{T}}\left(\sum_{i\in L_k}\sum_{i\in L_k}h_ih_j(\boldsymbol{G}_{ij}^{\mathrm{T}}\boldsymbol{P}_k+\boldsymbol{P}_k\boldsymbol{G}_{ij})\right)\boldsymbol{x} \\
&= \lambda_k\boldsymbol{x}^{\mathrm{T}}\left(\sum_{i\in L_k}h_i^2(\boldsymbol{\Lambda}_{ii}^{\mathrm{T}}\boldsymbol{P}_k+\boldsymbol{P}_k\boldsymbol{\Lambda}_{ii})+2\sum_{i,j\in L_k}^{i<j}h_ih_j(\boldsymbol{\Lambda}_{ij}^{\mathrm{T}}\boldsymbol{P}_k+\boldsymbol{P}_k\boldsymbol{\Lambda}_{ij})\right)\boldsymbol{x},\boldsymbol{x}\in D_k
\end{aligned}
$$

如果存在公共正定矩阵 $\boldsymbol{P}_k, k=1,2,\cdots,K$ 满足条件 C_1 或 C_2，可得

$$
\dot{V}(\boldsymbol{x}(t))<0,\boldsymbol{x}(t)\neq 0,\boldsymbol{x}(t)\in D_k,k=1,2,\cdots,K
$$

所以，闭环 T-S 模糊控制系统(5.39)在平衡点 $\boldsymbol{x}=\boldsymbol{0}$ 是大范围渐进稳定的。证毕。

注 5.2　在每个 GFP 子空间内，对于条件 C_1，需要求解 $1+2^{2n}$ 个线性不等式；对于条件 C_2，需要求解 $1+2^{n-1}(2n+1)$ 个线性不等式。所以，当输入空间维数 n 较大时，条件 C_2 更为方便。文献[100]中得到了与定理 5.5 类似的结论。

为降低以上稳定性条件的保守性，结合 GFP 的性质，我们首先给出如下引理。

引理 5.2　在每个 GFP 子空间内，存在如下不等式：

$$
\sum_{i\in L_k}h_i^2-\frac{1}{2^n-1}\sum_{i,j\in L_k}^{i<j}2h_ih_j \geqslant 0 \tag{5.46}
$$

$$
h_i \geqslant 0,\sum_{i\in L_k}h_i=1 \tag{5.47}
$$

证明　由性质 5.1 可知，在每个 GFP 子空间内最多有 2^n 条规则被激活，因此有 $\sum_{i\in L_k}h_i^2-\frac{1}{2^n-1}\sum_{i,j\in L_k}^{i<j}2h_ih_j=\frac{1}{2^n-1}\sum_{i,j\in L_k}^{i<j}(h_i-h_j)^2\geqslant 0$。证毕。

定理 5.6　闭环 T-S 模糊系统(5.39)在平衡点大范围渐进稳定的充分条件是，在各 GFP 子空间 D_k 内存在公共对称矩阵 $\boldsymbol{P}_k$ 和 $\boldsymbol{M}_k$ 满足：

$$
\boldsymbol{P}_k>0,\boldsymbol{M}_k\geqslant 0,k=1,2,\cdots,K \tag{5.48}
$$

$$
\begin{cases}\boldsymbol{\Lambda}_{ij}^{\mathrm{T}}\boldsymbol{P}_k+\boldsymbol{P}_k\boldsymbol{\Lambda}_{ij}-\boldsymbol{M}_k\leqslant 0\\ \boldsymbol{\Lambda}_{ii}^{\mathrm{T}}\boldsymbol{P}_k+\boldsymbol{P}_k\boldsymbol{\Lambda}_{ii}+(2^n-1)\boldsymbol{M}_k<0\end{cases},i,j\in L_k,i<j,k=1,2,\cdots,K \tag{5.49}
$$

证明 选择式(5.44)和式(5.45)所描述的Lyapunov函数，由式(5.39)和引理5.2，如果式(5.48)和式(5.49)成立，可得

$$
\begin{aligned}
\dot{V}(t) &= \frac{\mathrm{d}V}{\mathrm{d}t} = \lim_{\Delta\to 0}\frac{1}{\Delta}(V(t+\Delta)-V(t)) \\
&= \lambda_k(\dot{\boldsymbol{x}}^{\mathrm{T}}\boldsymbol{P}_k\boldsymbol{x}+\boldsymbol{x}^{\mathrm{T}}\boldsymbol{P}_k\dot{\boldsymbol{x}}) \\
&= \lambda_k\left\{\left(\sum_{i\in L_k}\sum_{i\in L_k}h_i h_j\boldsymbol{G}_{ij}\boldsymbol{x}\right)^{\mathrm{T}}\boldsymbol{P}_k+\boldsymbol{P}_k\left(\sum_{i\in L_k}\sum_{i\in L_k}h_i h_j\boldsymbol{G}_{ij}\boldsymbol{x}\right)\right\} \\
&= \lambda_k\boldsymbol{x}^{\mathrm{T}}\left(\sum_{i\in L_k}h_i^2(\boldsymbol{\Lambda}_{ii}^{\mathrm{T}}\boldsymbol{P}_k+\boldsymbol{P}_k\boldsymbol{\Lambda}_{ii})+2\sum_{i,j\in L_k}^{i<j}h_i h_j(\boldsymbol{\Lambda}_{ij}^{\mathrm{T}}\boldsymbol{P}_k+\boldsymbol{P}_k\boldsymbol{\Lambda}_{ij})\right)\boldsymbol{x} \\
&\leqslant \lambda_k\boldsymbol{x}^{\mathrm{T}}\left(\sum_{i\in L_k}h_i^2(\boldsymbol{\Lambda}_{ii}^{\mathrm{T}}\boldsymbol{P}_k+\boldsymbol{P}_k\boldsymbol{\Lambda}_{ii})+2\sum_{i,j\in L_k}^{i<j}h_i h_j\boldsymbol{M}_k\right)\boldsymbol{x} \\
&\leqslant \lambda_k\boldsymbol{x}^{\mathrm{T}}\left(\sum_{i\in L_k}h_i^2(\boldsymbol{\Lambda}_{ii}^{\mathrm{T}}\boldsymbol{P}_k+\boldsymbol{P}_k\boldsymbol{\Lambda}_{ii})+(2^n-1)\sum_{i\in L_k}h_i^2\boldsymbol{M}_k\right)\boldsymbol{x} \\
&= \lambda_k\boldsymbol{x}^{\mathrm{T}}\left(\sum_{i\in L_k}h_i^2(\boldsymbol{\Lambda}_{ii}^{\mathrm{T}}\boldsymbol{P}_k+\boldsymbol{P}_k\boldsymbol{\Lambda}_{ii}+(2^n-1)\boldsymbol{M}_k)\right)\boldsymbol{x} \\
&< 0,\ \boldsymbol{x}\in D_k,\ \boldsymbol{x}\neq\boldsymbol{0}
\end{aligned}
$$

所以，闭环T-S模糊控制系统(5.39)在平衡点$\boldsymbol{x}=\boldsymbol{0}$是大范围渐进稳定的。证毕。

注5.3 定理5.6的稳定性条件考虑了每个GFP子空间内各局部子系统之间的关系，降低了定理5.5中稳定性条件的保守性。

定理5.7 闭环T-S模糊系统(5.39)在平衡点大范围渐进稳定的充分条件是，在各GFP子空间D_k内存在公共正定对称矩阵$\boldsymbol{P}_k$和对称矩阵$\boldsymbol{X}_{ij}^k, i,j\in L_k$满足：

$$
\boldsymbol{\Lambda}_{ij}^{\mathrm{T}}\boldsymbol{P}_k+\boldsymbol{P}_k\boldsymbol{\Lambda}_{ij}+\boldsymbol{X}_{ij}^k\leqslant 0, i,j\in L_k, i\leqslant j \tag{5.50}
$$

$$
\tilde{\boldsymbol{X}}(k)=\begin{bmatrix}\boldsymbol{X}_{k(1)k(1)}^k & \boldsymbol{X}_{k(1)k(2)}^k & \cdots & \boldsymbol{X}_{k(1)k(m)}^k \\ \boldsymbol{X}_{k(1)k(2)}^k & \boldsymbol{X}_{k(2)k(2)}^k & \cdots & \boldsymbol{X}_{k(2)k(m)}^k \\ \vdots & \vdots & & \vdots \\ \boldsymbol{X}_{k(1)k(m)}^k & \boldsymbol{X}_{k(2)k(m)}^k & \cdots & \boldsymbol{X}_{k(m)k(m)}^k\end{bmatrix}>0 \tag{5.51}
$$

其中

$$
L_k=\{k(1),k(2),\cdots,k(m)\}, m=2^n, k(1)<k(2)<\cdots<k(m) \tag{5.52}
$$

证明 选择式(5.44)和式(5.45)所描述的Lyapunov函数，如果式(5.50)～式(5.52)成立，则有

$$
\begin{aligned}
\dot{V}(t) &= \frac{\mathrm{d}V}{\mathrm{d}t} = \lim_{\Delta \to 0}\frac{1}{\Delta}(V(t+\Delta)-V(t)) \\
&= \lambda_k(\dot{\boldsymbol{x}}^{\mathrm{T}}\boldsymbol{P}_k\boldsymbol{x}+\boldsymbol{x}^{\mathrm{T}}\boldsymbol{P}_k\dot{\boldsymbol{x}}) \\
&= \lambda_k\left\{\left(\sum_{i\in L_k}\sum_{i\in L_k}h_ih_j\boldsymbol{G}_{ij}\boldsymbol{x}\right)^{\mathrm{T}}\boldsymbol{P}_k+\boldsymbol{P}_k\left(\sum_{i\in L_k}\sum_{i\in L_k}h_ih_j\boldsymbol{G}_{ij}\boldsymbol{x}\right)\right\} \\
&= \lambda_k\boldsymbol{x}^{\mathrm{T}}\left(\sum_{i\in L_k}h_i^2(\boldsymbol{\varLambda}_{ii}^{\mathrm{T}}\boldsymbol{P}_k+\boldsymbol{P}_k\boldsymbol{\varLambda}_{ii})+2\sum_{i,j\in L_k}^{i<j}h_ih_j(\boldsymbol{\varLambda}_{ij}^{\mathrm{T}}\boldsymbol{P}_k+\boldsymbol{P}_k\boldsymbol{\varLambda}_{ij})\right)\boldsymbol{x} \\
&\leqslant -\lambda_k\boldsymbol{x}^{\mathrm{T}}\left(\sum_{i\in L_k}h_i^2\boldsymbol{X}_{ii}^k+2\sum_{i,j\in L_k}^{i<j}h_ih_j\boldsymbol{X}_{ij}^k\right)\boldsymbol{x} \\
&= -\lambda_k\begin{bmatrix}h_{k(1)}\boldsymbol{x}\\h_{k(2)}\boldsymbol{x}\\\vdots\\h_{k(m)}\boldsymbol{x}\end{bmatrix}^{\mathrm{T}}\tilde{\boldsymbol{X}}(k)\begin{bmatrix}h_{k(1)}\boldsymbol{x}\\h_{k(2)}\boldsymbol{x}\\\vdots\\h_{k(m)}\boldsymbol{x}\end{bmatrix}<0,\boldsymbol{x}\in D_k,\boldsymbol{x}\neq\boldsymbol{0}
\end{aligned}
$$

所以，闭环 T-S 模糊控制系统(5.39)在平衡点 $\boldsymbol{x}=\boldsymbol{0}$ 是大范围渐进稳定的。证毕。

注 5.4　尽管定理 5.6 的稳定性条件考虑了每个 GFP 子空间内各局部子系统之间的关系，但二次型引入了新的保守性。定理 5.7 将每个 GFP 子空间内各局部子系统之间的相互关系归结到一个对称矩阵 $\tilde{\boldsymbol{X}}(k)$ 中，进一步降低了所得闭环模糊系统稳定性条件的保守性。值得指出的是，当输入空间维数较大时，该稳定性条件更为实用。

5.4.5　稳定性条件的保守性比较

以上稳定性条件均是基于分段 Lyapunov 函数得出的，相比基于公共 Lyapunov 函数得到的稳定性条件，保守性得以降低。我们将严格证明所得稳定性条件之间的保守性关系，因文献[106]得到了类似定理 5.5 的结论，这也是一个与现有 T-S 模糊系统稳定性条件的严格比较。

定理 5.8　对于闭环 T-S 模糊系统(5.39)，存在：①定理 5.5 的稳定性条件 C_1 是稳定性条件 C_2 的充分条件；②定理 5.5 的稳定性条件的是定理 5.6 的稳定性条件的充分条件；③定理 5.6 的稳定性条件是定理 5.7 的稳定性条件的充分条件。

证明　如果条件 C_1 成立，即在各 GFP 子空间 D_k 内存在公共正定对称矩阵 $\boldsymbol{P}_k$ 满足式(5.41)，立即可得式(5.42)成立。但反之不成立。故条件 C_1 是条件 C_2 的充分条件。

如果在各 GFP 子空间 D_k 内存在公共正定对称矩阵 $\boldsymbol{P}_k$ 满足条件 C_2，即式(5.42)成立，那么我们可找到矩阵 $\boldsymbol{E}_k$ 满足：

$$\boldsymbol{E}_k \geqslant 0, k=1,2,\cdots,K \tag{5.53}$$

$$\begin{cases} \boldsymbol{\varLambda}_{ij}^{\mathrm{T}}\boldsymbol{P}_k + \boldsymbol{P}_k\boldsymbol{\varLambda}_{ij} - \theta\boldsymbol{E}_k \leqslant 0 \\ \boldsymbol{\varLambda}_{ii}^{\mathrm{T}}\boldsymbol{P}_k + \boldsymbol{P}_k\boldsymbol{\varLambda}_{ii} + \boldsymbol{E}_k < 0 \end{cases}, i,j \in L_k, i<j, k=1,2,\cdots,K \tag{5.54}$$

其中，θ 是任意正实数，令

$$\boldsymbol{M}_k = \theta\boldsymbol{E}_k, \theta = 1/(2^n-1) \tag{5.55}$$

由式(5.53)～式(5.55)可得，式(5.48)和式(5.49)成立，即定理 5.6 成立，但反之不成立。故定理 5.5 是定理 5.6 的充分条件。

如果在各 GFP 子空间 D_k 内存在公共对称矩阵 $\boldsymbol{P}_k$ 和 $\boldsymbol{M}_k$ 满足式(5.48)和式(5.49)，那么我们可寻找任意小的对称矩阵 $\boldsymbol{\varDelta}_{ij}^k$ 使之满足：

$$\boldsymbol{P}_k > 0, \boldsymbol{M}_k \geqslant 0, \boldsymbol{\varDelta}_{ii}^k > 0, \boldsymbol{\varDelta}_{ii}^k \approx \boldsymbol{0}, i \in L_k, k=1,2,\cdots,K \tag{5.56}$$

$$\begin{cases} \boldsymbol{\varLambda}_{ij}^{\mathrm{T}}\boldsymbol{P}_k + \boldsymbol{P}_k\boldsymbol{\varLambda}_{ij} - M_k \leqslant 0 \\ \boldsymbol{\varLambda}_{ii}^{\mathrm{T}}\boldsymbol{P}_k + \boldsymbol{P}_k\boldsymbol{\varLambda}_{ii} + (2^n-1)\boldsymbol{M}_k + \boldsymbol{\varDelta}_{ii}^k < 0 \end{cases}, i,j \in L_k, i<j, k=1,2,\cdots,K \tag{5.57}$$

令

$$\boldsymbol{X}_{ij}^k = -\boldsymbol{M}_k, i,j \in L_k, i<j \tag{5.58}$$

$$\boldsymbol{X}_{ii}^k = (m-1)\boldsymbol{M}_k + \boldsymbol{\varDelta}_{ii}^k, i \in L_k, m=2^n \tag{5.59}$$

由式(5.56)～式(5.59)，可得

$$\tilde{\boldsymbol{X}}(k) = \begin{bmatrix} \boldsymbol{X}_{k(1)k(1)}^k & \boldsymbol{X}_{k(1)k(2)}^k & \cdots & \boldsymbol{X}_{k(1)k(m)}^k \\ \boldsymbol{X}_{k(1)k(2)}^k & \boldsymbol{X}_{k(2)k(2)}^k & \cdots & \boldsymbol{X}_{k(2)k(m)}^k \\ \vdots & \vdots & & \vdots \\ \boldsymbol{X}_{k(1)k(m)}^k & \boldsymbol{X}_{k(2)k(m)}^k & \cdots & \boldsymbol{X}_{k(m)k(m)}^k \end{bmatrix}$$
$$= \begin{bmatrix} (m-1)\boldsymbol{M}_k + \boldsymbol{\varDelta}_{k(1)k(1)}^k & -\boldsymbol{M}_k & \cdots & -\boldsymbol{M}_k \\ -\boldsymbol{M}_k & (m-1)\boldsymbol{M}_k + \boldsymbol{\varDelta}_{k(2)k(2)}^k & \cdots & -\boldsymbol{M}_k \\ \vdots & \vdots & & \vdots \\ -\boldsymbol{M}_k & -\boldsymbol{M}_k & \cdots & (m-1)\boldsymbol{M}_k + \boldsymbol{\varDelta}_{k(m)k(m)}^k \end{bmatrix} \tag{5.60}$$

选择式(5.61)所描的任意 $nm\times1$ 矩阵 $\boldsymbol{Z}$ 左乘和右乘式(5.60)，可得式(5.62)。

$$\boldsymbol{Z} = [\boldsymbol{z}_1^{\mathrm{T}} \quad \boldsymbol{z}_2^{\mathrm{T}} \quad \cdots \quad \boldsymbol{z}_m^{\mathrm{T}}]^{\mathrm{T}}, \boldsymbol{z}_j^{\mathrm{T}} = [\boldsymbol{z}_{j1}, \boldsymbol{z}_{j2}, \cdots, \boldsymbol{z}_{jn}], j=1,2,\cdots,m \tag{5.61}$$

$$
\begin{aligned}
&\boldsymbol{Z}^{\mathrm{T}}\tilde{\boldsymbol{X}}(k)\boldsymbol{Z}\\
&=\begin{bmatrix} z_1\\ z_2\\ \vdots\\ z_m\end{bmatrix}^{\mathrm{T}}\begin{bmatrix}(m-1)\boldsymbol{M}_k+\boldsymbol{\Delta}_{k(1)k(1)}^{k} & -\boldsymbol{M}_k & \cdots & -\boldsymbol{M}_k\\ -\boldsymbol{M}_k & (m-1)\boldsymbol{M}_k+\boldsymbol{\Delta}_{k(2)k(2)}^{k} & \cdots & -\boldsymbol{M}_k\\ \vdots & \vdots & & \vdots\\ -\boldsymbol{M}_k & -\boldsymbol{M}_k & \cdots & (m-1)\boldsymbol{M}_k+\boldsymbol{\Delta}_{k(m)k(m)}^{k}\end{bmatrix}\begin{bmatrix} z_1\\ z_2\\ \vdots\\ z_m\end{bmatrix}\\
&=(m-1)\sum_{i=1}^{m}\boldsymbol{z}_i^{\mathrm{T}}\boldsymbol{M}_k\boldsymbol{z}_i-2\sum_{i<j\leqslant m}\boldsymbol{z}_i^{\mathrm{T}}\boldsymbol{M}_k\boldsymbol{z}_j+\sum_{i=1}^{m}\boldsymbol{z}_i^{\mathrm{T}}\boldsymbol{\Delta}_{k(i)k(j)}^{\boldsymbol{k}}\boldsymbol{z}_i\\
&=\sum_{i<j\leqslant m}(\boldsymbol{z}_i-\boldsymbol{z}_j)^{\mathrm{T}}\boldsymbol{M}_k(\boldsymbol{z}_i-\boldsymbol{z}_j)+\sum_{i=1}^{m}\boldsymbol{z}_i^{\mathrm{T}}\boldsymbol{\Delta}_{k(i)k(j)}^{\boldsymbol{k}}\boldsymbol{z}_i>0
\end{aligned}
\tag{5.62}
$$

所以，$\tilde{\boldsymbol{X}}(k)>0$，即定理 5.7 成立，但反之不成立。故定理 5.6 是定理 5.7 的充分条件。证毕。

数值示例 5.1　为验证定理 5.8 所得稳定性条件之间的关系，考虑输入采用 GFP 的 T-S 模糊系统，其模糊规则为

$$
\begin{cases}
R_1: \text{IF } x_1 \text{ is } M_{11} \text{ THEN } \dot{\boldsymbol{x}}=\boldsymbol{A}_1\boldsymbol{x}+\boldsymbol{B}_1u\\
R_2: \text{IF } x_1 \text{ is } M_{12} \text{ THEN } \dot{\boldsymbol{x}}=\boldsymbol{A}_2\boldsymbol{x}+\boldsymbol{B}_2u\\
R_3: \text{IF } x_1 \text{ is } M_{13} \text{ THEN } \dot{\boldsymbol{x}}=\boldsymbol{A}_3\boldsymbol{x}+\boldsymbol{B}_3u
\end{cases}
$$

其中，$\boldsymbol{A}_1=\begin{bmatrix}2 & -10\\ 1 & 0\end{bmatrix},\boldsymbol{B}_1=\begin{bmatrix}1\\ 0\end{bmatrix};\boldsymbol{A}_2=\begin{bmatrix}8.5 & -10\\ a & 0\end{bmatrix},\boldsymbol{B}_2=\begin{bmatrix}b\\ 0\end{bmatrix};\boldsymbol{A}_3=\begin{bmatrix}15 & -10\\ 3 & 0\end{bmatrix},\boldsymbol{B}_3=\begin{bmatrix}2.5\\ 0\end{bmatrix}$。

采用 PDC 方法为其设计 T-S 模糊控制器，各局部子系统的闭环极点选为–1 和–2。当参数 a 和 b 选取不同的数值时，图 5.5 显示了依据各稳定性条件所计算出的该 T-S 模糊控制系统的稳定区域和不稳定区域。其中，“•”表示稳定，“×”表示不稳定。从图中可看出，定理 5.5 的条件是最为保守的，定理 5.7 的条件保守性最低。所以定理 5.8 的有效性得以验证。

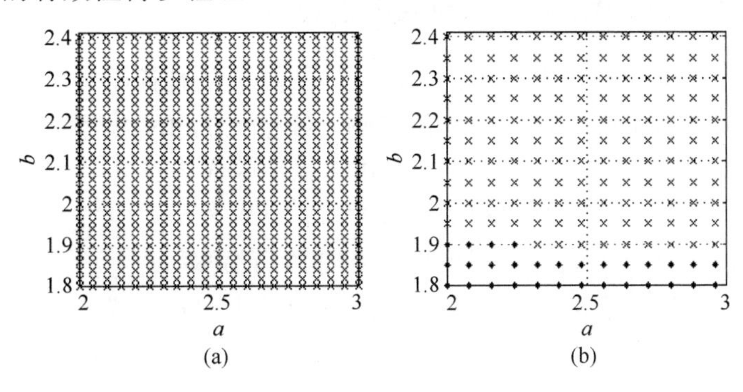

(a)　　(b)

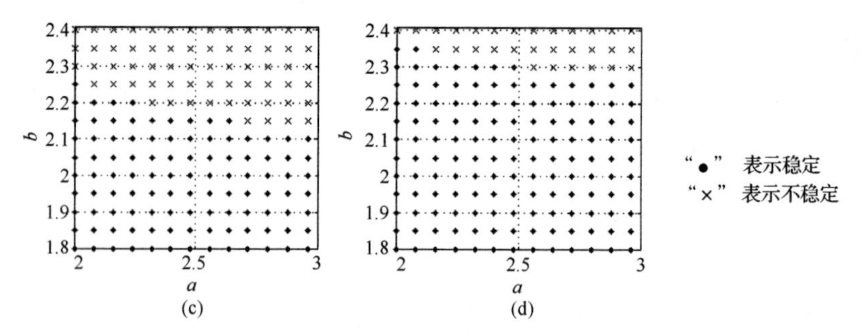

图 5.5 基于(a)条件 C_1; (b)条件 C_2; (c)定理 5.6 和(d)定理 5.7 的稳定性区域

5.4.6 T-S 模糊控制器的系统化设计

基于 PDC 原理设计 T-S 模糊控制器时，在保证闭环 T-S 模糊控制系统稳定性的基础上，还要使模糊控制器的控制效果达到期望的性能指标。对于 T-S 模糊系统(5.36)，如果各局部线性子系统均可控，即 $(\boldsymbol{A}_l,\boldsymbol{B}_l),l=1,2,\cdots,r$ 可控，则分别对其设计局部状态反馈控制器 $\boldsymbol{u}=-\boldsymbol{F}_l\boldsymbol{x}$ 来任意配置局部闭环子系统的极点，从而使系统达到期望的性能指标。模糊控制器设计步骤如下。

(1)验证 T-S 模糊系统各局部线性子系统的可控性。

(2)根据期望的闭环控制系统性能指标，选取各局部线性子系统的闭环极点。

(3)运用 Ackermann 公式，求得各局部线性子系统的状态反馈增益矩阵 $\boldsymbol{F}_l,l=1,2,\cdots,r$。

(4)应用定理 5.5、定理 5.6 或定理 5.7 检验闭环 T-S 模糊控制系统的稳定性。满足稳定性条件，则转到(5)；否则，转到(2)重新配置闭环极点，直到满足稳定性条件。

(5)依式(5.38)合成 T-S 模糊控制器。进行计算机仿真或实际实验，若达到预期控制效果则模糊控制器设计完毕；否则，转到(2)重新配置闭环极点，直到达到预期控制效果。

5.4.7 船舶力控减摇鳍模糊控制系统的设计

船舶大角度横摇运动具有严重的非线性，所构成的减摇鳍控制系统实际上是非线性系统，模型参数也受到诸多因素的影响，线性 Conolly 模型已不能很好地反映船舶的横摇特性，必须使用非线性模型来描述船舶的横摇运动[188,189]。T-S 模糊模型是一种为非线性系统进行模糊建模的有效方法，其前件为模糊变量，后件为线性方程描述的局部线性系统，而后利用模糊规则将各局部模型进行合成。T-S 模糊系统能够以任意精度逼近任意非线性函数，因而可用较少的规则描述复杂的非线性系统的动态特性[16,182]。本节依据真实模型采用 T-S 模糊系统对非线性船舶横摇运动进行模糊建模，基于输入空间的模糊划分，根据上节的 T-S 模糊控制器系统化设计方法，运用并行分布补偿原理(PDC)为各局部线性模型设计局部稳定控制器，然后通过各模糊规则合成为全局稳定 T-S 模糊控制系统。

1. 船舶横摇运动的非线性模型

力控减摇鳍封装了鳍角与升力的非线性及不确定关系，其他环节均为线性定常环节，可将控制器与其他部件合并一起考虑，整个系统框图如图 5.6 所示。

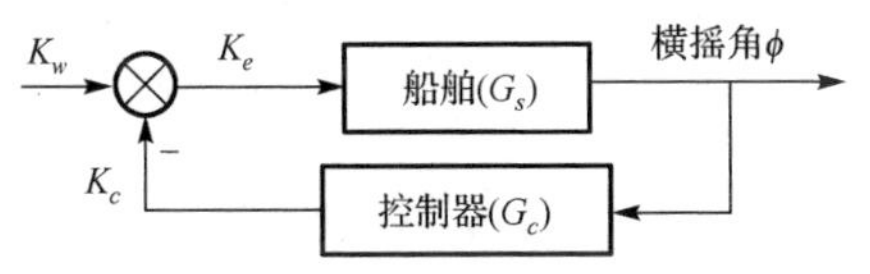

图 5.6　力控减摇鳍控制系统框图

常见的船舶非线性横摇运动模型为[188]

$$(\Delta I_x + I_x)\ddot{\phi} + B_1\dot{\phi} + B_2\,|\dot{\phi}|\,\dot{\phi} + C_1\phi^3 + C_5\phi^5 = K_w - K_c \tag{5.63}$$

其中，ϕ为横摇角，ΔI_x 和 I_x 分别为相对于通过船舶重心纵轴的附加质量惯性矩和质量惯性矩，K_w 为海浪的扰动力矩，K_c 为力控减摇鳍的稳定力矩，B_1, B_2, C_1, C_3, C_5 均为常数，且 $C_1 = Dh$。考虑某船舶的参数为：排水量 $D = 1457.26\text{t}$，横摇稳心高 $h = 1.15\text{m}$，$\Delta I_x + I_x = 3.4383\times10^6$，$C_3 = 2.097\times10^6$，$C_5 = 4.814\times10^6$，$B_1 = 0.636\times10^6$，$B_2 = 0.79\times10^6$，并令 $K_e = K_w - K_c$，由式(5.63)，该船的非线性横摇运动方程为[187,188]

$$\ddot{\phi} + 0.185\dot{\phi} + 0.23\,|\dot{\phi}|\,\dot{\phi} + 0.4874\phi + 0.61\phi^3 + 1.4\phi^5 = 2.9084\times10^{-7} K_e \tag{5.64}$$

令 $\boldsymbol{x} = [x_1, x_2]^{\mathrm{T}} \in X = [-\beta_1, \beta_1]\times[-\beta_2, \beta_2]$，$\beta_1 = \beta_2 = \pi/9$，$x_1 = \phi$，$x_2 = \phi$，$u = K_e$，则式(5.64)可表示为

$$\dot{\boldsymbol{x}} = f(\boldsymbol{x}) + \boldsymbol{B}u \tag{5.65}$$

2. 船舶横摇运动的 T-S 模糊模型

对式(5.65)所描述的船舶非线性横摇运动模型进行 T-S 模糊建模，设输入变量 $x_j \in X_j$ 的模糊分划数为 $N_j = 3$，采用三角形隶属函数，如下：

$$\begin{cases} M_{1,j}(x_j) = \dfrac{d_j(2) - x_j}{\delta_j(1)}, x_j \in [d_j(1), d_j(2)], i_j = 1 \\ M_{i_j,j}(x_j) = \begin{cases} \dfrac{x_j - d_j(i_j - 1)}{\delta_j(i_j - 1)}, x_j \in [d_j(i_j - 1), d_j(i_j)] \\ \dfrac{d_j(i_j + 1) - x_j}{\delta_j(i_j)}, x_j \in [d_j(i_j), d_j(i_j + 1)] \end{cases}, \quad i_j = 2,3,\cdots,N_j - 1 \\ M_{N_j,j}(x_j) = \dfrac{x_j - d_j(N_j - 1)}{\delta_j(N_j - 1)}, x_j \in [d_j(N_j - 1), d_j(N_j)], i_j = N_j \end{cases} \tag{5.66}$$

其中

$$\delta_j(i_j)=d_j(i_j+1)-d_j(i_j), i_j=1,2,\cdots,N_j-1 \tag{5.67}$$

其中，$d_j(i_j)$ 为模糊集 $M_{i_j,j}$ 的中心，并且 $-\beta_j=d_j(1)<d_j(2)<\cdots<d_j(N_j)=\beta_j$，$j=1,2,\cdots,n$ 。

T-S 模糊模糊模型的规则为

$$R_l: \text{IF } x_1 \text{ is } M_{i_1,1} \text{ and } x_2 \text{ is } M_{i_2,2} \text{ THEN } \dot{\boldsymbol{x}}(t)=\boldsymbol{A}_l\boldsymbol{x}(t)+\boldsymbol{B}_l u(t),\quad l=1,2,\cdots,9 \tag{5.68}$$

其中，$\boldsymbol{A}_l, \boldsymbol{B}_l$ 采用文献[181]提出的方法确定，则 T-S 模糊系统总体模型为

$$\dot{\boldsymbol{x}}=\sum_{l=1}^{9}h_l(\boldsymbol{A}_l\boldsymbol{x}+\boldsymbol{B}_l u) \tag{5.69}$$

各局部线性子系统的参数为[189,190]

$$\boldsymbol{A}_1=\boldsymbol{A}_9=\begin{bmatrix}0 & 1\\ -0.6583 & -0.1895\end{bmatrix},\quad \boldsymbol{A}_2=\boldsymbol{A}_8=\begin{bmatrix}0 & 1\\ -0.5825 & -0.1850\end{bmatrix}$$

$$\boldsymbol{A}_3=\boldsymbol{A}_7=\begin{bmatrix}0 & 1\\ -0.7386 & -0.4213\end{bmatrix},\quad \boldsymbol{A}_4=\boldsymbol{A}_6=\begin{bmatrix}0 & 1\\ -0.4874 & -0.2653\end{bmatrix}$$

$$\boldsymbol{A}_5=\begin{bmatrix}0 & 1\\ -0.4874 & -0.1850\end{bmatrix},\quad \boldsymbol{B}_1=\boldsymbol{B}_2=\cdots=\boldsymbol{B}_9=\boldsymbol{B}=[0, 2.9084\times10^{-7}]^{\mathrm{T}}$$

本节所构造的 T-S 模糊系统模型对原模型的一致逼近误差为 $e=0.0138$，文献[191]中以同样模糊规则数目构造的 T-S 模糊的一致逼近误差为 $e=0.4043$。显然，本节所提出的对船舶力控减摇鳍的 T-S 模糊建模方法更为有效，更为精确。

3. 稳定 T-S 模糊控制器的设计

基于 PDC 原理对以上模糊系统设计 T-S 模糊控制器，相应的控制器模糊规则为[189]

$$R_l: \text{IF } x_1 \text{ is } M_{i_1,1} \text{ and } x_2 \text{ is } M_{i_2,2} \text{ THEN } u=-\boldsymbol{K}_l\boldsymbol{x},\quad l=1,2,\cdots,9 \tag{5.70}$$

模糊控制器全局模型为

$$u=-\sum_{l=1}^{9}h_l\boldsymbol{K}_l\boldsymbol{x} \tag{5.71}$$

则输入空间 X 上的全局模型为

$$\dot{\boldsymbol{x}}=\sum_{k=1}^{K}\left(\eta_k\left(\sum_{i\in I(k)}\sum_{j\in I(k)}h_ih_j\boldsymbol{G}_{ij}\boldsymbol{x}\right)\right) \tag{5.72}$$

$$\boldsymbol{G}_{ij}=\boldsymbol{A}_i-\boldsymbol{B}_i\boldsymbol{K}_j, i, j=1,2,\cdots,r \tag{5.73}$$

其中

$$\eta_k(\boldsymbol{x})=\begin{cases}1, & \boldsymbol{x}\in X^k\\0, & \boldsymbol{x}\notin X^k\end{cases},\quad \sum_{k=1}^{K}\eta_k(\boldsymbol{x})=1 \tag{5.74}$$

基于 PDC 设计模糊控制器时，在保证闭环系统稳定的基础上，还要使模糊控制器的控制效果达到期望的性能指标。如果线性系统 $\dot{\boldsymbol{x}}=\boldsymbol{A}\boldsymbol{x}+\boldsymbol{B}u$ 状态完全可控，则可设计状态反馈控制器 $u=-\boldsymbol{K}\boldsymbol{x}$ 来任意配置闭环系统的极点，从而使系统达到期望的性能指标。因此，对于模糊系统 (5.69)，如果各局部线性子系统均可控，即 $(\boldsymbol{A}_l,\boldsymbol{B}_l), l=1,2,\cdots,r$ 可控时，则该模糊控制器可按其设计步骤进行系统化设计。具体的设计参数将在仿真研究中给出。

5.4.8 仿真研究

1. 非线性质量块-弹簧-阻尼器控制系统

为验证本章提出的 T-S 模糊控制器系统化设计方法的有效性，以及所得稳定性条件的弱保守性，本节采用文献[106]中的非线性质量块-弹簧-阻尼器系统为研究对象，进行模糊控制器设计和计算机仿真。该系统的微分方程为

$$\ddot{z}=-\dot{z}^3-0.01z-0.1z^3+(1+0.13\dot{z}^3)u \tag{5.75}$$

其中，z 为质量块的位置，u 是外力。设 $z\in[-1.5, 1.5]$，$\dot{z}\in[-1.5, 1.5]$，$\boldsymbol{x}=[x_1, x_2]^{\mathrm{T}}$，$x_1=z$，$x_2=\dot{z}$。

非线性系统 (5.75) 可用以下 T-S 模糊系统模型来近似：

$$R_l\text{: IF } x_1 \text{ is } M_{1,i_1} \text{ and } x_2 \text{ is } M_{1,i_n} \text{ THEN } \dot{\boldsymbol{x}}(t)=\boldsymbol{A}_l\boldsymbol{x}+\boldsymbol{B}_l u,\ l=\tau(i_1, i_2),\ i_j=1,2,3,\ j=1,2 \tag{5.76}$$

其中，各局部线性子系统参数可以由文献[15]中的方法得到

$$\boldsymbol{A}_1=\boldsymbol{A}_9=\begin{bmatrix}0 & 1\\1.79 & -4.275\end{bmatrix},\boldsymbol{A}_2=\boldsymbol{A}_8=\begin{bmatrix}0 & 1\\-0.235 & 0\end{bmatrix},\boldsymbol{A}_3=\boldsymbol{A}_7=\begin{bmatrix}0 & 1\\-2.71 & -4.275\end{bmatrix}$$

$$\boldsymbol{A}_4=\boldsymbol{A}_6=\begin{bmatrix}0 & 1\\-0.01 & -2.25\end{bmatrix},\boldsymbol{A}_5=\begin{bmatrix}0 & 1\\-0.01 & 0\end{bmatrix}$$

$$\boldsymbol{B}_1=\boldsymbol{B}_4=\boldsymbol{B}_7=[0,0.5613]^{\mathrm{T}},\boldsymbol{B}_2=\boldsymbol{B}_5=\boldsymbol{B}_8=[0,1]^{\mathrm{T}},\boldsymbol{B}_3=\boldsymbol{B}_6=\boldsymbol{B}_9=[0,1.4388]^{\mathrm{T}}$$

需要指出的是，$(\boldsymbol{A}_l, \boldsymbol{B}_l), l=1,2,\cdots,9$ 是可控的。前件变量隶属函数如图 5.7 所示。各局部线性子系统的期望闭环极点均为[−3, −3]，由 Ackermann 公式计算可得各局部线性子系统的状态反馈增益矩阵为 $\boldsymbol{F}_1=[19.2249, 3.0735]$，$\boldsymbol{F}_2=[8.765, 6.0]$，$\boldsymbol{F}_3=[4.3719, 0.8862]$，$\boldsymbol{F}_4=[16.0178, 6.6815]$，$\boldsymbol{F}_5=[8.99, 6.0]$，$\boldsymbol{F}_6=[6.2485, 2.6064]$，$\boldsymbol{F}_7=[11.2071, 2.2717]$，$\boldsymbol{F}_8=[8.765, 6.0]$，$\boldsymbol{F}_9=[7.4996, 1.199]$，然后可依式 (5.39) 和式 (5.43) 分别计算出 $\boldsymbol{G}_{ij}$ 和 $\boldsymbol{\Lambda}_{ij}$, $i,j=1,2,\cdots,9$。模糊控制器为

$$R_l\text{: IF } x_1 \text{ is } M_{1,i_1} \text{ and } x_2 \text{ is } M_{1,i_n} \text{ THEN } \boldsymbol{u}=-\boldsymbol{F}_l\boldsymbol{x},\ l=\tau(i_1,i_2),\ i_j=1,2,\ j=1,2 \tag{5.77}$$

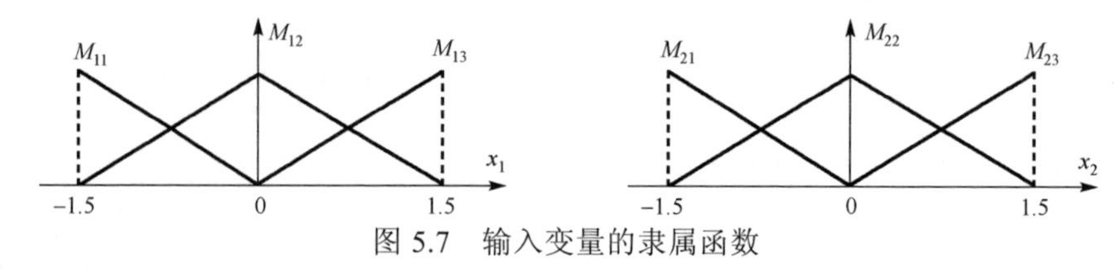

图 5.7　输入变量的隶属函数

依据定理 5.5 的稳定性条件 C_1 和 C_2 运用 LMI 方法，求得满足相应条件的公共对称矩阵如下。依据定理 5.5 的稳定性条件 C_1：

$$\boldsymbol{P}_1^{C_1}=\begin{bmatrix}10.6862 & 0.4706\\ 0.4706 & 0.7917\end{bmatrix},\ \boldsymbol{P}_2^{C_1}=\begin{bmatrix}8.0221 & 0.6785\\ 0.6785 & 1.2513\end{bmatrix}$$

$$\boldsymbol{P}_3^{C_1}=\begin{bmatrix}14.5013 & 0.6680\\ 0.6680 & 1.1134\end{bmatrix},\ \boldsymbol{P}_4^{C_1}=\begin{bmatrix}0.6749 & 0.0377\\ 0.0377 & 0.0608\end{bmatrix}$$

依据定理 5.5 的稳定性条件 C_2：

$$\boldsymbol{P}_1^{C_2}=\begin{bmatrix}1.3817 & 0.0689\\ 0.0689 & 0.1069\end{bmatrix},\ \boldsymbol{P}_2^{C_2}=\begin{bmatrix}1.2558 & 0.0589\\ 0.0589 & 0.0953\end{bmatrix}$$

$$\boldsymbol{P}_3^{C_2}=\begin{bmatrix}1.2999 & 0.0581\\ 0.0581 & 0.1029\end{bmatrix},\ \boldsymbol{P}_4^{C_2}=\begin{bmatrix}1.2279 & 0.0587\\ 0.0587 & 0.0939\end{bmatrix}$$

因此，可以判定模糊系统(5.76)加模糊控制器(5.77)的闭环 T-S 模糊控制系统是稳定的。此外，由定理 5.8 可知，在此条件下，必能找到满足定理 5.6 和定理 5.7 的对称矩阵。

为验证以上所设计模糊控制器的有效性，将该模糊控制器应用于原始模型(5.75)，仿真结果显示，对于论域内的任意初始状态，所设计的模糊控制器均可使系统稳定。图 5.8 所示为初始状态为 $\boldsymbol{x}(0)=[-1,-1]^{\mathrm{T}}$ 和 $\boldsymbol{x}(0)=[1,1]^{\mathrm{T}}$ 时的状态响应。

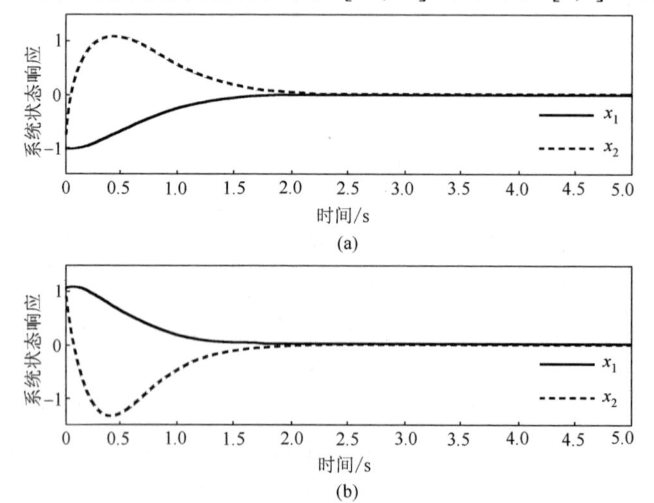

图 5.8　各子系统期望闭环极点为[−3,−3]，初始状态为：(a) $\boldsymbol{x}(0)=[-1,-1]^{\mathrm{T}}$ 和 (b) $\boldsymbol{x}(0)=[1,1]^{\mathrm{T}}$ 时系统状态响应曲线

当各局部线性子系统的期望闭环极点选为[−2, −3]时，依据定理 5.5 已无法找到满足条件的矩阵，此时定理 5.5 失效，但能够找到满足定理 5.6 和定理 5.7 的如下公共对称矩阵：

$$\boldsymbol{P}_1=\begin{bmatrix}40.3165 & 2.5411\\ 2.5411 & 4.2983\end{bmatrix},\boldsymbol{P}_2=\begin{bmatrix}36.8288 & 2.5928\\ 2.5928 & 3.5795\end{bmatrix},\boldsymbol{P}_3=\begin{bmatrix}52.6969 & 3.5731\\ 3.5731 & 5.6748\end{bmatrix}$$

$$\boldsymbol{P}_4=\begin{bmatrix}40.8393 & 2.9984\\ 2.9984 & 3.9979\end{bmatrix};\boldsymbol{M}_1=\begin{bmatrix}2.3696 & -0.513\\ -0.513 & 4.1471\end{bmatrix},\boldsymbol{M}_2=\begin{bmatrix}2.8931 & -0.6539\\ -0.6539 & 2.6460\end{bmatrix}$$

$$\boldsymbol{M}_3=\begin{bmatrix}3.6589 & -0.2561\\ -0.2561 & 5.2676\end{bmatrix},\boldsymbol{M}_4=\begin{bmatrix}3.9008 & -0.4944\\ -0.4944 & 3.2699\end{bmatrix}$$

当各局部线性子系统的期望闭环极点选为[−0.95, −1]时，定理 5.5 和定理 5.6 失效，但能够找到满足定理 5.7 的如下公共对称矩阵：

$$\boldsymbol{P}_1=\begin{bmatrix}20.0868 & 5.9648\\ 5.9648 & 9.5772\end{bmatrix},\boldsymbol{P}_2=\begin{bmatrix}48.2339 & 15.6036\\ 15.6036 & 16.5059\end{bmatrix}$$

$$\boldsymbol{P}_3=\begin{bmatrix}7.3755 & 3.0337\\ 3.0337 & 4.8628\end{bmatrix},\boldsymbol{P}_4=\begin{bmatrix}95.0805 & 31.8973\\ 31.8973 & 31.7913\end{bmatrix}$$

$$\tilde{\boldsymbol{X}}(1)=\begin{bmatrix}
5.6665 & 0.3214 & 2.4668 & 0.4752 & -1.1682 & 0.2143 & 2.2706 & 0.3176\\
0.3214 & 12.7108 & 0.4752 & -5.0056 & 0.2143 & 3.5280 & 0.3176 & -5.0056\\
2.4668 & 0.4752 & 5.6665 & 0.3214 & -0.3309 & -0.1972 & -1.1682 & 0.2143\\
0.4752 & -5.0056 & 0.3214 & 12.7108 & -0.1972 & 0.0480 & 0.2143 & 3.5280\\
-1.1682 & 0.2143 & -0.3309 & -0.1972 & 5.6665 & 0.3214 & -0.5272 & -0.3548\\
0.2143 & 3.5280 & -0.1972 & 0.0480 & 0.3214 & 12.7108 & -0.3548 & 0.0480\\
2.2706 & 0.3176 & -1.1682 & 0.2143 & -0.5272 & -0.3548 & 5.6665 & 0.3214\\
0.3176 & -5.0056 & 0.2143 & 3.5280 & -0.3548 & 0.0480 & 0.3214 & 12.7108
\end{bmatrix}$$

$$\tilde{\boldsymbol{X}}(2)=\begin{bmatrix}
14.8197 & -0.9699 & 1.1730 & 0.6696 & 0.7398 & -0.0008 & 0.6174 & 0.6504\\
-0.9699 & 16.9274 & 0.6696 & 2.4694 & -0.0008 & 1.7863 & 0.6504 & 2.8167\\
1.1730 & 0.6696 & 14.8739 & -0.9200 & 1.2117 & 0.6455 & 0.7932 & 0.0990\\
0.6696 & 2.4694 & -0.9200 & 16.9242 & 0.6455 & 2.4351 & 0.0990 & 1.9369\\
0.7398 & -0.0008 & 1.2117 & 0.6455 & 14.8294 & -0.9623 & 0.8116 & 0.6934\\
-0.0008 & 1.7863 & 0.6455 & 2.4351 & -0.9623 & 16.9184 & 0.6934 & 2.7853\\
0.6174 & 0.6504 & 0.7932 & 0.0990 & 0.8116 & 0.6934 & 14.7553 & -1.0316\\
0.6504 & 2.8167 & 0.0990 & 1.9369 & 0.6934 & 2.7853 & -1.0316 & 16.9070
\end{bmatrix}$$

$$\tilde{\boldsymbol{X}}(3)=\begin{bmatrix} 2.8965 & 1.6078 & 0.2015 & 0.2754 & -0.0674 & 0.4189 & 0.2378 & 0.3174 \\ 1.6078 & 6.5528 & 0.2754 & -0.0687 & 0.4189 & 1.1089 & 0.3174 & -0.0684 \\ 0.2015 & 0.2754 & 3.6478 & 2.7566 & -2.5293 & -3.6540 & 1.2046 & 2.3827 \\ 0.2754 & -0.0687 & 2.7566 & 8.3082 & -3.6540 & -5.6416 & 2.3827 & 4.0688 \\ -0.0674 & 0.4189 & -2.5293 & -3.6540 & 4.1388 & 3.4819 & -2.3829 & -3.5190 \\ 0.4189 & 1.1089 & -3.6540 & -5.6416 & 3.4819 & 9.3906 & -3.5190 & -5.5752 \\ 0.2378 & 0.3174 & 1.2046 & 2.3827 & -2.3829 & -3.5190 & 3.5920 & 2.6951 \\ 0.3174 & -0.0684 & 2.3827 & 4.0688 & -3.5190 & -5.5752 & 2.6951 & 8.2480 \end{bmatrix}$$

$$\tilde{\boldsymbol{X}}(4)=\begin{bmatrix} 30.3856 & -1.1486 & 2.1358 & 1.1410 & 2.2771 & -0.0019 & -0.7051 & 1.3286 \\ -1.1486 & 30.8541 & 1.1410 & 4.9088 & -0.0019 & 3.4845 & 1.3286 & 5.2316 \\ 2.1358 & 1.1410 & 30.3850 & -1.1189 & 1.8224 & 1.1025 & 2.0796 & 0.0132 \\ 1.1410 & 4.9088 & -1.1189 & 30.7312 & 1.1025 & 4.9767 & 0.0132 & 3.5525 \\ 2.2771 & -0.0019 & 1.8224 & 1.1025 & 30.3828 & -1.1814 & -1.2651 & 1.2928 \\ -0.0019 & 3.4845 & 1.1025 & 4.9767 & -1.1814 & 30.8665 & 1.2928 & 5.2896 \\ -0.7051 & 1.3286 & 2.0796 & 0.0132 & -1.2651 & 1.2928 & 30.3758 & -1.2103 \\ 1.3286 & 5.2316 & 0.0132 & 3.5525 & 1.2928 & 5.2896 & -1.2103 & 30.9758 \end{bmatrix}$$

因此，可以判定模糊控制器(5.77)均可使系统(5.76)稳定。为验证所设计模糊控制器的有效性，将其应用于原始模型(5.75)，仿真结果显示，对于论域内的任意初始状态，模糊控制器均可使系统稳定。图 5.9 和图 5.10 分别给出了初始状态为$[-1, -1]^{\mathrm{T}}$和$[1, 1]^{\mathrm{T}}$时的状态响应。

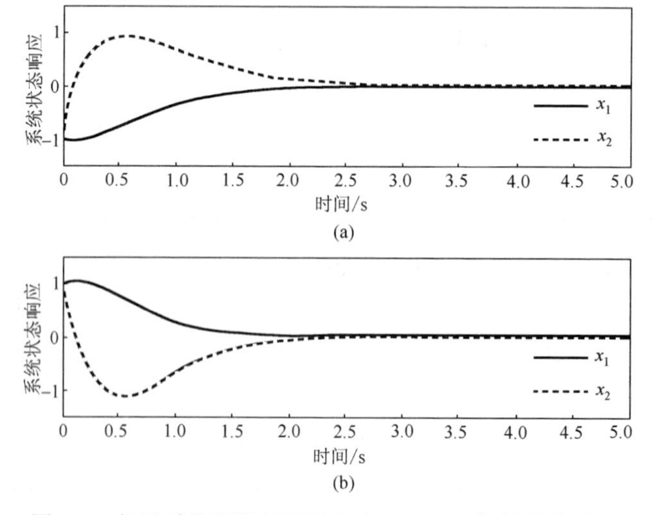

图 5.9　各子系统期望闭环极点为[−2,−3]，初始状态为：(a) $\boldsymbol{x}(0)=[-1,-1]^{\mathrm{T}}$ 和 (b) $\boldsymbol{x}(0)=[1,1]^{\mathrm{T}}$ 时系统状态响应曲线

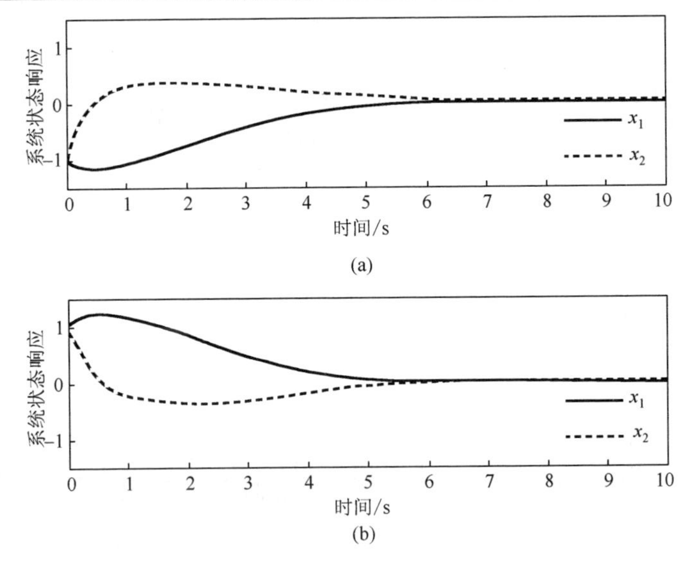

图 5.10　各子系统期望闭环极点为[−0.95,−1]，初始状态为：(a) $\boldsymbol{x}(0)=[-1,-1]^{\mathrm{T}}$ 和 (b) $\boldsymbol{x}(0)=[1,1]^{\mathrm{T}}$ 时系统状态响应曲线

2. 船舶力控减摇鳍控制系统

本节对上节所设计的力控减摇鳍模糊控制系统进行仿真研究。所研究的状态空间为 $X=[-\beta_1, \beta_1]\times[-\beta_2, \beta_2]$，$\beta_1=\beta_2=\pi/9$，被划分为 4 个子空间 X^1、X^2、X^3、X^4。X^1 内包含的模糊规则为 R_1, R_2, R_4, R_5，X^2 内包含的模糊规则为 R_2, R_3, R_5, R_6，X^3 内包含的模糊规则为 R_4, R_5, R_7, R_8，X^1 内包含的模糊规则为 R_5, R_6, R_8, R_9。选择 9 个局部线性子系统的期望闭环极点分别为：$\boldsymbol{p}_1=\boldsymbol{p}_2=\cdots=\boldsymbol{p}_9=[-4,-4]$。由 Achermann 公式，可得各局部线性子系统的状态反馈矩阵为：$\boldsymbol{K}_1=\boldsymbol{K}_9=[5.2980\times10^7,\ 2.6924\times10^7]$，$\boldsymbol{K}_2=\boldsymbol{K}_8=[5.3010\times10^7,\ 2.6870\times10^7]$，$\boldsymbol{K}_3=\boldsymbol{K}_7=[5.2947\times10^7,\ 2.6549\times10^7]$，$\boldsymbol{K}_4=\boldsymbol{K}_6=[5.3337\times10^7,\ 2.6801\times10^7]$，$\boldsymbol{K}_5=[5.3337\times10^7, 2.6870\times10^7]$。

在各输入子空间内，通过 LMI 方法可找到满足定理 5.5 的公共正定对称矩阵：

$$\boldsymbol{P}_1=\begin{bmatrix}374.0193 & 5.5738\\ 5.5738 & 20.4193\end{bmatrix},\quad \boldsymbol{P}_2=\begin{bmatrix}31.9318 & 1.4794\\ 1.4794 & 0.7585\end{bmatrix}$$

$$\boldsymbol{P}_3=\begin{bmatrix}135.5672 & 5.9085\\ 5.9085 & 5.2899\end{bmatrix},\quad \boldsymbol{P}_4=\begin{bmatrix}27.9933 & 1.4112\\ 1.4112 & 0.8621\end{bmatrix}$$

因此，所设计的船舶力控减摇鳍 T-S 模糊控制系统是稳定的。

以船舶非线性横摇运动模型为被控对象，对所设计的力控减摇鳍模糊控制器进行计算机仿真。仿真环境为航速 18kn，海浪有义波高 5m，浪向角 45° 的恶劣海况，仿真结果如图 5.11～图 5.13 所示。

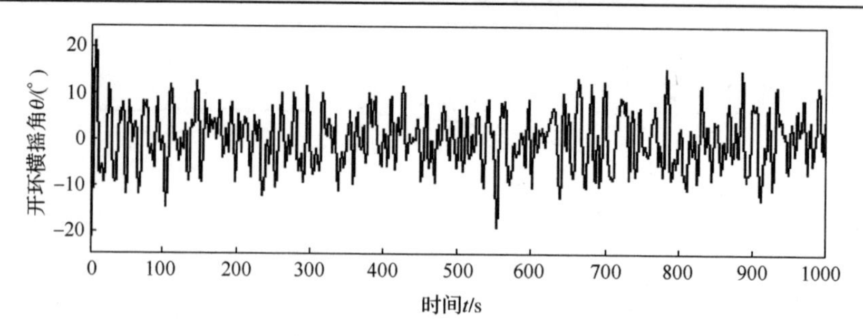

图 5.11　船舶开环横摇角

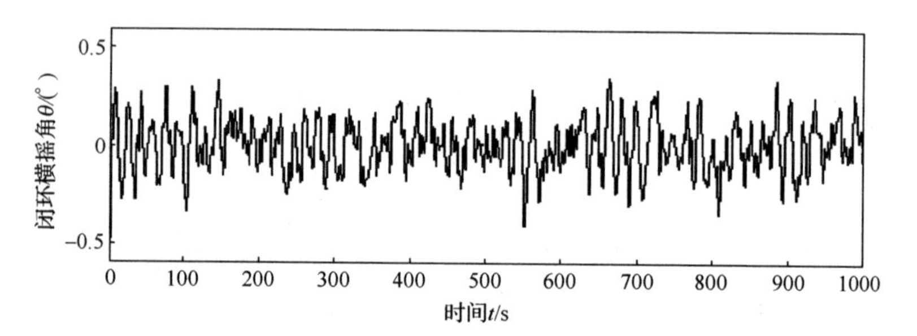

图 5.12　采用文献[189]中力控减摇鳍模糊控制系统的闭环横摇角

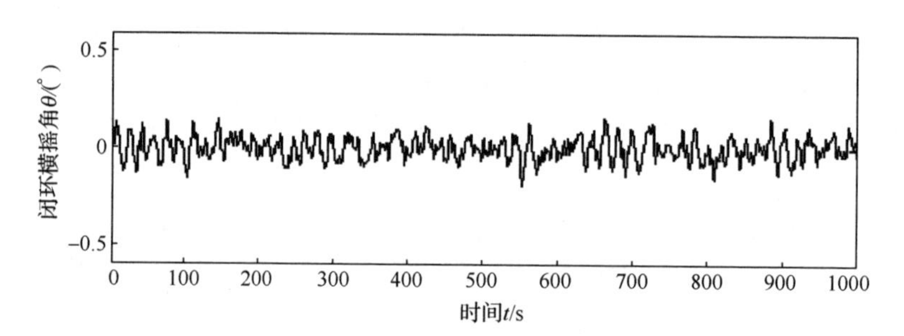

图 5.13　采用本节力控减摇鳍模糊控制系统的闭环横摇角

仿真结果表明，本章所设计的船舶力控减摇鳍模糊控制器的控制效果是令人满意的。通过比较可知，其性能不仅优于传统的 PID 控制器和文献[190]的 H_∞ 控制器，而且与文献[189]的模糊控制器相比，控制效果也有所提高。从而真验证了本章模糊控制器设计和稳定性分析的有效性和优越性。

5.5　本 章 小 结

本章研究内容分两部分。第一部分在第 3 章所得模糊控制器解析结构的基础上，进一步研究了两维和三维模糊控制器系统的稳定性。运用非线性系统领域中著名的小增益定理，对于任意非线性被控对象，分别给出了保证两维模糊控制器闭环系统和三维模糊控制器闭环系统 BIBO 稳定的充分条件。与传统的 PID 控制器系统相比，所得稳定的模糊控制系统的性能极为优越。仿真示例验证了所得稳定性条件的有效性以及模糊控制系统的优越性。这为 Mamdani 模糊控制器的系统化设计与分析提供了理论基础。

第二部分基于更为普遍的一般模糊集和由此生成的对输入空间的一种一般模糊划分(GFP)，研究了输入采用 GFP 的 T-S 模糊系统的性质，从而充分利用了规则前件的结构信息。进而，通过构造连续分段光滑 Lyapunov 函数得到了新的 T-S 模糊控制系统的稳定性条件。该条件充分利用了前件变量的结构信息和后件各局部子系统之间的相互关系，降低了现有基于分段 Lyapunov 函数得到的稳定性条件的保守性和求解难度。通过严格证明和数值示例说明了所得稳定性条件的低保守性。基于平行分布补偿(PDC)原理和线性矩阵不等式(LMI)方法，探讨了 T-S 模糊控制器的系统化设计方法，并将其应用于船舶力控减摇鳍系统中，所得控制效果优于传统的控制策略。以非线性质量块-弹簧-阻尼器系统和船舶力控减摇鳍系统为研究对象进行仿真研究，仿真结果表明，所设计的 T-S 模糊控制系统具有较高的控制性能，从而验证了所得 T-S 模糊控制系统稳定性分析和系统化设计方法的有效性和优越性。

第 6 章　模糊系统与神经网络的等价性

6.1　概　　述

实际上，从函数逼近的角度，在满足少许一般性假设的前提下，模糊系统与神经网络是等价的，它们都可看做某种非线性参数(nonlinear-in-parameter)逼近器。其中，模糊系统的规则前件和 RBF 神经网络的隐层节点可看作具有非线性参数的基函数，而模糊规则后件和神经网络输出层连接权值可看作对应基函数的线性参数。Jang 等提出的 ANFIS 首先建立 Sugeno 模糊系统与 RBF 神经网络之间的函数等价关系[168,191]，即 ANFIS 通过多层前馈网络实现模糊系统，其输入和输出模糊集分别对应于 ANFIS 网络的隐层激活函数和输出权重。因而，其等价关系需满足特定的激活函数和模糊算子等约束条件。随后，Hunt 等将上述等价关系扩展到采用广义高斯函数的 RBF 神经网络和模糊系统，放宽了其等价关系的限制条件[169]。Azeem 等进而通过将广义模糊模型和扩展的 RBF 神经网络融合为广义 ANFIS(GANFIS)，建立了模糊系统与神经网络之间的等价关系[192,193]。进而，李洪兴等[194]还证明了给定任意模糊系统，若其模糊划分满足 Kronecker 特性，则可用前馈神经网络近似表达，反之亦然。Kolman 等[195]通过引入一种使用全置换(All-permutations)模糊规则库的 Mamdani 模糊系统，证明了其与前馈神经的等价性。此外，Aznarte 等[196]在时间序列分析领域，揭示了神经自回归模型与模糊系统之间的数学等价关系。然而，上述现有研究工作主要集中在 RBF 神经网络和标准模糊系统之间的等价关系，仍需满足比较严格的限制条件。最近，作者提出了一种广义椭球基函数模糊神经网络(GEBF-FNN)，用以实现 T-S 模糊系统[197,198]。而且，GEBF-FNN 算法能够有效地划分输入空间和优化相应的连接权值。然而，该广义模糊神经网络所蕴含的等价关系还未揭示。

本章基于 GEBF-FNN 框架，揭示了采用广义椭球基函数神经网络(GEBF-NN)和 T-S 模糊系统之间的函数等价关系。具体地，①若 GEBF-NN 的 GEBF 节点和局部模型分别对应于 T-S 模糊系统的前件和后件，则 GEBF-NN 等价于该 T-S 模糊系统；②若 T-S 模糊系统采用 GEBF-NN 的非对称高斯函数(DGF)和局部模型分别作为其隶属度函数和模糊规则后件，则正则化(非正则化)GEBF-NN 等价于该正则化(非正则化)T-S 模糊系统；③若采用 GEBF 节点作为模糊规则的多变量隶属度函数，则正则化 GEBF-NN 等价于非正则化 T-S 模糊系统。最后，数值示例验证上述等价关系。

本章内容主要基于文献[197]和[198]。

6.2　广义椭球基函数神经网络

为建立一种更为广泛和普遍的模糊系统和神经网络之间的函数等价关系，本节将简要介绍文献[197]和[198]所提出的广义椭球基函数神经网络(GEBF-NN)结构，对于其完整的学习算法和参数辨识方案将在第 8 章详尽论述。作为 GEBF-NN 中的重要概念，即非对称高斯函数(DGF)和广义椭球基函数(GEBF)，为保证本章理论研究的紧凑性，这里仅给出它们的数学描述，对于其具体定义将在第 8 章详细叙述。需要指出的是，DGF 释放了传统高斯函数的对称性限制，使其对输入空间的划分更为灵活和有效。因而，相比 RBF 神经网络，本章所研究的 GEBF-NN 是更为一般化的广义前馈神经网络。

具体地，如图 6.1 所示，多输入多输出 GEBF-NN 为四层前馈神经网络结构，分层描述如下。

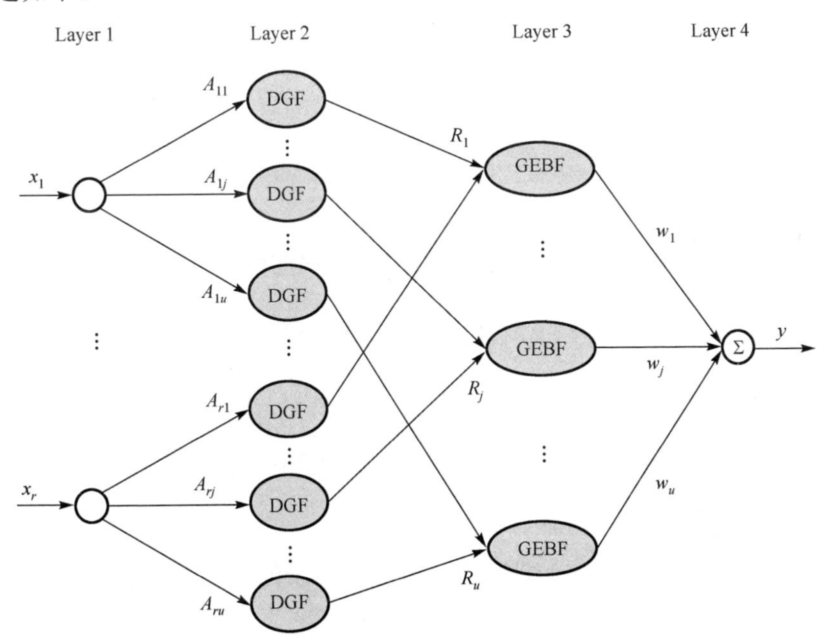

图 6.1　GEBF-NN 网络结构

第一层：输入层。

该层通过输入层节点接收输入数据 $x_i, i=1,2,\cdots,r$，不做任何其他运算。

第二层：单变量局部接收域。

该层每个节点表示每一维输入的局部接收域，由非对称高斯函数(DGF)定义如下：

$$\mathrm{DGF}(x_i;c_{ij},\sigma_{ij}(x_i),b_{ij})=\exp\left(-\left|\frac{x_i-c_{ij}}{\sigma_{ij}(x_i)}\right|^{b_{ij}}\right) \tag{6.1}$$

其中，$\sigma_{ij}(x_i)$为 DGF 的动态非对称宽度，由式(6.2)定义：

$$\sigma_{ij}(x_i)=\begin{cases}\sigma_{ij}^R, x_i \geqslant c_{ij}\\ \sigma_{ij}^L, x_i < c_{ij}\end{cases} \tag{6.2}$$

其中，c_{ij},σ_{ij}^L和σ_{ij}^R分别为输入变量x_i的第j个 DGF 激活函数的中心和左右宽度，参数b_{ij}用于控制该 DGF 激活函数的形状。

注意到，上述 DGF 节点同时引入了关于局部接收域中心的非对称宽度和形状自由度。因而，使用该激活函数的局部接收域可具有非对称特性和更高的聚类能力。

第三层：多变量局部接收域。

该层每个节点表示由各维输入x_i的 DGF 所合成的多变量局部接收域，即 GEBF 单元：

$$\mathrm{GEBF}(\boldsymbol{x};\boldsymbol{c}_j,\boldsymbol{\sigma}_j(x),\boldsymbol{b}_j)=\prod_{i=1}^{r}\mathrm{DGF}(x_i;c_{ij},\sigma_{ij}(x_i),b_{ij}) \tag{6.3}$$

其中，向量$\boldsymbol{x}=[x_1,x_2,\cdots,x_r]^{\mathrm{T}}$，$\boldsymbol{c}_j=[c_{1j},c_{2j},\cdots,c_{rj}]^{\mathrm{T}}$，$\boldsymbol{\sigma}_j=[\sigma_{1j}(x_1),\sigma_{2j}(x_2),\cdots,\ \sigma_{rj}(x_r)]^{\mathrm{T}}$和$\boldsymbol{b}_j=[b_{1j},b_{2j},\cdots,b_{rj}]^{\mathrm{T}}$分别为第$j$个 GEBF 单元的输入、中心、非对称宽度和形状参数。

第四层：输出层。

该层节点表示系统输出，由局部接收域输出和局部模型$w_{kj}(\boldsymbol{x})$加权求和得到，即

$$y_k=\sum_{k=1}^{s}w_{kj}(\boldsymbol{x})\mathrm{GEBF}(\boldsymbol{x}) \tag{6.4}$$

其中，局部模型$w_{kj}(\boldsymbol{x})$为输入变量$\boldsymbol{x}=[x_1,x_2,\cdots,x_r]^{\mathrm{T}}$的线性函数：

$$w_{kj}(\boldsymbol{x})=a_{kj}^{(0)}+a_{kj}^{(1)}x_1+\cdots+a_{kj}^{(r)}x_r, j=1,2,\cdots,u;k=1,2,\cdots,s \tag{6.5}$$

其中，参数$a_{kj}^{(0)},a_{kj}^{(1)},\cdots,a_{kj}^{(r)}$为相应输入变量的权重。

因而，整个 GEBF-NN 的加权输出可重写为紧凑的向量形式：

$$\boldsymbol{y}=\boldsymbol{f}(\boldsymbol{x})=\boldsymbol{A\Psi}(\boldsymbol{x}) \tag{6.6}$$

其中

$$\boldsymbol{A}=\begin{bmatrix}\boldsymbol{a}_{11}^{\mathrm{T}} & \boldsymbol{a}_{12}^{\mathrm{T}} & \cdots & \boldsymbol{a}_{1u}^{\mathrm{T}}\\ \boldsymbol{a}_{21}^{\mathrm{T}} & \boldsymbol{a}_{22}^{\mathrm{T}} & \cdots & \boldsymbol{a}_{2u}^{\mathrm{T}}\\ \vdots & \vdots & & \vdots\\ \boldsymbol{a}_{s1}^{\mathrm{T}} & \boldsymbol{a}_{s2}^{\mathrm{T}} & \cdots & \boldsymbol{a}_{su}^{\mathrm{T}}\end{bmatrix}_{s\times v} \tag{6.7}$$

$$\boldsymbol{\Psi}(\boldsymbol{x})=[\boldsymbol{\psi}_1^{\mathrm{T}}(\boldsymbol{x}),\boldsymbol{\psi}_2^{\mathrm{T}}(\boldsymbol{x}),\cdots,\boldsymbol{\psi}_u^{\mathrm{T}}(\boldsymbol{x})]^{\mathrm{T}} \tag{6.8}$$

$$\boldsymbol{\psi}_j(\boldsymbol{x})=[\varphi_j(\boldsymbol{x}),\varphi_j(\boldsymbol{x})x_1,\cdots,\varphi_j(\boldsymbol{x})x_r]^{\mathrm{T}} \tag{6.9}$$

其中，$y=\left[y_1,y_2,\cdots,y_s\right]^{\mathrm{T}}$ 为输出向量，$\boldsymbol{a}_{kj}^{\mathrm{T}}=[a_{kj}^{(0)},a_{kj}^{(1)},\cdots,a_{kj}^{(r)}]$ 为输出 y_k 与第 j 个 GEBF 节点连接权的系数向量，r,s,u 分别输入、输出和 GEBF 隐层节点的个数，并且 $v=(r+1)u$，$\varphi_j(\boldsymbol{x})$为第 j 个 GEBF 节点输出激活度，其正则化和非正则化形式如式(6.10)所示：

$$\varphi_j(\boldsymbol{x})=\begin{cases}\dfrac{\mathrm{GEBF}(\boldsymbol{x};c_j,\sigma_j,b_j)}{\sum\limits_{j=1}^{u}\mathrm{GEBF}(\boldsymbol{x};c_j,\sigma_j,b_j)}, & \text{正规化}\\ \mathrm{GEBF}(\boldsymbol{x};c_j,\sigma_j,b_j), & \text{非正规化}\end{cases} \tag{6.10}$$

6.3　T-S 模糊系统

相应地，考虑 r 输入-s 输出 T-S 模糊系统，其模糊规则可表示为

$$\begin{aligned}&\text{Rule } j:\ \text{IF } x_1 \text{ is } A_{1j} \text{ and } \cdots \text{ and } x_r \text{ is } A_{1r},\\ &\text{THEN } y_k=\bar{\boldsymbol{a}}_{kj}^{\mathrm{T}}\bar{\boldsymbol{x}},\ j=1,2,\cdots,\bar{u};k=1,2,\cdots,s\end{aligned} \tag{6.11}$$

其中，A_{ij} 为输入变量 x_i 的模糊集，$\bar{\boldsymbol{x}}=\left[1,x_1,\cdots,x_r\right]^{\mathrm{T}}$ 和 $\bar{\boldsymbol{a}}_{kj}^{\mathrm{T}}=[\bar{a}_{kj}^{(0)},\bar{a}_{kj}^{(1)},\cdots,\bar{a}_{kj}^{(r)}]$ 分别为第 j 条模糊规则中输出变量 y_k 的增广输入及其系数向量，$r,s,\bar{u}$ 分别为输入、输出变量和模糊规则数目。

定义 $\mu_{ij}(x_i)$为模糊集 A_{ij} 的隶属度函数，则第 j 条模糊规则的正则化和非正则化激活强度分别为

$$\phi_j(\boldsymbol{x})=\begin{cases}\dfrac{\bigcap\limits_{i=1}^{r}\mu_{ij}(x_i)}{\sum\limits_{j=1}^{\bar{u}}\bigcap\limits_{i=1}^{r}\mu_{ij}(x_i)}, & \text{正则化}\\ \bigcap\limits_{i=1}^{r}\mu_{ij}(x_i), & \text{非正则化}\end{cases} \tag{6.12}$$

其中，“∩”为模糊“与”运算，即 T-norm。

相应地，上述 T-S 模糊系统的整体输出为

$$\boldsymbol{y}=\bar{\boldsymbol{f}}(\boldsymbol{x})=\bar{\boldsymbol{A}}\bar{\boldsymbol{\Psi}}(\boldsymbol{x}) \tag{6.13}$$

其中

$$\bar{\boldsymbol{A}}=\begin{bmatrix}\bar{\boldsymbol{a}}_{11}^{\mathrm{T}} & \bar{\boldsymbol{a}}_{12}^{\mathrm{T}} & \cdots & \bar{\boldsymbol{a}}_{1\bar{u}}^{\mathrm{T}}\\ \bar{\boldsymbol{a}}_{21}^{\mathrm{T}} & \bar{\boldsymbol{a}}_{22}^{\mathrm{T}} & \cdots & \bar{\boldsymbol{a}}_{2\bar{u}}^{\mathrm{T}}\\ \vdots & \vdots & & \vdots\\ \bar{\boldsymbol{a}}_{s1}^{\mathrm{T}} & \bar{\boldsymbol{a}}_{s2}^{\mathrm{T}} & \cdots & \bar{\boldsymbol{a}}_{s\bar{u}}^{\mathrm{T}}\end{bmatrix}_{s\times\bar{v}} \tag{6.14}$$

$$\bar{\boldsymbol{\Psi}}(\boldsymbol{x})=[\bar{\boldsymbol{\psi}}_1^{\mathrm{T}}(\boldsymbol{x}),\bar{\boldsymbol{\psi}}_2^{\mathrm{T}}(\boldsymbol{x}),\cdots,\bar{\boldsymbol{\psi}}_{\bar{u}}^{\mathrm{T}}(\boldsymbol{x})]^{\mathrm{T}} \tag{6.15}$$

$$\bar{\boldsymbol{\psi}}_j(\boldsymbol{x})=[\phi_j(\boldsymbol{x}),\phi_j(\boldsymbol{x})x_1,\cdots,\phi_j(\boldsymbol{x})x_r]^{\mathrm{T}} \tag{6.16}$$

其中，$\bar{v}=(r+1)\bar{u}$。

6.4　GEBF-NN 与 T-S 模糊系统的等价性

本节将建立 GEBF-NN 和 T-S 模糊系统的函数等价关系。考虑 GEBF-NN 和 T-S 模糊系统的多输入多输出形式，如式(6.6)和式(6.13)所示，可得如下主要结论。

定理 6.1　对于以 $\boldsymbol{x}=[x_1,x_2,\cdots,x_r]^{\mathrm{T}}$ 为输入、$\boldsymbol{y}=[y_1,y_2,\cdots,y_s]^{\mathrm{T}}$ 为输出的多输入多输出系统，由式(6.6)所定义的 GEBF-NN 神经网络等价于由式(6.13)所定义的 T-S 模糊系统，如果满足以下条件：

$$\begin{cases}C_1\text{: }\boldsymbol{A}=\bar{\boldsymbol{A}}\\ C_2\text{: }\varphi_j(\boldsymbol{x})=\phi_j(\boldsymbol{x}),\ \ \forall\boldsymbol{x},j\end{cases} \tag{6.17}$$

其中，矩阵 $\boldsymbol{A}$ 和 $\bar{\boldsymbol{A}}$ 分别由式(6.7)和式(6.14)定义，激活函数 $\varphi_j(\cdot)$ 和 $\phi_j(\cdot)$ 分别由式(6.10)和式(6.12)所定义。

证明　由式(6.17)中的条件 C_1 可得

$$\begin{cases}\boldsymbol{a}_{kj}=\bar{\boldsymbol{a}}_{kj},\quad k=1,2,\cdots,s;j=1,2,\cdots,u\\ v=\bar{v}\\ u=\bar{u}\end{cases} \tag{6.18}$$

式(6.18)蕴含 GEBF-NN 神经网络的 GEBF 节点数目等于 T-S 模糊系统的模糊规则数。

此外，由式(6.17)中的条件 C_2、式(6.9)和式(6.16)可得，函数向量 $\boldsymbol{\psi}_j(\boldsymbol{x})$ 和 $\bar{\boldsymbol{\psi}}_j(\boldsymbol{x})$ 是等价的。进而，又由 $u=\bar{u}$，可得 $\boldsymbol{\Psi}(\boldsymbol{x})\equiv\bar{\boldsymbol{\Psi}}(\boldsymbol{x})$。

结合式(6.17)中的条件 C_1，即 $\boldsymbol{A}=\bar{\boldsymbol{A}}$，可得 $\boldsymbol{A\Psi}(\boldsymbol{x})\equiv\bar{\boldsymbol{A}}\bar{\boldsymbol{\Psi}}(\boldsymbol{x})$，所以有

$$\boldsymbol{f}(\boldsymbol{x})\equiv\bar{\boldsymbol{f}}(\boldsymbol{x}) \tag{6.19}$$

证毕。

注 6.1　需要注意的是定理 6.1 中的条件 C_1 和 C_2 蕴含了：

(1) GEBF 单元的数目应与 T-S 模糊系统的模糊规则数一致。

(2) GEBF-NN 输出连接权中的系数向量 $\boldsymbol{a}_{kj}$ 与 T-S 模糊系统的局部模型系数向量 $\overline{\boldsymbol{a}}_{kj}$ 相等。

(3) 正则化或非正则化 GEBF 激活度 $\varphi_j(\cdot)$ 对应于正则化或非正则化模糊规则激活度 $\phi_j(\cdot)$，且 $\varphi_j(\boldsymbol{x})=\phi_j(\boldsymbol{x})$，$\forall \boldsymbol{x}, j$。

定理 6.2　对于以 $\boldsymbol{x}=[x_1,x_2,\cdots,x_r]^{\mathrm{T}}$ 为输入、$\boldsymbol{y}=[y_1,y_2,\cdots,y_s]^{\mathrm{T}}$ 为输出的多输入多输出系统，由式(6.6)所定义的正则化(非正则化)GEBF-NN 神经网络等价于由式(6.13)所定义的正则化(非正则化)T-S 模糊系统，如果 T-S 模糊系统的 T-norm 采用乘积运算，式(6.10)和式(6.12)所定义激活函数 $\varphi_j(\cdot)$ 和 $\phi_j(\cdot)$ 都采用正则化(非正则化)方法，并且满足以下条件：

$$
\begin{cases}
u=\overline{u} \\
\boldsymbol{a}_{kj}=\overline{\boldsymbol{a}}_{kj}, & \forall k, j \\
\mu_{ij}(x_i)=\mathrm{DGF}(x_i;c_{ij},\sigma_{ij}(x_i),b_{ij}), & \forall x_i, i, j
\end{cases}
\tag{6.20}
$$

其中，u 和 $\overline{u}$ 分别为 GEBF 节点和模糊规则数，$\boldsymbol{a}_{kj}$ 和 $\overline{\boldsymbol{a}}_{kj}$ 分别为式(6.7)和式(6.14)定义的矩阵 $\boldsymbol{A}$ 和 $\overline{\boldsymbol{A}}$ 中的向量元素，$\mu_{ij}(x_i)$ 为模糊集 A_{ij} 的隶属度函数。

证明　由式(6.20)中的前两个条件可得，$\boldsymbol{A}=\overline{\boldsymbol{A}}$，即定理 6.1 的条件 C_1 满足。如果 T-S 模糊系统的 T-norm 采用乘积运算，由式(6.12)可得

$$
\phi_j(\boldsymbol{x})=
\begin{cases}
\dfrac{\prod_{i=1}^{r}\mu_{ij}(x_i)}{\sum_{j=1}^{u}\prod_{i=1}^{r}\mu_{ij}(x_i)}, & \text{正则化} \\
\prod_{i=1}^{r}\mu_{ij}(x_i), & \text{非正则化}
\end{cases}
\tag{6.21}
$$

将式(6.20)的第三个条件代入式(6.21)可得

$$
\phi_j(\boldsymbol{x})=
\begin{cases}
\dfrac{\prod_{i=1}^{r}\mathrm{DGF}(x_i;c_{ij},\sigma_{ij}(x_i),b_{ij})}{\sum_{j=1}^{u}\prod_{i=1}^{r}\mathrm{DGF}(x_i;c_{ij},\sigma_{ij}(x_i),b_{ij})}, & \text{正则化} \\
\prod_{i=1}^{r}\mathrm{DGF}(x_i;c_{ij},\sigma_{ij}(x_i),b_{ij}), & \text{非正则化}
\end{cases}
\tag{6.22}
$$

结合式(6.3)，可得

$$\phi_j(\boldsymbol{x})=\begin{cases}\dfrac{\mathrm{GEBF}(\boldsymbol{x};c_j,\sigma_j,b_j)}{\sum\limits_{j=1}^{u}\mathrm{GEBF}(\boldsymbol{x};c_j,\sigma_j,b_j)}, & \text{正则化}\\ \mathrm{GEBF}(\boldsymbol{x};c_j,\sigma_j,b_j), & \text{非正则化}\end{cases} \tag{6.23}$$

与式(6.10)的 GEBF 激活度函数 $\varphi_j(\cdot)$ 比较，如果同时都采用正则化(非正则化)方法，则 $\varphi_j(\boldsymbol{x})=\phi_j(\boldsymbol{x}),\ \forall\boldsymbol{x},j$，即定理 6.1 的 C_2 条件满足。

因此，若式(6.20)中的条件满足，则定理 6.1 中的 C_1 和 C_2 条件同时满足，所以 $\boldsymbol{f}(\boldsymbol{x})\equiv\bar{\boldsymbol{f}}(\boldsymbol{x})$。证毕。

进而，如果 T-norm 采用乘积运算，则由式(6.11)所定义的 T-S 模糊系统可重写为

$$\text{Rule } j:\text{IF } \boldsymbol{x} \text{ is } A_j,\text{THEN } y_k=\bar{\boldsymbol{a}}_{kj}^{\mathrm{T}}\bar{\boldsymbol{x}},\ j=1,2,\cdots,\bar{u} \tag{6.24}$$

其中，$A_j=A_{1j}\times A_{2j}\times\cdots\times A_{rj}$ 为第 j 个多变量模糊集。相应地，第 j 条模糊规则的激活度可表示为

$$\phi_j(\boldsymbol{x})=\begin{cases}\dfrac{\mu_j(\boldsymbol{x})}{\sum\limits_{j=1}^{\bar{u}}\mu_j(\boldsymbol{x})}, & \text{正则化}\\ \mu_j(\boldsymbol{x}), & \text{非正则化}\end{cases} \tag{6.25}$$

其中，$\mu_j(\boldsymbol{x})$ 为多变量模糊集 A_j 的隶属度函数。

因而，我们进一步可得 GEBF-NN 神经网络(6.6)和 T-S 模糊系统(6.24)之间的函数等价关系。

定理 6.3　对于以 $\boldsymbol{x}=[x_1,x_2,\cdots,x_r]^{\mathrm{T}}$ 为输入、$\boldsymbol{y}=[y_1,y_2,\cdots,y_s]^{\mathrm{T}}$ 为输出的多输入多输出系统，由式(6.6)所定义的正则化 GEBF-NN 神经网络等价于由式(6.24)所定义的非正则化 T-S 模糊系统，如果满足以下条件：

$$\begin{cases}u=\bar{u}\\ \boldsymbol{a}_{kj}=\bar{\boldsymbol{a}}_{kj}, & \forall k,j\\ \mu_j(\boldsymbol{x})=\mathrm{GEBF}(\boldsymbol{x};c_j,\sigma_j,b_j)\Big/\sum\limits_{j=1}^{u}\mathrm{GEBF}(\boldsymbol{x};c_j,\sigma_j,b_j), & \forall\boldsymbol{x},j\end{cases} \tag{6.26}$$

其中，u 和 $\bar{u}$ 分别为 GEBF 节点和模糊规则数，$\boldsymbol{a}_{kj}$ 和 $\bar{\boldsymbol{a}}_{kj}$ 分别为式(6.7)和式(6.14)定义的矩阵 $\boldsymbol{A}$ 和 $\bar{\boldsymbol{A}}$ 中的向量元素，$\mu_j(\boldsymbol{x})$ 为多变量模糊集 A_j 的隶属度函数。

证明　由式(6.25)和式(6.26)直接可得。证毕。

注 6.2　上述定理 6.1～定理 6.3 将进一步丰富了 GEBF-NN 与 T-S 模糊系统之间函数等价性的结果，因而推动基于 GEBF-NN 神经网络的具有自适应学习能力的模糊系统的发展。然而，同样需要指出的是，关于非正则化 GEBF-NN 与正则化 T-S 模糊系统之间的等价性，是很难得到的，因为单变量或多变量隶属度函数并不能直接从 DGF 或 GEBF 处理单元显式得到。

6.5　仿 真 研 究

作为仿真示例，任意选取 GEBF-NN 的参数，考察该 GEBF-NN 及其等价的 T-S 模糊系统，从而验证 GEBF-NN 与 T-S 模糊系统之间的等价性。不失一般性，选取 DGF 单元的参数为

$$u=5,\sigma_{ij}^{L},\sigma_{ij}^{R}\in\{0.4,0.5,0.6\},b_{ij}\in[1,5],i=1,2;j=1,2,\cdots,5$$

$$c_{11}=c_{21}=-0.8,\boldsymbol{a}_1^{\mathrm{T}}=[3.5,0.3,0.3]$$

$$c_{12}=c_{24}=-0.5,\boldsymbol{a}_2^{\mathrm{T}}=[4.1,0.1,-0.2]$$

$$c_{13}=c_{23}=0,\boldsymbol{a}_3^{\mathrm{T}}=[3.5,-0.1,-0.1]$$

$$c_{22}=c_{14}=0.5,\boldsymbol{a}_4^{\mathrm{T}}=[3.1,0.3,-0.3]$$

$$c_{15}=c_{25}=0.8,\boldsymbol{a}_5^{\mathrm{T}}=[3.7,0.2,0.1]$$

相应地，在论域 $\boldsymbol{x}\in[-1,1]^2$ 上的 DGF 单元和所生成的 GEBF 单元分别如图 6.2 和图 6.3 所示。

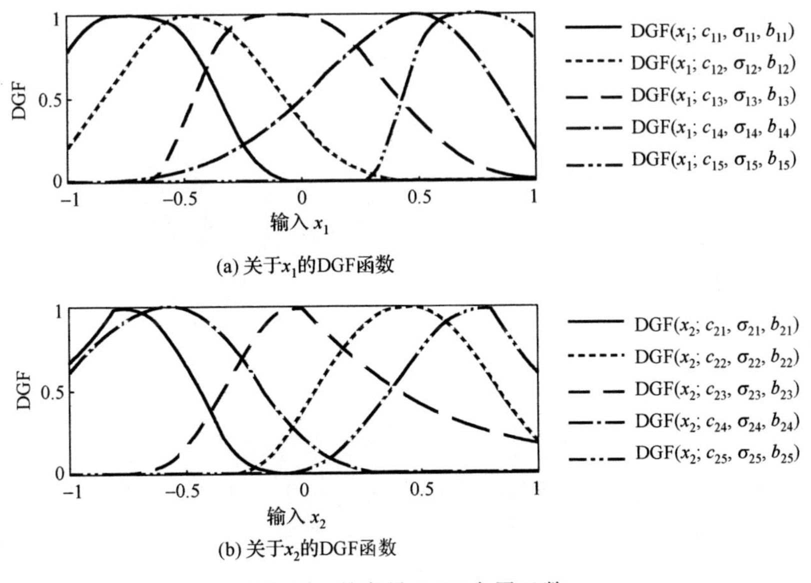

图 6.2　单变量 DGF 隶属函数

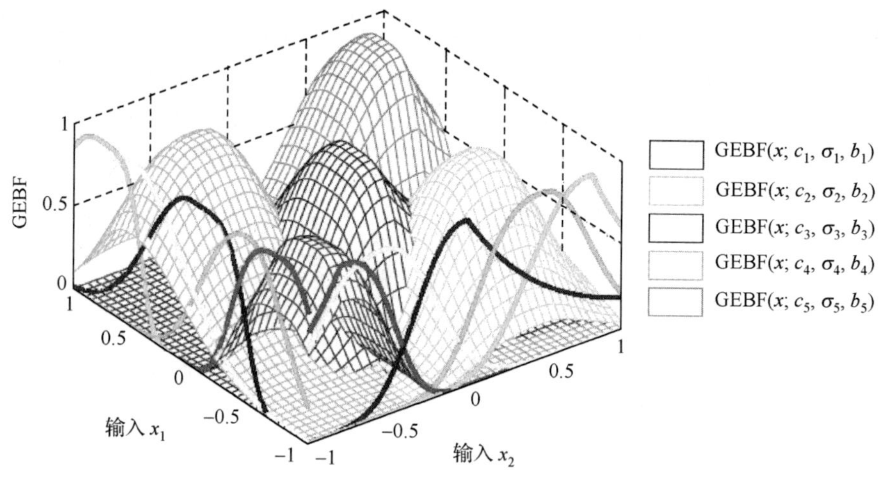

图 6.3　多变量 GEBF 激活函数(见彩图)

根据给出的权重向量 $\boldsymbol{a}_j^{\mathrm{T}}, j=1,2,\cdots,5$，对应于各 GEBF 单元的局部模型如图 6.4(a) 所示，GEBF-NN 的整体输出如图 6.4(b) 所示。

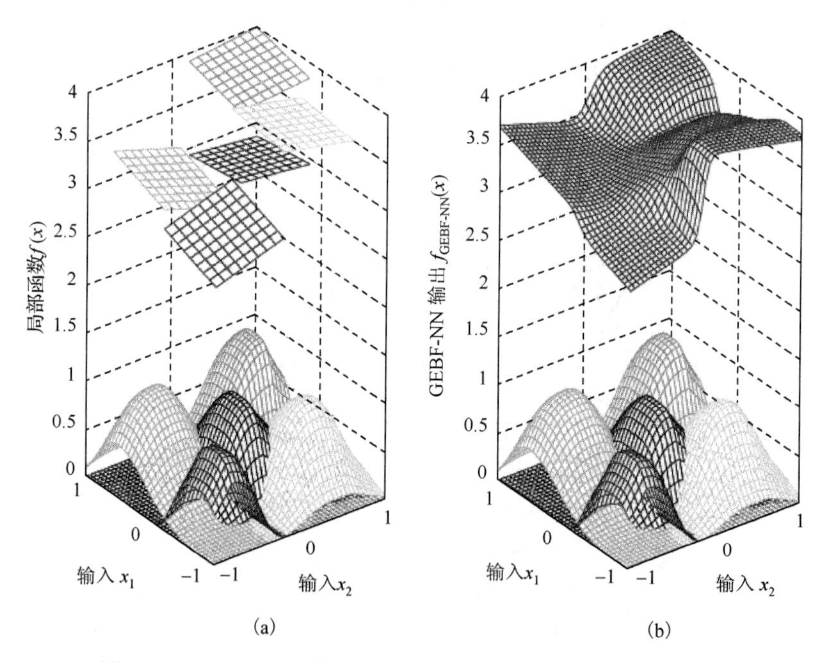

图 6.4　(a)五个局部模型和(b)GEBF-NN 整体输出(见彩图)

由定理 6.1 和定理 6.2，正则化 GEBF-NN 等价于正则化 T-S 模糊系统。具体地，我们所考虑的 GEBF-NN 等价于下述正则化 T-S 模糊系统：

$$\begin{cases}\text{IF } x_1 \text{ is } A_{11} \text{ and } x_2 \text{ is } A_{21}, \text{THEN } f(x_1,x_2)=\overline{\boldsymbol{a}}_1^{\mathrm{T}}\overline{\boldsymbol{x}}\\ \vdots \\ \text{IF } x_1 \text{ is } A_{15} \text{ and } x_2 \text{ is } A_{25}, \text{THEN } f(x_1,x_2)=\overline{\boldsymbol{a}}_5^{\mathrm{T}}\overline{\boldsymbol{x}}\end{cases} \tag{6.27}$$

其中，模糊集 A_{ij} 由隶属度函数 $\mu_{ij}(x_i)=\mathrm{DGF}(x_i),\forall x_i,i,j$ 定义，并且 $\overline{\boldsymbol{a}}_j^{\mathrm{T}}=\boldsymbol{a}_j^{\mathrm{T}}$。等价的正则化 T-S 模糊系统及其隶属度函数对输入空间的划分如图 6.5(a)所示，结果显示该 T-S 模糊系统输入空间上的每个模糊划分对应于 GEBF-NN 的每个 GEBF 单元，因而使其具有函数等价性。

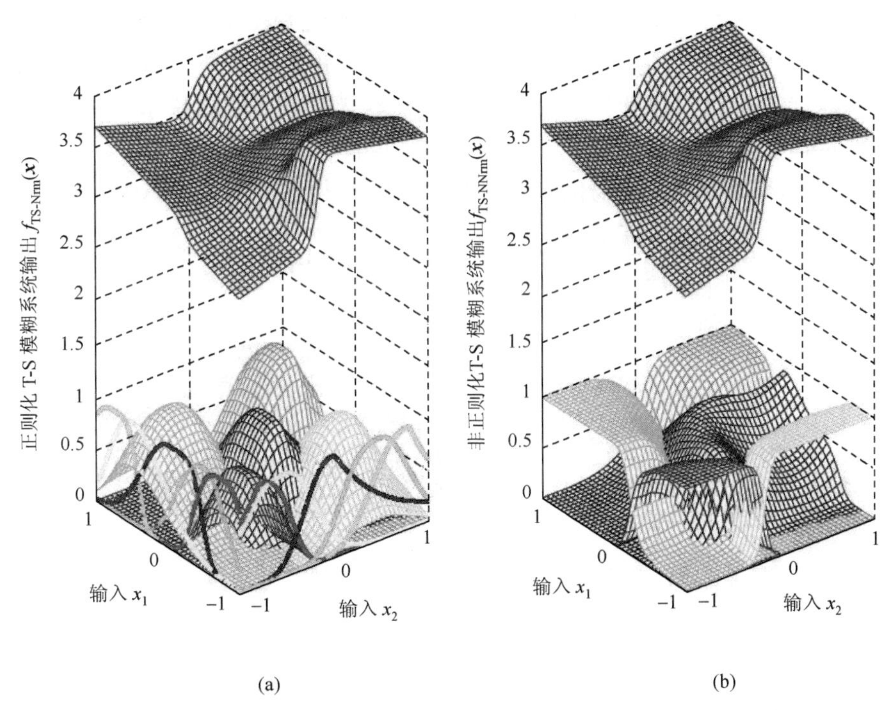

图 6.5　(a)正则化 T-S 模糊系统和(b)非正则化 T-S 模糊系统(见彩图)

由定理 6.3 可得，上述 GEBF-NN 神经网络等价于下述非正则化 T-S 模糊系统：

$$\begin{cases}\text{IF } \boldsymbol{x} \text{ is } A_1, \text{THEN } f(\boldsymbol{x})=\overline{\boldsymbol{a}}_1^{\mathrm{T}}\overline{\boldsymbol{x}}\\ \vdots \\ \text{F } \boldsymbol{x} \text{ is } A_5, \text{THEN } f(\boldsymbol{x})=\overline{\boldsymbol{a}}_5^{\mathrm{T}}\overline{\boldsymbol{x}}\end{cases} \tag{6.28}$$

其中，多维模糊集 A_j 由隶属函数 $\mu_j(\boldsymbol{x})=\mathrm{GEBF}(\boldsymbol{x};\boldsymbol{c}_j,\boldsymbol{\sigma}_j,\boldsymbol{b}_j)\Big/\sum_{j=1}^{5}\mathrm{GEBF}(\boldsymbol{x};\boldsymbol{c}_j,\boldsymbol{\sigma}_j,\boldsymbol{b}_j)$ 定义，且 $\overline{\boldsymbol{a}}_j^{\mathrm{T}}=\boldsymbol{a}_j^{\mathrm{T}},j=1,2,\cdots,5$。

所得非正则化 T-S 模糊系统输出及其输入空间划分如图 6.5(b)所示。由于该 T-S 模糊系统没有进行正则化运算，每个多维隶属度函数实际上对应于 GEBF 处理单元所覆盖的输入空间，并且是相互交叠的。因而，非正则化 T-S 所使用的等价多维模糊集一方面降低了模糊推理的复杂度，从而提高建模精度；另一方面，使得具有较强表达能力的模糊规则能够从 GEBF-NN 神经网络中直接提取。

6.6 本章小结

本章建立了 T-S 模糊系统与一大类四层神经网络(即 GEBF-NN)之间的函数等价性，该等价关系只需满足较少的限制即可。具体地，我们首先证明了 GEBF-NN 等价于模糊规则前件和后件分别等同于 GEBF 单元和局部模型的 T-S 模糊系统；进而，得到了正则化(非正则化)GEBF-NN 与正则化(非正则化)T-S 模糊系统之间的等价关系；此外，还证明了正则化 GEBF-NN 等价于非正则化 T-S 模糊系统。最后，数值示例验证了上述理论结果。

第 7 章　基于椭球基函数神经网络的在线自组织模糊系统

7.1　概　　述

模糊系统作为一种表达不精确性、处理不确定性和利用领域专家知识的有效方法，通常被用来解决传统方法难以实现、甚至不可实现的一些问题，因为模糊系统能够以任意精度逼近紧集上的任意连续函数[7]。然而，模糊系统是基于规则的设计方法，它由一些形如 IF-THEN 的语言规则组成，这些模糊规则大多来自设计者的知识和经验。由于没有知识获取的统一和有效的方法，即使是领域专家要完成复杂系统所有输入输出数据的检查，以找到一组合适的规则，也是非常困难的。显然这种设计方法效率低、缺乏广义可行性，特别是不能确保可靠性。因此，有必要开发客观的设计方法，使模糊系统通过有限训练数据实现建模过程的自动化。

针对上述问题，基于模糊系统与神经网络的等价性[198]，模糊系统和神经网络的结合引起了极大研究兴趣，这就诞生了一个迅速发展的研究领域——模糊神经网络[17,109-111]。其中，神经网络的学习能力和自适应特性被用来辨识模糊系统的结构和参数，模糊系统所具有的表达能力又反过来强化网络结构的物理意义，因此，模糊神经网络不仅吸取了两种系统的优点，还克服了各自的缺点。

在这一研究领域上，除了众所周知的 ANFIS[114]，陆陆续续涌现了一些卓越的研究成果。Platt[126]首先提出一种称为“资源分配网络”(RAN)的在线学习算法，基于新数据的“新颖性”，随着训练数据的顺序到达，隐层单元的数目不断增加。基于扩展卡尔曼滤波(EKF)的 RAN(RANEKF)算法[127]采用 EKF 算法调整网络参数，代替了原有的最小均方(LMS)算法，改进了 RAN 的性能。它们都是开始于零隐层神经元，当新到达的训练数据满足增长标准时，生成新的隐层单元。然而，隐层单元一旦被生成，将永远存在于网络中，即使在学习过程中该隐层单元变得不再重要，也不能被删除。为克服以上缺陷，文献[128]采用修剪策略来检测和删除在学习过程中变得不再重要的隐层神经元，提出了一种最小 RAN(MRAN)在线学习算法，该算法能够实现比较紧凑的网络结构。文献[199]和[200]采用伪高斯(PG)函数以及 QR 分解和 SVD 分解等正交化技术对 RAN 改进了改进，并应用于时间序列的预测。文献[133]通过简化高斯隶属函数来反映每个隐层神经元的重要性，并将该重要性与期望的学习精度直接相连，提出了一种基于增长和修剪的 RBF(GAP-RBF)模糊神经网络。广义 GAP-RBF(GGAP-RBF)[134]将 GAP-RBF 推广至任意采样密度的训练数据。需要指出的是，该算法需要事先对输入空间的采样分布有很好的了解。文献[137]通过随机选择隐层神经元，只调节输出层的权重，从而极大地提高了学习速度，提出了一种“在线极速学习机”(OS-ELM)算法，并且可以对训练数据进行块处理，不再是以前算法中的单个数据。然而，隐层单元的数目需要事先给定，因为隐层神经元是随机选择的，所以通常所需要的数目比较庞大，不能获得紧凑的网络结构。相反地，Chen 等[201]提出了一种正交最小二乘(OLS)学习算法，模糊神经网络的结构和参数辨识同时得到了实现。文献[130]提出了分级自组织的方法，其中模糊神经网络的结构通过输入输出数据对来辨识。文献[202]提出了在线自结构的学习算法，该网络结构本质上是一个修改的 TSK 模糊模型，同时具有神经网络的学习能力。规则前件的结构通过对输入数据的在线自组织聚类得以辨识，每条规则的后件则随着学习过程的进行，通过增加重要的输入变量，由单值增长为线性多项式。前件和后件的参数辨识分别采用 BP 和 LMS 算法。然而，BP 算法收敛速度慢，而且容易陷入局部极小值。最近，文献[131]提出了一种基于 RBF 神经网络的分级在线自组织学习算法，称为动态模糊神经网络(DFNN)，其显著特点是，系统结构通过生长和修剪标准能够自适应，而系统参数采用线性最小二乘(LLS)算法进行调整，从而实现在线学习。基于椭球基函数(EBF)，文献[132]进一步改进了 DFNN，提出了广义 DFNN(GDFNN)在线学习算法，其中初始参数的选择基于ε-完备性，算法参数得到了缩减，但也降低了学习速度。类似地，另一种自组织模糊神经网络(SOFNN)[203,204]采用基于最优脑外科(OBS)方法的修剪策略，实现了模糊规则的在线提取。不幸的是，像其他在线学习算法[205-210]一样，尽管能够保证一定的学习精度，但复杂的生长和修剪策略势必降低其学习速度，并且使得网络难以理解和表达。所以，一种快速、简洁的在线自组织学习算法有待进一步深入研究。

本章提出了一种快速精确在线自组织精简模糊神经网络(FAOS-PFNN)的结构和学习算法，用以实现模糊系统的在线自组织设计。通过将修剪策略合并到规则生长标准中，使得新的生长标准兼具增长和修剪的特点，从而加快了在线学习速度。系统的初始结构没有任何规则节点，随着训练数据的在线输入，系统结构由合成的生长标准控制，限制性地增长，从而生成精简的网络结构。此外，所有的自由参数均采用扩展的卡尔曼滤波(EKF)算法在线调节。为验证本章所提出的 FAOS-PFNN 算法的有效性和优越性，分别将其应用于非线性函数逼近、动态系统辨识和随机时间序列预测等领域，并将其与其他著名的学习算法做广泛的比较研究。仿真结果显示，本章所提出的 FAOS-PFNN 算法的学习速度更快，所得模糊神经网络的结构更为精简，而且具有相当的逼近和泛化能力。这为模糊系统的在线自组织设计提供了又一新的思路。

本章内容主要基于文献[211]～[215]。

7.2　FAOS-PFNN 的结构

本节将简要介绍 FAOS-PFNN 的基本结构，如图 7.1 所示。与文献[131]类似，该四层模糊神经网络实现了一个 Sugeno 模糊推理系统，可描述为[212,213]

$$\text{Rule } j: \text{IF } x_1 \text{ is } A_{1j} \text{ and } \cdots \text{ and } x_r \text{ is } A_{rj} \text{ THEN } y \text{ is } w_j, j=1,2,\cdots,u \tag{7.1}$$

其中，$x_1, x_2, \cdots, x_r$ 为输入变量，r 为输入变量的数目，y 为系统的输出，$A_{ij}, i=1,2,\cdots,r, j=1,2,\cdots,u$ 是第 i 个输入变量的第 j 个模糊集，R_j 表示第 j 条模糊规则，w_j 是第 j 个规则的结果参数或者连接权，u 为系统总的规则数目。下面，对该网络各层的含义做详细的描述。

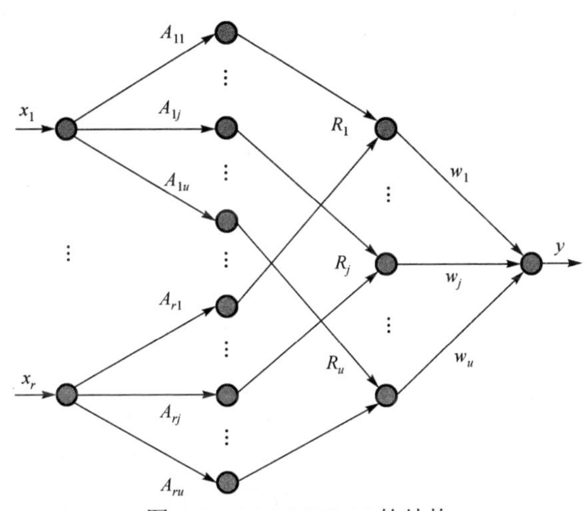

图 7.1　FAOS-PFNN 的结构

(1) 第一层称为输入层，每个节点分别表示一个输入的语言变量。

(2) 第二层称为隶属函数层，每个节点分别代表一个隶属函数，该隶属函数用如下的高斯函数表示：

$$\mu_{ij}(x_i) = \exp\left(-\frac{(x_i - c_{ij})^2}{\sigma_{ij}^2}\right), i=1,2,\cdots,r,\ j=1,2,\cdots,u \tag{7.2}$$

其中，μ_{ij} 是 x_i 的第 j 个隶属函数，c_{ij} 和 σ_{ij} 分别是 x_i 的第 j 个隶属函数的中心和宽度，r 和 u 分别是隶属函数的数量和总的规则数量。

(3) 第三层称为规则层，每个节点分别代表一条可能的模糊规则，该层节点数反映了模糊规则数。第 j 条规则 R_j 的输出为

$$\varphi_j(x_1, x_2, \cdots, x_r) = \exp\left(-\sum_{i=1}^{r}\frac{(x_i - c_{ij})^2}{\sigma_{ij}^2}\right), j=1,2,\cdots,u \tag{7.3}$$

(4) 第四层称为输出层，每个节点表示一个输出变量。为方便起见，我们只考虑多输入单输出系统，但所得结果很容易推广至多输入多输出系统。系统输出为输入信号的加权和，可表述为

$$y(x_1, x_2, \cdots, x_r) = \sum_{j=1}^{u} w_j \varphi_j \tag{7.4}$$

其中，w_j 是模糊规则 THEN-部分的结果参数。

由式(7.2)～式(7.4)可得

$$y(x_1, x_2, \cdots, x_r) = \sum_{j=1}^{u} \left(w_j \exp\left(-\sum_{i=1}^{r} \frac{(x_i - c_{ij})^2}{\sigma_{ij}^2} \right) \right) \tag{7.5}$$

由此可见，该模糊神经网络等价于一个简化的 Sugeno 模糊模型，因为去模糊化算法没有采用归一化处理。在一定程度上，这将降低系统的计算复杂度，进而加快在线学习速度。

7.3　FAOS-PFNN 在线学习算法

本节将介绍我们所提出的 FAOS-PFNN 在线学习算法的核心思想。如上所述，第三层的每个节点代表模糊规则的 IF-部分或者 RBF 单元，如果需要辨识模糊规则数，就不能预先选择 FAOS-PFNN 结构。这就使得我们必须设计一种新的在线学习算法对该模糊神经网络进行结构和参数辨识，以自动地确定模糊规则并能达到系统的期望性能。

对于每一个观察数据$(\boldsymbol{X}^k, t^k)$, $k = 1,2,\cdots,n$，其中 $\boldsymbol{X}^k \in \mathbf{R}^r$ 为输入向量，$t^k \in \mathbf{R}$ 为期望的输出，n 为训练数据的样本个数，系统的实际输出 y^k 可由式(7.5)得到。在学习过程中，对于第 k 个观测数据，假设该模糊神经网络在第三层中已生成 u 条规则。为实现一种更为简洁和快速的在线自组织学习算法，我们将修剪策略融合到生长准则中，提出了一种限制性的规则增长准则。这将使得学习过程得以简化，学习速度得以提高，并有利于生成更为精简的模糊神经网络。对于参数学习，模糊规则的前件和后件参数均采用 EKF 算法进行在线调整。

7.3.1　规则产生准则

1. 系统误差

一方面，如果规则数太少，系统将不能完全包含输入输出状态空间，整体性能将变得很差；另一方面，如果规则数太多，将不仅增加系统不必要的复杂性，而且将极大地增加计算负担，并恶化其泛化能力。通常，系统的输出误差是确定新规则是否产生的重要因素[126]。

当第 k 个观测数据被学习时，计算系统的输出误差如下：

$$\left\|e^k\right\| = \left\|t^k - y^k\right\|, k = 1, 2, \cdots, n \tag{7.6}$$

如果

$$\left\|e^k\right\| > k_e \tag{7.7}$$

则表明系统性能较差，如果其他增长准则也同时满足，需要考虑增加一条新的模糊规则。否则，无需产生新的规则。这里 k_e 是随学习过程而衰减的阈值：

$$k_e = \max\{e_{\max}\beta^{k-1}, e_{\min}\} \tag{7.8}$$

其中，$e_{\max}$ 是预先选定的最大学习误差，$e_{\min}$ 是选定的期望学习精度，$\beta\in(0, 1)$为收敛常数。

2. 输入空间划分

在一定程度上，模糊神经网络的结构学习意味着对输入空间有效而经济的模糊划分。所得系统的性能和结构也很大程度地依赖于输入隶属函数的位置和范围。对于输入空间的在线划分，涌现了一些有效的方法，大致可分为三类：①基于距离准则的划分方法[126-129]，即新观测数据与现有隶属函数中心之间的距离；②基于ε-完备性的划分方法[124,125,131,132]；③基于输入变量重要性的划分方法[133,134,212,213]。其中，第一种方法更为直观，计算复杂度最小。本节所研究划分方法就隶属于该类。

另外，高斯函数具有很好的局部特性，因为其输出随着与中心距离的增加而单调递减。当整个输入空间由一系列的高斯隶属函数划分时，通过距离准则可以判定一个新样本是否位于某个存在的高斯隶属函数的覆盖范围之内，从而决定是否增加新的隶属函数或者是否对该隶属函数进行调整。

对于第 k 个输入数据 $\boldsymbol{X}^k = [x_{1k}, x_{2k}, \cdots, x_{rk}]^{\mathrm{T}}$，计算其与现有的 RBF 单元的中心 $\boldsymbol{C}_j$ 之间的距离 d_{kj}，即

$$d_{kj} = \left\|\boldsymbol{X}^k - \boldsymbol{C}_j\right\|, k = 1, 2, \cdots, n, j = 1, 2, \cdots, u \tag{7.9}$$

其中，$\boldsymbol{C}_j = [c_{1j}, c_{2j}, \cdots, c_{rj}]^{\mathrm{T}}$ 为第 j 个 RBF 单元的中心。我们可得到输入样本 $\boldsymbol{X}^k$ 与现有 RBF 单元中心的最小距离为

$$d_{k,\min} = \min_j d_{kj}, j = 1, 2, \cdots, u \tag{7.10}$$

如果

$$d_{k,\min} > k_d \tag{7.11}$$

则表明现有的输入隶属函数不能很好地覆盖输入空间，因此，需要增加一个新的 RBF 单元或者现有单元的中心和宽度需要调整。否则，观测样本 $\boldsymbol{X}^k$ 可由现有的最近的 RBF 单元表示。这里 k_d 是随学习过程而衰减的阈值：

$$k_d = \max\{d_{\max}\gamma^{k-1}, d_{\min}\} \tag{7.12}$$

其中，$d_{\max}$和$d_{\min}$分别是选定的最大和最小距离，$\gamma \in (0, 1)$为收敛常数。

3．泛化能力

作为正交最小二乘(OLS)方法的一个特例，误差下降率(ERR)方法[212]通常用作修剪策略来计算输入变量或模糊规则的敏感度和重要性，以确定哪些输入变量或模糊规则需被删除。本节中，该方法用于生长准则而非修剪技术。其主要原因在于，规则生长之后的删减必定要加重计算负担，降低学习速度。相反地，我们所提出的兼具生长和修剪特性的生长准则将加速学习进程，这是在线自组织学习算法所需要的。

给定 n 对输入输出训练样本$(\boldsymbol{X}^k, t^k)$, $k = 1,2,\cdots,n$，考虑式(7.4)作为线性回归模型的一种特殊情况，即

$$t^k = \sum_{j=1}^{u} w_j \varphi_{jk}(\boldsymbol{X}^k) + e^k \tag{7.13}$$

其中，e^k为输出误差。以上模型可被重述为以下紧凑的形式：

$$\boldsymbol{T} = \boldsymbol{\Phi}\boldsymbol{W} + \boldsymbol{E} \tag{7.14}$$

其中，$\boldsymbol{T} = [t^1, t^2, \cdots, t^n]^{\mathrm{T}} \in \mathbf{R}^n$为期望输出向量，$\boldsymbol{W} = [w_1, w_2, \cdots, w_u]^{\mathrm{T}} \in \mathbf{R}^u$为权重向量，$\boldsymbol{E} = [e^1, e^2, \cdots, e^n]^{\mathrm{T}} \in \mathbf{R}^n$为输出误差向量，$\boldsymbol{\Phi} = [\boldsymbol{\psi}_1, \boldsymbol{\psi}_2, \cdots, \boldsymbol{\psi}_u]^{\mathrm{T}} \in \mathbf{R}^{n\times u}$为回归向量，并假定误差向量$\boldsymbol{E}$与回归量$\boldsymbol{\psi}_i$是不相关的。此外，矩阵$\boldsymbol{\Phi}$同时也是网络第三层的输出矩阵：

$$\boldsymbol{\Phi} = \begin{bmatrix} \varphi_{11} & \cdots & \varphi_{u1} \\ \vdots & & \vdots \\ \varphi_{1n} & \cdots & \varphi_{un} \end{bmatrix} \tag{7.15}$$

对于矩阵$\boldsymbol{\Phi}$，如果它的行数大于列数，我们可通过 QR 分解将其转化为一组正交基向量：

$$\boldsymbol{\Phi} = \boldsymbol{P}\boldsymbol{Q} \tag{7.16}$$

其中，矩阵$\boldsymbol{P} = [\boldsymbol{p}_1, \boldsymbol{p}_2, \cdots, \boldsymbol{p}_u]^{\mathrm{T}} \in \mathbf{R}^{n\times u}$具有与矩阵$\boldsymbol{\Phi}$相同的维数，并且各列向量构成正交基，矩阵$\boldsymbol{Q} \in \mathbf{R}^{u\times u}$为如下所示的上三角矩阵：

$$\boldsymbol{Q} = \begin{bmatrix} 1 & q_{12} & q_{13} & \cdots & q_{1u} \\ 0 & 1 & q_{23} & \cdots & q_{2u} \\ 0 & 0 & 1 & \cdots & \vdots \\ \vdots & & \vdots & & q_{u-1,u} \\ 0 & \cdots & 0 & 0 & 1 \end{bmatrix} \tag{7.17}$$

作为一种对矩阵$\boldsymbol{\Phi}$的正交分解方法，著名的 Gram-Schmidt 方法可用来计算上述矩阵$\boldsymbol{P}$和$\boldsymbol{Q}$，正交化过程如下[212]：

$$\begin{cases} \boldsymbol{p}_1 = \boldsymbol{\psi}_1 \\ q_{ik} = \dfrac{\boldsymbol{p}_i^{\mathrm{T}} \boldsymbol{\psi}_k}{\boldsymbol{p}_i^{T} \boldsymbol{p}_i}, \qquad 1 \leqslant i < k, \ k = 2,3,\cdots,u \\ \boldsymbol{p}_k = \boldsymbol{\psi}_k - \sum\limits_{i=1}^{k-1} q_{ik} \boldsymbol{p}_i \end{cases} \tag{7.18}$$

通过正交分解，矩阵 $\boldsymbol{P}$ 中各列向量的正交特性使得有可能从每一基向量计算每一条规则对期望输出的贡献。

将式(7.16)代入式(7.14)可得

$$\boldsymbol{T} = \boldsymbol{PQW} + \boldsymbol{E} = \boldsymbol{PG} + \boldsymbol{E} \tag{7.19}$$

其中，寻找一个最优矩阵 $\boldsymbol{G}$ 的问题可归结为最小化$\|\boldsymbol{PG} - \boldsymbol{T}\|$的线性问题，矩阵 $\boldsymbol{G} = [g_1, g_2, \cdots, g_u]^{\mathrm{T}}$ 可通过伪逆技术求得

$$\boldsymbol{G} = (\boldsymbol{P}^{\mathrm{T}}\boldsymbol{P})^{-1}\boldsymbol{P}^{\mathrm{T}}\boldsymbol{T} \tag{7.20}$$

其中，$\boldsymbol{P}^{+} = (\boldsymbol{P}^{\mathrm{T}}\boldsymbol{P})^{-1}\boldsymbol{P}^{\mathrm{T}}\boldsymbol{T} \in \mathbf{R}^{u}$ 是矩阵 $\boldsymbol{P}$ 的伪逆，等价地

$$g_i = \frac{\boldsymbol{p}_i^{\mathrm{T}}\boldsymbol{T}}{\boldsymbol{p}_i^{\mathrm{T}}\boldsymbol{p}_i}, i = 1, 2, \cdots, u \tag{7.21}$$

并且，矩阵 $\boldsymbol{G}$ 和 $\boldsymbol{W}$ 满足如下方程：

$$\boldsymbol{QW} = \boldsymbol{G} \tag{7.22}$$

当 $i \neq j$ 时，因为 $\boldsymbol{p}_i$ 和 $\boldsymbol{p}_j$ 正交，$\boldsymbol{T}$ 的平方和或能量由式(7.23)给出[212,216]：

$$\boldsymbol{T}^{\mathrm{T}}\boldsymbol{T} = \sum_{i=1}^{u} g_i^2 \boldsymbol{p}_i^{\mathrm{T}}\boldsymbol{p}_i + \boldsymbol{E}^{\mathrm{T}}\boldsymbol{E} \tag{7.23}$$

去掉均值后，$\boldsymbol{T}$ 的方差由式(7.24)给出：

$$n^{-1}\boldsymbol{T}^{\mathrm{T}}\boldsymbol{T} = n^{-1}\sum_{i=1}^{u} g_i^2 \boldsymbol{p}_i^{\mathrm{T}}\boldsymbol{p}_i + n^{-1}\boldsymbol{E}^{\mathrm{T}}\boldsymbol{E} \tag{7.24}$$

由式(7.24)可知，$n^{-1}\sum\limits_{i=1}^{u} g_i^2 \boldsymbol{p}_i^{\mathrm{T}}\boldsymbol{p}_i$ 是由回归量 $\boldsymbol{p}_i$ 所造成的期望输出方差的一部分。因此，可以定义误差下降率(ERR)为

$$\mathrm{err}_i = \frac{g_i^2 \boldsymbol{p}_i^{\mathrm{T}}\boldsymbol{p}_i}{\boldsymbol{T}^{\mathrm{T}}\boldsymbol{T}}, i = 1, 2, \cdots, u \tag{7.25}$$

将式(7.21)代入式(7.25)，可得

$$\mathrm{err}_i = \frac{(\boldsymbol{p}_i^{\mathrm{T}}\boldsymbol{T})^2}{\boldsymbol{p}_i^{\mathrm{T}}\boldsymbol{p}_i\boldsymbol{T}^{\mathrm{T}}\boldsymbol{T}}, i = 1, 2, \cdots, u \tag{7.26}$$

起初，上述方程提供了寻找重要回归量子集的一种简单有效的方法。其意义在于，err_i 揭示了 $\boldsymbol{p}_i$ 和 $\boldsymbol{T}$ 的相似性或者 $\boldsymbol{p}_i$ 和 $\boldsymbol{T}$ 的内积。本节中，该 ERR 方法将用来定义一个新的生长准则，称为“泛化因子”(GF)[214]。其意义在于检查所得 FAOS-PFNN 的泛化能力，并进一步简化和加速学习过程。

定义

$$\text{GF} = \sum_{i=1}^{u} \text{err}_i \tag{7.27}$$

如果

$$\text{GF} < k_{\text{GF}} \tag{7.28}$$

则表明所得模糊神经网络的泛化能力较差。因此系统需要更多的隐层神经元或者需要对现有的隐层单元进行调整以获得较好的泛化性能。否则，不需要产生任何新的隐层节点。其中，k_{GF} 是选定的阈值。

7.3.2　参数调整

继结构学习之后，参数学习环节需要对整个网络结构进行操作。对于所有的网络节点，不管是新生成的，还是原来就已存在的，其参数都要进行在线调整。现有的在线参数学习方法，如线性最小二乘(LLS)算法[131,132,211,215]、卡尔曼滤波方法(KF)[213,214]和扩展的卡尔曼滤波算法(EKF)[127-129,137]等，已被广泛地应用于在线自组织模糊伸进网络的参数辨识中。其中，LLS 算法速度快，可以实现“一步”调整，并且不需要预先设定参数，但该方法对噪声敏感。此外，LLS 的解可能是病态的，这使得参数估计变得非常困难。KF 和 EKF 算法的学习速度稍慢一些，因为当有一个模糊规则产生、删除或者宽度有任何调整时，迭代将必须从第一个样本开始。然而，该方法在噪声环境下具有鲁棒性。并且，同其他基于梯度的在线算法相比，EKF 可以加快收敛速度。因此，本节选用 EKF 算法对所有的自由参数进行调整。

根据上节的规则产生准则，假定 n 个观测数据产生了 u 个模糊规则，系统的参数向量为

$$\boldsymbol{W}_{\text{EKF}} = [w_1, \boldsymbol{C}_1^{\text{T}}, \sigma_1, \cdots, w_u, \boldsymbol{C}_u^{\text{T}}, \sigma_u\ ] \tag{7.29}$$

上述参数向量 $\boldsymbol{W}_{\text{EKF}}$ 由如下 EKF 算法在线调节：

$$\boldsymbol{W}_{\text{EKF}}(k) = \boldsymbol{W}_{\text{EKF}}(k-1) + e^k \boldsymbol{\kappa}_k \tag{7.30}$$

其中，$\boldsymbol{\kappa}_k$ 为第 k 次观测的卡尔曼增益向量，即

$$\boldsymbol{\kappa}_k = \frac{\boldsymbol{P}_{k-1}\boldsymbol{a}_k}{R_k + \boldsymbol{a}_k^{\text{T}}\boldsymbol{P}_{k-1}\boldsymbol{a}_k} \tag{7.31}$$

其中，$\boldsymbol{a}_k$ 为由式(7.32)所求得的梯度向量：

$$\boldsymbol{a}_k=\Bigg[\varphi_1(\boldsymbol{X}^k),\varphi_1(\boldsymbol{X}^k)\frac{2w_1}{\sigma_1^2}(\boldsymbol{X}^k-\boldsymbol{C}_1)^{\mathrm{T}},\varphi_1(\boldsymbol{X}^k)\frac{2w_1}{\sigma_1^3}\left\|\boldsymbol{X}^k-\boldsymbol{C}_1\right\|^2,\cdots,$$
$$\varphi_u(\boldsymbol{X}^k),\varphi_u(\boldsymbol{X}^k)\frac{2w_u}{\sigma_u^2}(\boldsymbol{X}^k-\boldsymbol{C}_u)^{\mathrm{T}},\varphi_u(\boldsymbol{X}^k)\frac{2w_u}{\sigma_u^3}\left\|\boldsymbol{X}^k-\boldsymbol{C}_u\right\|^2\Bigg]^{\mathrm{T}} \tag{7.32}$$

此外，R_k 为第 k 次测量噪声的方差，$\boldsymbol{P}_k$ 为第 k 次观测误差的协方差矩阵，由式(7.33)在线更新：

$$\boldsymbol{P}_k=[\boldsymbol{I}-\boldsymbol{\kappa}_k\boldsymbol{a}_k^{\mathrm{T}}]\boldsymbol{P}_{k-1}+Q_0\boldsymbol{I} \tag{7.33}$$

这里，Q_0 是一个小的正数，用来决定在梯度向量 $\boldsymbol{a}_k$ 的方向上的随机搜索步长，$\boldsymbol{I}$ 为单位矩阵。每当产生一个新的隐层神经元，矩阵 $\boldsymbol{P}_k$ 做如下调整：

$$\boldsymbol{P}_k=\begin{bmatrix}\boldsymbol{P}_{k-1} & 0\\ 0 & P_0\boldsymbol{I}\end{bmatrix} \tag{7.34}$$

其中，P_0 为正数，用以估计新引入参数初始值的不确定性。单位矩阵 $\boldsymbol{I}$ 的维数等于由新产生神经元引入参数的数目。

7.3.3　完整的算法结构

本节将给出如下 FAOS-PFNN 算法的完整结构[211]。

1. 初始化

当第一组观测数据$(\boldsymbol{X}^1, t^1)$得到后，此时的 FAOS-PFNN 没有任何隐层单元，即模糊规则还没有建立起来，因此，这一组观测数据将被选为第一条模糊规则，作为对该学习过程的初始化：

$$\begin{cases}\boldsymbol{C}_0=\boldsymbol{C}_1=\boldsymbol{X}^1\\ \sigma_0=\sigma_1=d_{\max}\\ w_0=w_1=t^1\end{cases} \tag{7.35}$$

2. 结构增长

对于第 k 组观测数据$(\boldsymbol{X}^k, t^k)$，假设在网络第三层已生成了 u 个规则节点，根据式(7.6)、式(7.11)和式(7.27)分别计算 e^k、$d_{k,\min}$ 和 GF。

IF

$$\left\|e^k\right\|>k_e,\ d_{k,\min}>k_d \ \text{ and }\ \mathrm{GF}<k_{\mathrm{GF}} \tag{7.36}$$

其中，k_e 和 k_d 分别由式(7.8)和式(7.12)给出。

THEN

生成一个新的规则节点，其隶属函数的中心和宽度以及规则后件的权重由式(7.37)给出：

$$\begin{cases} \boldsymbol{C}_{u+1} = \boldsymbol{X}^k \\ \sigma_{u+1} = k_0 d_{k,\min} \\ w_{u+1} = e^k \end{cases} \tag{7.37}$$

其中，k_0 是预先给定的参数，用以决定相邻隶属函数之间的交叠度。

由于生成规则节点引入了新的参数，根据式(7.29)和式(7.34)需要分别调整参数向量 $\boldsymbol{W}_{\mathrm{EKF}}$ 和矩阵 $\boldsymbol{P}_k$ 的维数。

END

3. 参数辨识

当模糊规则结构产生后，要解决的就是如何辨识其参数。作为一种非线性更新算法，对于每一组新观测数据 $(\boldsymbol{X}^k, t^k), k = 1,2,\cdots,n$，EKF 算法被用来更新所得 FAOS-PFNN 的所有参数，不管规则节点是已有的还是新生成的。具体更新规则由式(7.29)～式(7.34)给出。

7.4 仿真研究

为验证本章所提出的 FAOS-PFNN 算法的有效性，本节将该学习算法分别应用于非线性函数逼近、动态系统建模和 Mackey-Glass 时间序列预测等领域，进行仿真研究。并且，将其与现有的其他的著名算法，如 RAN[126]、RANEKF[127]、MRAN[128]、ANFIS[114]、OLS[193]、RBF-AFS[130]、DFNN[131]、GDFNN[132]、GGAP-RBF[134]、OS-ELM[137]和 SOFNN[203]等，进行广泛的比较，以说明 FAOS-PFNN 的优越性。需要指出的是，为比较学习时间，除了特别说明，本节中的所有仿真研究均运行在统一的仿真环境：MATLAB 7.1，Pentium 4，3.0 GHz CPU。

7.4.1 Hermite 函数逼近

作为第一个数值示例，待逼近函数选择为在现有文献[127]、[128]、[131]、[132]及文献[201]和[214]中经常用到的 Hermite 函数，如下：

$$f(x) = 1.1(1 - x + 2x^2)\exp\left(-\frac{x^2}{2}\right) \tag{7.38}$$

为了逼近上述 Hermite 函数，在论域[−4, 4]内随机采样 200 个输入输出数据对作为训练集。本例中 FAOS-PFNN 算法的参数预先设定为[211]

$$d_{\max} = 1.0,\ d_{\min} = 0.1,\ e_{\max} = 0.5,\ e_{\min} = 0.02,\ k_0 = 0.5$$

$$\beta = 0.97,\ \gamma = 0.97,\ \mathrm{GF} = 0.99,\ P_0 = 1.0,\ Q_0 = 0.5,\ R_k = 1.0$$

$$\begin{cases} \text{Rule 1: IF } x \text{ is } A_1(-2.0905, 0.8860) \text{ THEN } y \text{ is } -0.6194 \\ \text{Rule 2: IF } x \text{ is } A_2(-1.5513, 1.1131) \text{ THEN } y \text{ is } 2.5963 \\ \text{Rule 3: IF } x \text{ is } A_3(-0.7033, 0.7531) \text{ THEN } y \text{ is } 0.8678 \\ \text{Rule 4: IF } x \text{ is } A_4(1.0774, 1.0460) \text{ THEN } y \text{ is } 0.7131 \\ \text{Rule 5: IF } x \text{ is } A_5(1.6072, 1.1034) \text{ THEN } y \text{ is } 0.8112 \end{cases} \tag{7.39}$$

式(7.39)为通过学习得到的模糊规则。规则节点的生长曲线如图 7.2 所示。图 7.3 为待逼近的 Hermite 函数和采用 FAOS-PFNN 算法的逼近曲线。由图 7.2 和图 7.3 可知，所得模糊神经网络能够以精简的结构很好地逼近待逼近函数。图 7.4 和图 7.5 所示分别为训练过程中的均方根误差(RMSE)和实际输出误差。由图可见，该算法具有满意的逼近性能。为与其他算法进行比较，表 7.1 列出了用 RMSE 估计的结构和性能方面的对比。由表 7.1 可知，FAOS-PFNN 获得了最简的模糊神经网络结构和最快的学习速度，同时其逼近误差与 DFNN 和 GDFNN 相当，远优于 MRAN 等算法。

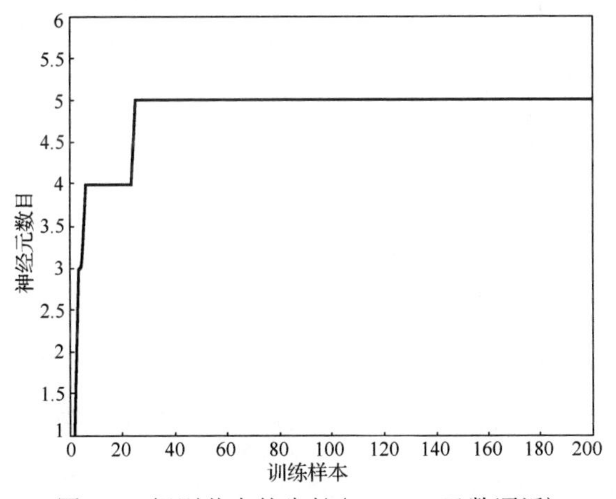

图 7.2　规则节点的生长(Hermite 函数逼近)

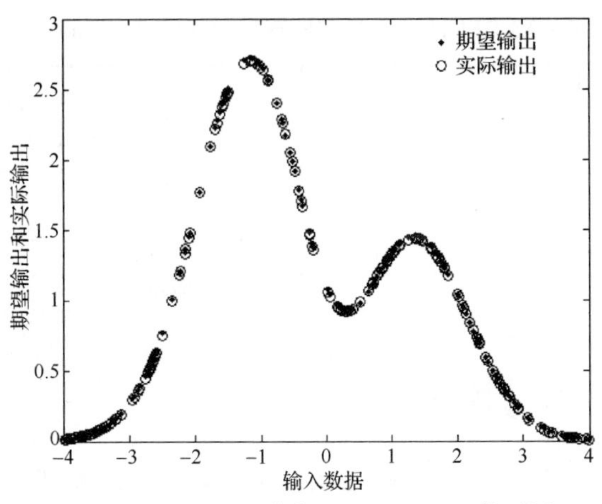

图 7.3　Hermite 函数与 FAOS-PFNN 的逼近

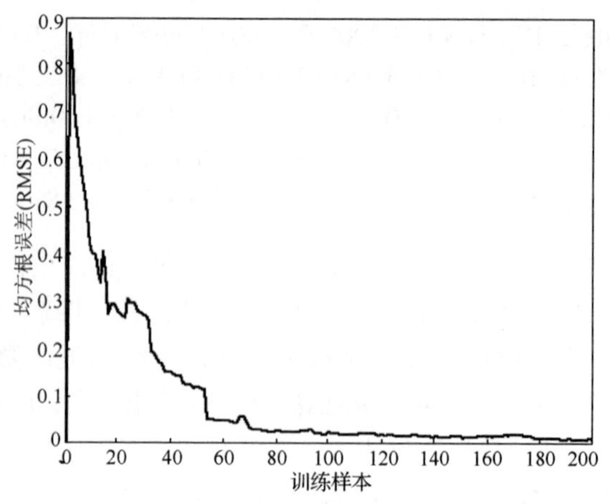

图 7.4　训练过程中的均方根误差(Hermite 函数逼近)

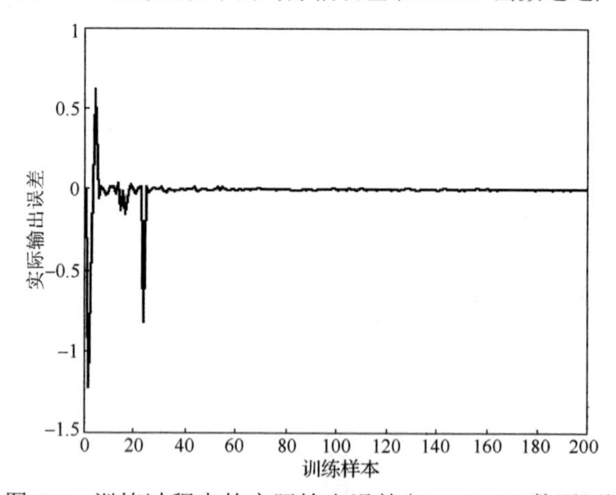

图 7.5　训练过程中的实际输出误差(Hermite 函数逼近)

表 7.1　FAOS-PFNN 算法与其他算法的比较(Hermite 函数逼近)

算法	规则数	RMSE	训练时间/s
RANEKF[127]	13	0.0262	-*
MRAN[128]	7	0.0090	-*
OLS[201]	7	0.0095	-*
DFNN[131]	6	0.0056	0.8703
GDFNN[132]	6	0.0097	0.9347
FAOS-PFNN[211]	5	0.0089	0.2639

*原文献中没有给出。

7.4.2　多维非线性函数建模

本例中，被建模对象为一个三维非线性函数，该函数被文献[114]、[132]和[203]用于验证算法的有效性，由式(7.40)给出：

$$f(x_1,x_2,x_3)=(1+x_1^{0.5}+x_2^{-1}+x_3^{-1.5})^2 \tag{7.40}$$

从论域$[1, 6]^3$中随机采样 216 个训练数据。FAOS-PFNN 学习算法的参数设定为[211]

$$d_{\max}=1.0,\ d_{\min}=0.1,\ e_{\max}=1.1,\ e_{\min}=0.02,\ k_0=1.15$$

$$\beta=0.97,\ \gamma=0.97,\ \text{GF}=0.99,\ P_0=1.0,\ Q_0=0.1,\ R_k=1.0$$

为了方便与其他算法进行性能比较，采用与文献[114]相同的性能评判指标，由式(7.41)给出：

$$\text{APE}=\frac{1}{n}\sum_{k=1}^{n}\frac{|t^k-y^k|}{|t^k|}\times 100\% \tag{7.41}$$

其中，n 为数据对数目，t^k 和 y^k 分别是第 k 个期望输出和实际输出。从相同的取值范围随机选择另外 125 个数据，用来测试所得 FAOS-PFNN 的泛化能力。式(7.42)为通过学习得到的模糊规则。仿真结果如图 7.6～图 7.8 所示。从图中可以看出，FAOS-PFNN 只需 7 个条模糊规则即可实现对该多维非线性函数的理想建模。将其与 ANFIS、GDFNN 和 SOFNN 等算法相比较，结果如表 7.2 所示。由表可得，尽管 FAOS-PFNN 的泛化能力不及 ANFIS 和 SOFNN，但该算法能够得到最简的系统结构和最快的学习速度。另外，表中其他算法均是采用多项式作为模糊规则后件，当输入变量较多时势必会增加计算复杂度。另外，需要指出的是，ANFIS 是一种采用 BP 算法的离线学习方法，而非在线方式。因此，在最简结构和快速学习方面，与其他算法相比，FAOS-PFNN 获得了最好的性能。

$$\begin{cases}
\text{Rule 1: IF } x_1 \text{ is } A_{11}(4.3258, 0.0082) \text{ and } x_2 \text{ is } A_{21}(0.5552, 0.0082) \\
\qquad \text{and } x_3 \text{ is } A_{31}(3.7905, 0.0082) \text{ THEN } y \text{ is } 16.7589 \\
\text{Rule 2: IF } x_1 \text{ is } A_{12}(6.4550, 9.1599) \text{ and } x_2 \text{ is } A_{22}(0.1431, 9.1599) \\
\qquad \text{and } x_3 \text{ is } A_{32}(2.3058, 9.1599) \text{ THEN } y \text{ is } 19.8639 \\
\text{Rule 3: IF } x_1 \text{ is } A_{13}(5.8617, 3.0045) \text{ and } x_2 \text{ is } A_{23}(2.2997, 3.0045) \\
\qquad \text{and } x_3 \text{ is } A_{33}(3.6243, 3.0045) \text{ THEN } y \text{ is } -5.6433 \\
\text{Rule 4: IF } x_1 \text{ is } A_{14}(3.5639, 4.7047) \text{ and } x_2 \text{ is } A_{24}(3.9812, 4.7047) \\
\qquad \text{and } x_3 \text{ is } A_{34}(2.4830, 4.7047) \text{ THEN } y \text{ is } 6.5536 \\
\text{Rule 5: IF } x_1 \text{ is } A_{15}(0.9704, 3.5654) \text{ and } x_2 \text{ is } A_{25}(3.1067, 3.5654) \\
\qquad \text{and } x_3 \text{ is } A_{35}(3.4068, 3.5654) \text{ THEN } y \text{ is } -7.9897 \\
\text{Rule 6: IF } x_1 \text{ is } A_{16}(5.0371, 0.8324) \text{ and } x_2 \text{ is } A_{26}(2.8106, 0.8324) \\
\qquad \text{and } x_3 \text{ is } A_{36}(0.4016, 0.8324) \text{ THEN } y \text{ is } 5.6777 \\
\text{Rule 7: IF } x_1 \text{ is } A_{17}(7.8003, 5.1763) \text{ and } x_2 \text{ is } A_{27}(0.4977, 5.1763) \\
\qquad \text{and } x_3 \text{ is } A_{37}(4.7523, 5.1763) \text{ THEN } y \text{ is } 5.7126
\end{cases} \tag{7.42}$$

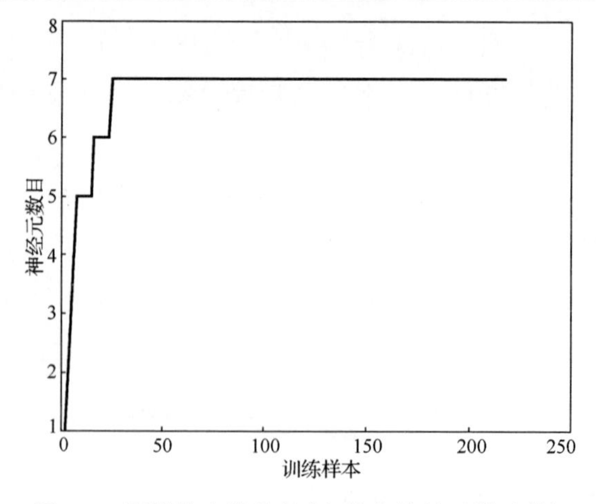

图 7.6　规则节点的生长(多维非线性函数建模)

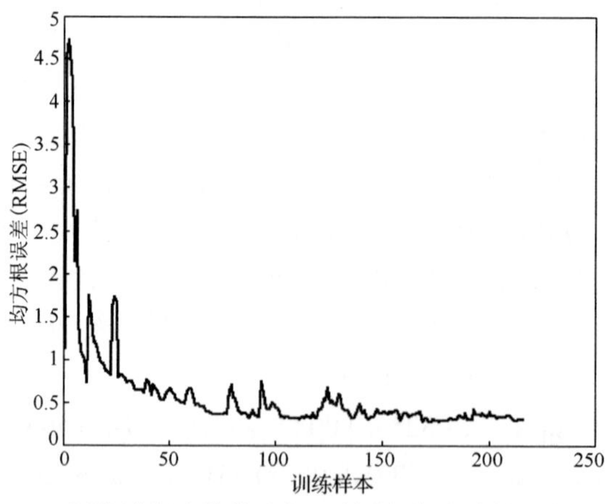

图 7.7　训练过程中的均方根误差(多维非线性函数建模)

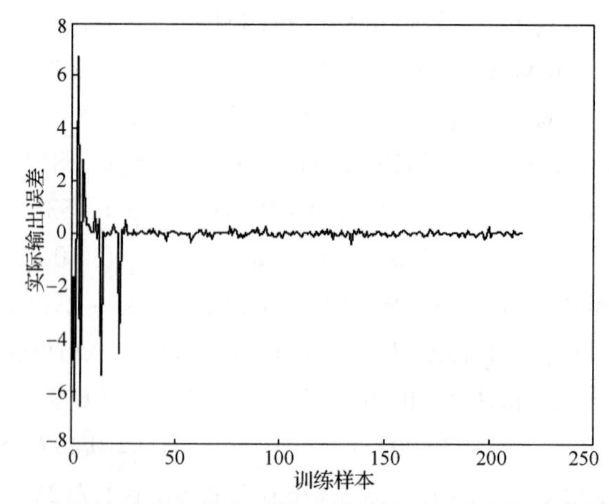

图 7.8　训练过程中的实际输出误差(多维非线性函数建模)

表 7.2　FAOS-PFNN 算法与其他算法的比较（多维非线性函数建模）

算法	规则数	参数的数量	APE_{trn}/%	APE_{chk}/%	训练时间/s
ANFIS[114]	8	50	0.043	1.066	-*
GDFNN[132]	10	64	2.11	1.54	1.86
SOFNN[203]	9	60	1.1380	1.1244	-*
FAOS-PFNN[211]	7	35	1.89	2.95	0.53

*原文献中没有给出。

7.4.3　非线性动态系统辨识

被辨识的对象选用文献[130]～[132]和[201]中采用的非线性动态系统：

$$y(k+1)=\frac{y(k)y(k-1)[y(k)+2.5]}{1+y^2(k)+y^2(k-1)}+u(k) \tag{7.43}$$

为了辨识该对象，得到串-并行模型如下所示：

$$y(k+1)=f(y(k),y(k-1))+u(k) \tag{7.44}$$

其中，f是由三输入和单输出的 FAOS-PFNN 实现的函数。输入采用以下形式：

$$u(k)=\sin(2\pi k/25) \tag{7.45}$$

FAOS-PFNN 学习算法的参数选择为[211,212]

$$d_{\max}=2.2,\ d_{\min}=0.2,\ e_{\max}=1.15,\ e_{\min}=0.02,\ k_0=0.25$$

$$\beta=0.97,\ \gamma=0.97,\ \text{GF}=0.98,\ P_0=1.0,\ Q_0=0.4,\ R_k=1.0$$

式(7.46)为通过学习得到的模糊规则。仿真结果如图 7.9～图 7.11 所示。由图可得，FAOS-PFNN 能够以较少的模糊规则实现令人满意的辨识效果。将其与其他算法做比较，FAOS-PFNN 能够在线实现更加简洁快速的模糊神经网络，比较结果如表 7.3 所示，其优越性得以验证。

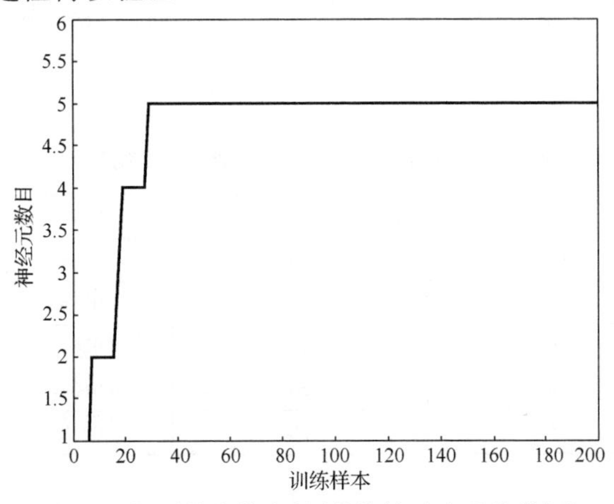

图 7.9　规则节点的生长（非线性动态系统辨识）

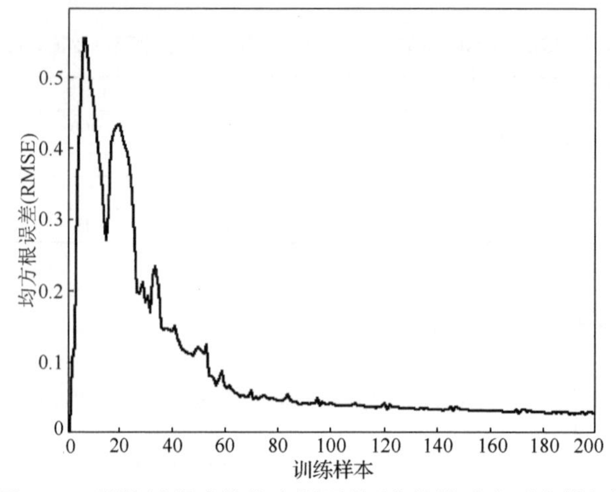

图 7.10　训练过程中的均方根误差(非线性动态系统辨识)

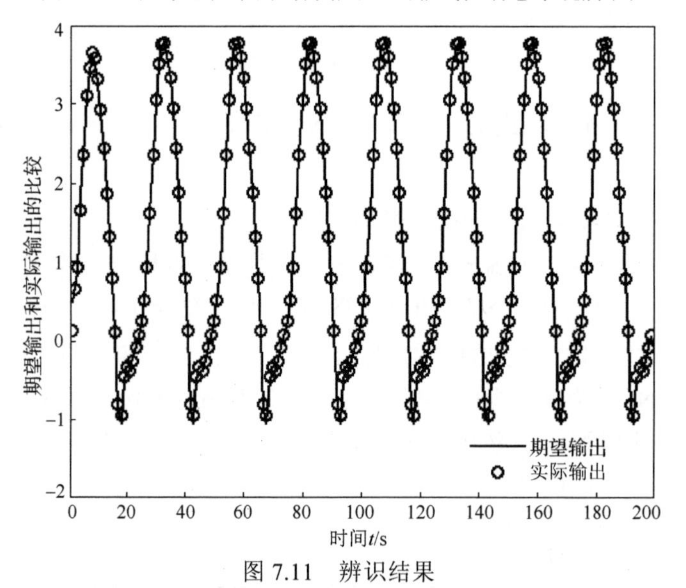

图 7.11　辨识结果

表 7.3　FAOS-PFNN 算法与其他算法的比较(非线性动态系统辨识)

算法	规则数	参数的数量	RMSE	训练时间/s
RBF-AFS[130]	35	280	0.1384	-*
OLS[202]	65	326	0.0288	-*
DFNN[131]	6	48	0.0283	0.99
GDFNN[132]	8	56	0.0108	1.14
FAOS-PFNN[211]	5	25	0.0252	0.31

*原文献中没有给出。

$$\begin{cases} \text{Rule 1: IF } y(k) \text{ is } A_{11}(2.0146, 1.8806) \text{ and } y(k-1) \text{ is } A_{21}(1.3807, 1.8806) \\ \qquad \text{and } u(k) \text{ is } A_{31}(1.3861, 1.8806) \text{ THEN } y(k+1) \text{ is } 1.8522 \\ \text{Rule 2: IF } y(k) \text{ is } A_{12}(4.2696, 2.7287) \text{ and } y(k-1) \text{ is } A_{22}(3.6641, 2.7287) \\ \qquad \text{and } u(k) \text{ is } A_{32}(1.4544, 2.7287) \text{ THEN } y(k+1) \text{ is } 3.9557 \\ \text{Rule 3: IF } y(k) \text{ is } A_{13}(-0.5842, 1.1636) \text{ and } y(k-1) \text{ is } A_{23}(1.1638, 1.1636) \\ \qquad \text{and } u(k) \text{ is } A_{33}(-1.3651, 1.1636) \text{ THEN } y(k+1) \text{ is } -1.4155 \\ \text{Rule 4: IF } y(k) \text{ is } A_{14}(-0.7357, 1.3118) \text{ and } y(k-1) \text{ is } A_{24}(-0.3843, 1.3118) \\ \qquad \text{and } u(k) \text{ is } A_{34}(-2.2274, 1.3118) \text{ THEN } y(k+1) \text{ is } -1.3492 \\ \text{Rule 5: IF } y(k) \text{ is } A_{15}(0.9755, 0.8757) \text{ and } y(k-1) \text{ is } A_{25}(0.5843, 0.8757) \\ \qquad \text{and } u(k) \text{ is } A_{35}(0.8765, 0.8757) \text{ THEN } y(k+1) \text{ is } 0.3738 \end{cases} \tag{7.46}$$

7.4.4 Mackey-Glass 时间序列预测

时间序列预测在解决许多实际问题中是非常重要的，可应用于许多领域，如经济和商业计划、库存和生产控制、天气预报、信号处理、控制和其他领域。本节，我们用 FAOS-PFNN 对 Mackey-Glass 混沌时间序列进行预测。Mackey-Glass 混沌时间序列是 Mackey 等在 1977 年提出的一个用于描述白血病发病时，血液中白细胞数量变化的模型，其离散形式如下所示：

$$x(t+1) = (1-a)x(t) + \frac{bx(t-\tau)}{1+x^{10}(t-\tau)} \tag{7.47}$$

当τ<17 时，表现出周期性；当τ>17 时，模型(7.47)表现出混沌行为，且τ值越大混沌现象越严重。为了能够在相同的基础上与现有的方法进行比较，上述模型的参数选择为：$a = 0.1$，$b = 0.2$，$\tau=17$。选择与文献[131]相同的预测模型，表示如下：

$$x(t+P) = f[x(t), x(t-\Delta t), x(t-2\Delta t), x(t-3\Delta t)] \tag{7.48}$$

为了训练，用式(6.46)在 $t = 124$ 到 $t = 1123$ 之间产生 1000 组输入输出数据作为预测模型(7.48)的输入和输出，用来训练该预测模型，使之逼近式(7.47)，并测试其性能。为了与 OLS[202]、RBF-AFS[130]和 DFNN[131]等算法进行比较，式(7.47)选择与之相同的初始条件为：当 $t<0$ 时，$x(t)=0$，$x(0)=1.2$，并取 $P=6$，$\Delta t=6$。FAOS-PFNN 的参数选择为[211,215]

$$d_{\max} = 2,\ d_{\min} = 0.2,\ e_{\max} = 0.9,\ e_{\min} = 0.02,\ k_0 = 1.2$$

$$\beta = 0.97,\ \gamma = 0.97,\ \text{GF} = 0.9978,\ P_0 = 1.1,\ Q_0 = 0.003,\ R_k = 1.1$$

$$
\begin{cases}
\text{Rule 1: IF } x(t) \text{ is } A_{11}(1.2278, 1.7569) \text{ and } x(t-6) \text{ is } A_{21}(0.9200, 1.7569) \\
\quad \text{and } x(t-12) \text{ is } A_{31}(0.5213, 1.7569) \text{ and } x(t-18) \text{ is } A_{41}(0.4004, 1.7569) \\
\quad \text{THEN } x(t+6) \text{ is } 1.0760 \\
\text{Rule 2: IF } x(t) \text{ is } A_{12}(1.0015, 0.6799) \text{ and } x(t-6) \text{ is } A_{22}(1.1715, 0.6799) \\
\quad \text{and } x(t-12) \text{ is } A_{32}(0.9565, 0.6799) \text{ and } x(t-18) \text{ is } A_{42}(0.6132, 0.6799) \\
\quad \text{THEN } x(t+6) \text{ is } 0.1810 \\
\text{Rule 3: IF } x(t) \text{ is } A_{13}(1.0416, 0.5136) \text{ and } x(t-6) \text{ is } A_{23}(0.9454, 0.5136) \\
\quad \text{and } x(t-12) \text{ is } A_{33}(1.2538, 0.5136) \text{ and } x(t-18) \text{ is } A_{43}(1.0265, 0.5136) \\
\quad \text{THEN } x(t+6) \text{ is } -0.2340 \\
\text{Rule 4: IF } x(t) \text{ is } A_{14}(0.6959, 0.5577) \text{ and } x(t-6) \text{ is } A_{24}(0.7216, 0.5577) \\
\quad \text{and } x(t-12) \text{ is } A_{34}(0.7621, 0.5577) \text{ and } x(t-18) \text{ is } A_{44}(1.0188, 0.5577) \\
\quad \text{THEN } x(t+6) \text{ is } 0.2432 \\
\text{Rule 5: IF } x(t) \text{ is } A_{15}(1.1751, 0.3066) \text{ and } x(t-6) \text{ is } A_{25}(0.8774, 0.3066) \\
\quad \text{and } x(t-12) \text{ is } A_{35}(0.7436, 0.3066) \text{ and } x(t-18) \text{ is } A_{45}(0.8183, 0.3066) \\
\quad \text{THEN } x(t+6) \text{ is } 0.1143 \\
\text{Rule 6: IF } x(t) \text{ is } A_{16}(1.1975, 0.2960) \text{ and } x(t-6) \text{ is } A_{26}(1.2576, 0.2960) \\
\quad \text{and } x(t-12) \text{ is } A_{36}(0.8701, 0.2960) \text{ and } x(t-18) \text{ is } A_{46}(0.8465, 0.2960) \\
\quad \text{THEN } x(t+6) \text{ is } 0.2595 \\
\text{Rule 7: IF } x(t) \text{ is } A_{17}(1.3350, 0.2914) \text{ and } x(t-6) \text{ is } A_{27}(1.3355, 0.2914) \\
\quad \text{and } x(t-12) \text{ is } A_{37}(1.0637, 0.2914) \text{ and } x(t-18) \text{ is } A_{47}(0.8722, 0.2914) \\
\quad \text{THEN } x(t+6) \text{ is } 0.1006 \\
\text{Rule 8: IF } x(t) \text{ is } A_{18}(0.9558, 0.3891) \text{ and } x(t-6) \text{ is } A_{28}(1.2828, 0.3891) \\
\quad \text{and } x(t-12) \text{ is } A_{38}(1.3002, 0.3891) \text{ and } x(t-18) \text{ is } A_{48}(1.1744, 0.3891) \\
\quad \text{THEN } x(t+6) \text{ is } 0.0053 \\
\text{Rule 9: IF } x(t) \text{ is } A_{19}(0.7768, 0.2643) \text{ and } x(t-6) \text{ is } A_{29}(1.1298, 0.2643) \\
\quad \text{and } x(t-12) \text{ is } A_{39}(1.3638, 0.2643) \text{ and } x(t-18) \text{ is } A_{49}(1.2645, 0.2643) \\
\quad \text{THEN } x(t+6) \text{ is } -0.0669 \\
\text{Rule 10: IF } x(t) \text{ is } A_{1,10}(0.6160, 0.3801) \text{ and } x(t-6) \text{ is } A_{2,10}(0.6966, 0.3801) \\
\quad \text{and } x(t-12) \text{ is } A_{3,10}(1.1639, 0.3801) \text{ and } x(t-18) \text{ is } A_{4,10}(1.3181, 0.3801) \\
\quad \text{THEN } x(t+6) \text{ is } -0.3178 \\
\text{Rule 11: IF } x(t) \text{ is } A_{1,11}(0.9028, 0.4539) \text{ and } x(t-6) \text{ is } A_{2,11}(0.8503, 0.4539) \\
\quad \text{and } x(t-12) \text{ is } A_{3,11}(0.4250, 0.4539) \text{ and } x(t-18) \text{ is } A_{4,11}(0.3621, 0.4539) \\
\quad \text{THEN } x(t+6) \text{ is } -0.3053
\end{cases}
\tag{7.49}
$$

式(7.49)为通过学习得到的模糊规则。训练结果如图 7.12～图 7.15 所示。为验证所得模型的预测能力，在 $t = 1124$ 到 $t = 2123$ 之间选择另外 1000 组数据作为测试数据，测试结果如图 7.16 和图 7.17 所示。由图可见，所得 FAOS-PFNN 只需 11 条模糊规则即具有很强的逼近能力和泛化能力。将该算法与其他重要算法进行比较，结果如表 7.4 所示。由表可知，DFNN 的结构最为精简，但其学习时间较长，系统参数数目也较多。与表中其他算法相比，FAOS-PFNN 能够以更短的学习时间获得更为简洁的系统结构。并且，其训练 RMSE 和测试 RMSE 更小，分别为 0.0073 和 0.0127。

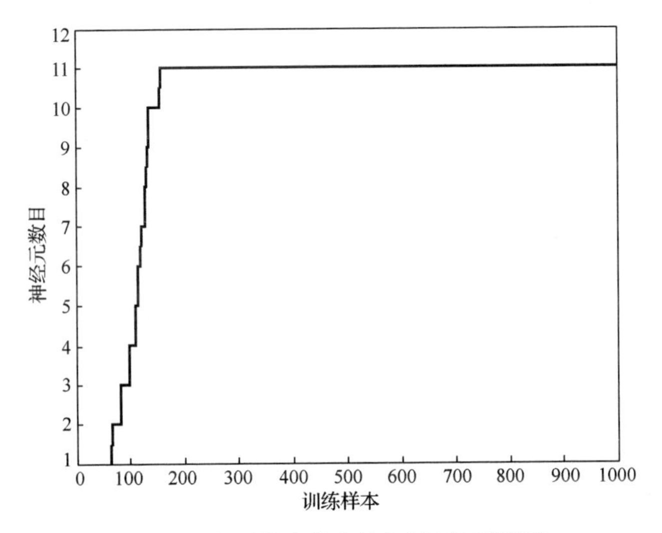

图 7.12　规则节点的生长(时间序列预测)

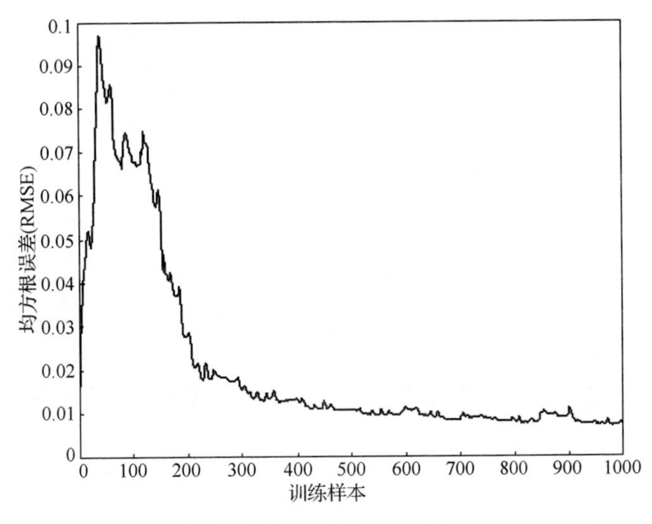

图 7.13　训练过程中的均方根误差(时间序列预测)

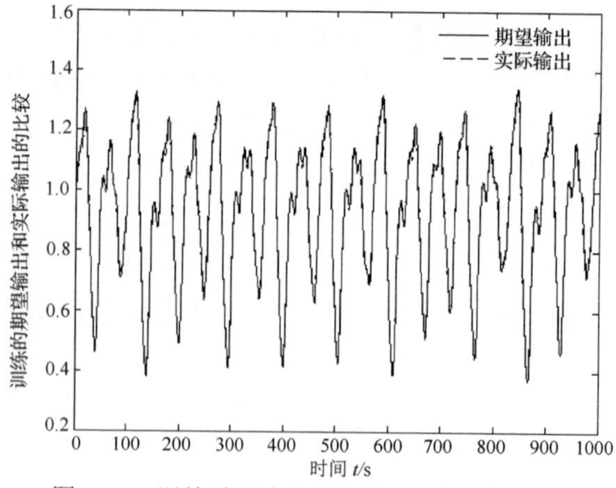

图 7.14　训练过程中的期望输出和实际输出

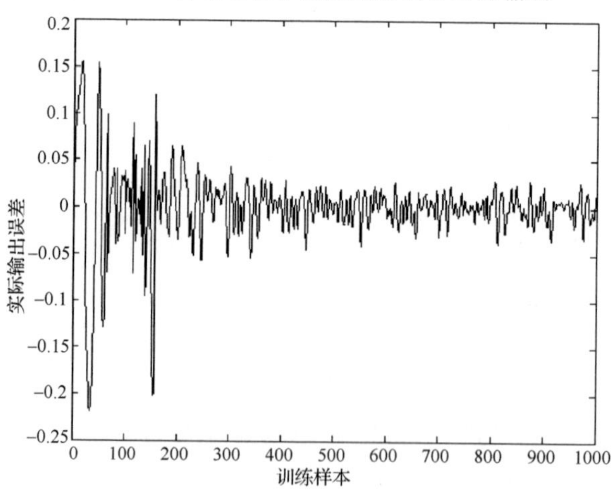

图 7.15　训练过程中的实际输出误差(时间序列预测)

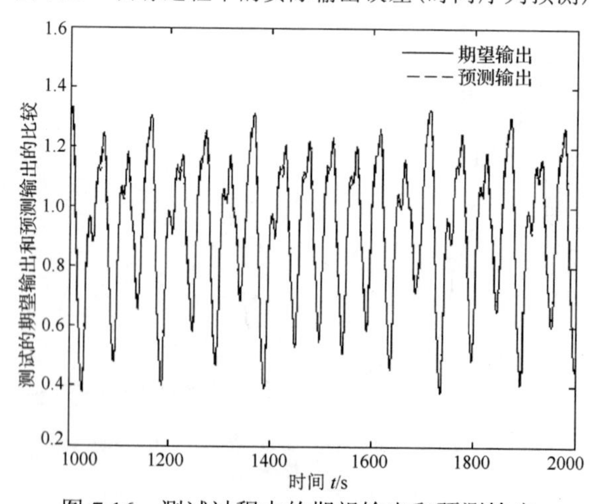

图 7.16　测试过程中的期望输出和预测输出

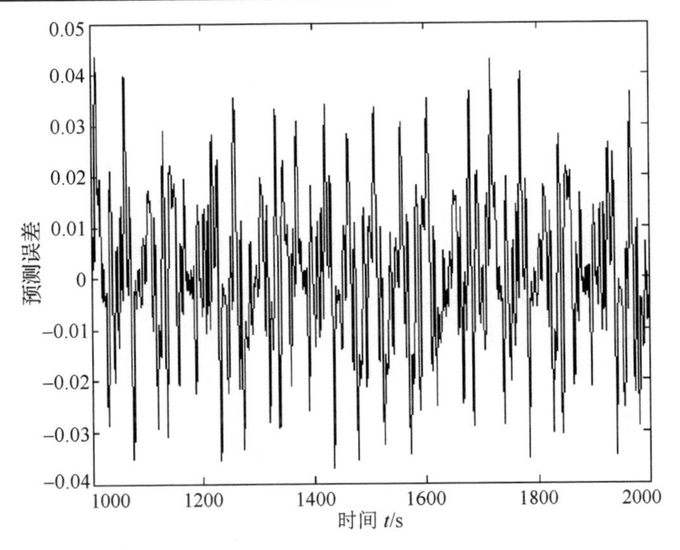

图 7.17　测试过程中的预测误差

表 7.4　FAOS-PFNN 算法与其他算法的比较（$P = 6$, $x(0) = 1.2$）

算法	规则节点数	参数的数量	训练 RMSE	测试 RMSE	训练时间/s
OLS[202]	13	211	0.0158	0.0163	-*
RBF-AFS[130]	21	210	0.0107	0.0128	-*
DFNN[131]	5	100	0.0132	0.0131	93.2169
FAOS-PFNN[211]	11	66	0.0073	0.0127	7.6195

*原文献中没有给出。

为方便与另一大类重要算法（RAN[126]、RANEKF[127]、MRAN[128]、GGAP-RBF[134] 和 OS-ELM[137]）进行广泛的比较，选择参数为：$P = 50$，$x(0) = 0.3$。比较结果如表 7.5 所示。通过比较，FAOS-PFNN 获得了更强的逼近性能和泛化能力，同时具有精简的系统结构。

表 7.5　OSFNNRG 算法与其他算法的比较（$P = 50$, $x(0) = 0.3$）

算法	规则节点数	训练 RMSE	测试 RMSE
RAN[126]	39	0.1006	0.0466
RANEKF[127]	23	0.0726	0.0240
MRAN[128]	16	0.1101	0.0337
GGAP-RBF[134]	13	0.0700	0.0368
OS-ELM[137]	120	0.0184	0.0186
FAOS-PFNN[211]	22	0.0152	0.0224
	11	0.0327	0.0548

7.5 本章小结

本章提出了一种快速精确在线自组织精简模糊神经网络(FAOS-PFNN)的结构和学习算法，用以实现模糊系统设计的自动化。与其他现有的在线学习方法不同的是，该方法将修剪策略合并到规则生长标准中，使得新的生长标准兼具增长和修剪的特点，从而加快了在线学习速度。基于该合成的规则生长准则，随着训练数据的先后到达，模糊系统从没有任何规则逐渐生长，从而生成精简的且具有较高逼近和泛化能力的模糊神经网络结构。扩展的卡尔曼滤波(EKF)算法用来在线调节所有的自由参数，以加快收敛速度。为验证其有效性和优越性，分别将其应用于非线性函数逼近、动态系统辨识和Mackey-Glass混沌时间序列预测等领域，并将其与现有的重要学习算法进行广泛的比较。研究结果显示，本章所提出的FAOS-PFNN算法的学习速度更快，所得模糊神经网络的结构更为精简，而且具有相当的逼近和泛化能力。这为模糊系统的自动化设计及优化提供了新的有效方法。

第 8 章　基于广义椭球基函数神经网络的在线自组织模糊系统

8.1　概　　述

模糊神经网络发展至今，已基本实现了基于数据建模的模糊系统设计自动化。该领域的主要研究思想蕴含两方面的研究工作，即结构辨识和参数估计。对于结构辨识，大多研究成果以径向基(RBF)神经网络或椭球基(EBF)神经网络为数据学习框架，作为 T-S 模糊系统的结构；对于参数估计，常用的研究方法包括线性最小二乘(LLS)、正交最小二乘(OLS)、卡尔曼滤波(KF)和扩展的卡尔曼滤波(EKF)算法等。

值得一提的是，文献[132]将传统的 RBF 神经网络结构拓展至 EBF 神经网络，使得每一维输入可具有不同的尺度，更适用于多维多尺度数据样本，也更贴近实际应用的需求。然而，从表达局部信息的隶属度函数角度来看，现有研究工作仍采用具有对称限制的标准高斯函数作为局部接收域，这在一定程度上制约了所得模糊规则的表达能力，从而使得所得模糊系统的精简性与精确性形成一对难以调和的矛盾。

尽管文献[211]和[212]中提出的快速精确在线自组织精简模糊神经网络(FAOS-PFNN)能够同时保证所得模糊系统的精简性和精确性，但所得隶属度函数对输入空间的划分往往在一定程度上已失去了模糊规则所蕴含的意义。

因而，是否可以从隶属度函数(激活函数)入手，研究具有明晰表达能力的模糊系统，使之解决精简性与精确性之间的矛盾，成为颇具理论和实际意义的研究工作。

本章通过提出非对称高斯函数(DGF)的概念，将传统的具有对称限制的高斯函数扩展为允许具有非对称宽度的隶属度函数。进而，采用 DGF 隶属度函数合成为多维局部信息接收单元，即广义椭球基函数(GEBF)。通过设计一种快速在线自组织学习算法，提出基于广义椭球基函数的在线自组织模糊神经网络(GEBF-OSFNN)，用以实现具有精简结构和精确逼近能力的 T-S 模糊系统。需要指出的是，所得模糊系统的模糊规则前件模糊集由具有对称特性的 DGF 刻画，具有更强的输入空间划分能力，同时提高了模糊系统的紧凑性和表达能力。此外，对于结构辨识和参数估计问题，DGF 隶属度函数只需更新一侧宽度参数即可，这也极大地降低了计算复杂度；而后件参数同时通过 LLS 算法获得，可同时实现模糊系统结构和参数的在线辨识。最后，通过函数逼近、动态系统辨识和时间序列预测等多种标杆问题，验证了所提出 GEBF-OSFNN 算法的有效性，并于其他经典算法进行广泛比较研究，结果显示了 GEBF-OSFNN 的优越性。

本章内容主要基于文献[197]和文献[216]～[218]。

8.2 GEBF-OSFNN 的结构

在本节中，我们将首先给出所提出 GEBF-OSFNN 的四层网络结构，如图 8.1 所示。需要指出的是，广义椭球基函数(GEBF)这一崭新的概念被提出并融入到 GEBF-OSFNN 中，用以实现一种 T-S 模糊系统。如上所述，GEBF 减少了传统高斯函数的对称性约束，从而使得每一维输入可以由更加灵活的具有非对称特性的 DGF 隶属度函数进行模糊划分，从而得到更加有效灵活的输入空间划分。随后将给出 GEBF 的详细论述。

8.2.1 广义椭球基函数

为便于阐述 GEBF，我们首先明确给出非对称高斯函数(DGF)的定义。

定义 8.1(非对称高斯函数) 若任意函数满足如下条件：

$$\mathrm{DGF}(x;c,\sigma(x))=\exp\left(-\frac{(x-c)^2}{\sigma^2(x)}\right) \tag{8.1}$$

其中

$$\sigma(x)=\begin{cases}\sigma_{\text{right}}, & x\geqslant c\\ \sigma_{\text{left}}, & x<c\end{cases} \tag{8.2}$$

其中，c、σ_{left} 和 σ_{right} 分别表示 DGF 的中心、左宽度和右宽度。称函数 DGF(·)为非对称高斯函数(DGF)，其中 $\sigma(\cdot)$ 称为动态宽度。

需要指出的是，尽管 DGF 的左右宽度不同，但对于论域内的任意 x，DGF 函数及其 n 阶导数依然是连续的。因此，DGF 函数可用作隶属度函数，且允许其模糊集左右不对称。

基于上述关于标量输入 DGF 函数定义，一种新颖的多维基函数，即广义椭球基函数(GEBF)，进而定义如下。

定义 8.2 (广义椭球基函数) 我们称由式(8.3)定义的函数为广义椭球基函数：

$$\mathrm{GEBF}(\boldsymbol{X};\boldsymbol{C},\boldsymbol{\Sigma}(x))=\prod_{i=1}^{n}\mathrm{DGF}(x_i;c_i,\sigma_i(x_i)) \tag{8.3}$$

其中，DGF(·)由式(8.1)定义，$\boldsymbol{X}=[x_1,x_2,\cdots,x_n]^{\mathrm{T}}$ 和 $\boldsymbol{C}=[c_1,c_2,\cdots,c_n]^{\mathrm{T}}$ 分别表示输入向

量和中心向量，$\boldsymbol{\Sigma}(\boldsymbol{X})=[\sigma_1(x_1),\cdots,\sigma_n(x_n)]^{\mathrm{T}}$ 称为 GEBF 的动态宽度向量，其中动态宽度 $\sigma_i(x_i)$ 由式(8.2)定义。

与所谓的椭球基函数(EBF)[132]相比，我们所提出的 GEBF 具有更高的自由度，其不仅使得不同维上具有不同的尺度，而且还可以具有非对称的支集，因而称为广义椭球基函数。

基于上述广义基函数的定义，我们进而集中论述基于 GEBF 的在线自组织模糊神经网络(GEBF-OSFNN)。

8.2.2　GEBF-OSFNN 的结构

如图 8.1 所示，该模糊神经网络可用以下模糊规则描述：

$$\begin{aligned}\text{Rule } j:\ &\text{IF } x_1 \text{ is } A_{1j} \text{ and } \cdots \text{ and } x_r \text{ is } A_{rj},\\ &\text{THEN } y=w_j(x_1,\cdots,x_r),\quad j=1,2,\cdots,u\end{aligned} \tag{8.4}$$

其中，A_{ij} 为第 j 条模糊规则中输入变量 x_i 的模糊集，r 和 u 分别为模糊规则数目和输入维数。令 μ_{ij} 为模糊集 A_{ij} 的隶属度函数，其中上述 DGF 函数用作描述该模糊集。

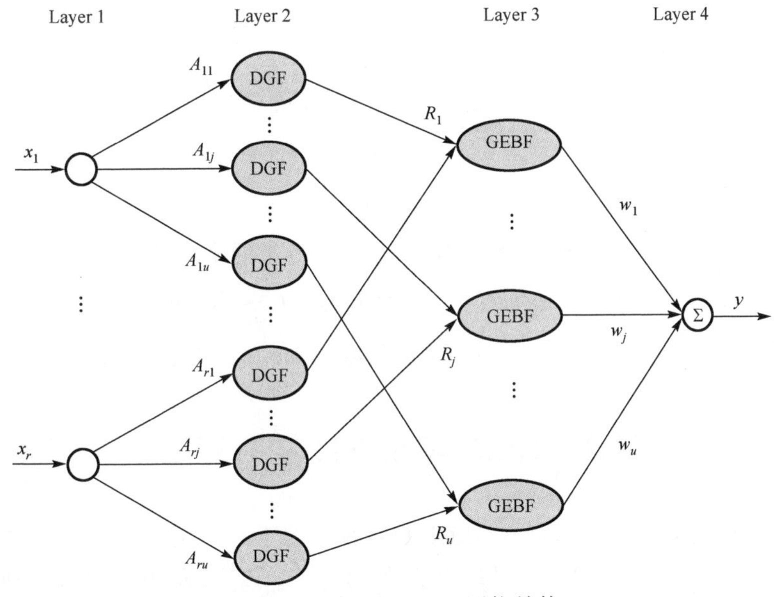

图 8.1　GEBF-OSFNN 网络结构

接下来，我们将分层描述 GEBF-OSFNN 的四层网络结构。

第一层：输入层。该层通过输入层节点接收输入数据 $x_1,\cdots,x_r$，不做其他任何运算。

第二层：DGF 层。该层每个节点表示输入变量的某个 DGF 隶属度函数，由式(8.5)定义：

$$\mu_{ij}(x_i) = \mathrm{DGF}(x_i; c_{ij}, \sigma_{ij}(x_i)) \tag{8.5}$$

其中

$$\sigma_{ij}(x_i) = \begin{cases} \sigma_{ij}^R, x_i \geqslant c_{ij} \\ \sigma_{ij}^L, x_i < c_{ij} \end{cases} \tag{8.6}$$

其中，DGF(·) 函数由式(8.1)和式(8.2)定义，c_{ij}、σ_{ij}^L 和 σ_{ij}^R 分别表示相应模糊集的中心和左右宽度。

第三层：GEBF 层。该层每个节点表示每条模糊规则的前件。如果 T-norm 采用乘积运算，则每条模糊规则 $R_j(j=1,2,\cdots,u)$ 的激活度可由上述所定义的 GEBF 函数给出：

$$\varphi_j(\boldsymbol{X}) = \mathrm{GEBF}(\boldsymbol{X}; \boldsymbol{C}_j, \boldsymbol{\Sigma}_j(X)) \tag{8.7}$$

其中，GEBF(·) 函数由式(8.3)定义，$\boldsymbol{X}=[x_1,x_2,\cdots,x_r]^{\mathrm{T}}$，$\boldsymbol{C}_j=[c_{1j},c_{2j},\cdots,c_{rj}]^{\mathrm{T}}$ 和 $\boldsymbol{\Sigma}_j=[\sigma_{1j}(x_1),\sigma_{2j}(x_2),\cdots,\sigma_{rj}(x_r)]^{\mathrm{T}}$ 分别表示第 j 个 GEBF 单元的输入、中心和宽度向量，其中动态宽度 $\sigma_{ij}(x_i)$ 由式(8.6)定义。

第四层：输出层。在该层中，单节点表示多输入单输出系统。尽管如此，单输入多输出系统的结果可直接推广至多输入多输出系统，因为多输入多输出系统可看作多个多输入单输出系统的合成。该输出节点以所接收信号的加权求和为输出，表示为

$$y(X) = \sum_{j=1}^{u} w_j \varphi_j \tag{8.8}$$

其中，w_j 为第 j 条模糊规则的后件，定义为输入变量的多项式：

$$w_j = \alpha_{0j} + \alpha_{1j}x_1 + \cdots + \alpha_{rj}x_r,\quad j=1,2,\cdots,u \tag{8.9}$$

其中，$\alpha_{0j},\alpha_{1j},\cdots,\alpha_{rj}, j=1,2,\cdots,u$ 为第 j 条模糊规则相应的输入变量权重。

8.3　GEBF-OSFNN 学习算法

在本节中，我们将着重阐述 GEBF-OSFNN 的学习方案。对于每一对观测数据 $(\boldsymbol{X}^k,t^k)(k=1,2,\cdots,n)$，其中 n 为训练数据对的个数，$\boldsymbol{X}^k \in \mathbf{R}^r$ 和 $t^k \in \mathbf{R}$ 分别为第 k 组数据的输入向量和输出。那么，GEBF-OSFNN 关于第 k 组输入数据的输出 y^k 可由式(8.1)～式(8.9)得到。需要指出的是，在第一组观测数据 $(\boldsymbol{X}^1,t^1)$ 到达之前，GEBF-OSFNN 中没有任何节点。随着观测数据的在线获得，根据一定的学习准则，GEBF-OSFNN 节点逐渐生长。不失一般性，我们考虑第 k 组观测数据，用以描述整个学习算法的机理。此时的情况是，在第 k 组观测数据到达之前，在 GEBF-OSFNN 第三层(即 GEBF 层)中已生成 u 个 GEBF 节点。

8.3.1　规则生长准则

基于几何生长准则[197]和模糊规则的 ε-完备性[132]，提出两种生长准则用于生成 GEBF 单元，它们分别为误差准则和距离准则。直观地，系统误差用于检验所的模糊神经网络的整体泛化能力，而距离度量用于考察由现有 GEBF 单元所形成的输入空间划分的有效性。

1. 系统误差

当第 k 组观测数据 $(\boldsymbol{X}^k, t^k)$ 达到时，计算系统误差如下：

$$\left\|e^k\right\| = \left\|t^k - y^k\right\|, \quad k = 1, 2, \cdots, n \tag{8.10}$$

如果

$$\left\|e^k\right\| > k_e, \quad k_e = \max\{e_{\max}\beta^{k-1}, e_{\min}\} \tag{8.11}$$

那么，需要生成新的 GEBF 隐层节点，或者调整现有 GEBF 节点的宽度。否则，不需要生成任何新的隐层节点，只需要更新现有模糊规则的后件权重即可。这里，k_e 为事先设定的阈值，并且随着学习过程的推进，逐渐减小；$e_{\max}$ 和 $e_{\min}$ 分别为所设定的最大误差和所期望的精度；$\beta \in (0,1)$ 为收敛常数，为简便起见，可由式(8.12)直接获得：

$$\beta = (e_{\min}/e_{\max})^{3/n} \tag{8.12}$$

2. 距离准则

实际上，GEBF-OSFNN 中的每个 GEBF 单元是定义在输入空间上的一个局部接收域。基于 ε-完备性，如果第 k 组观测数据 $(\boldsymbol{X}^k, t^k)$ 满足该准则，则系统无需生成新的聚类(即 GEBF 单元)，只需调整最近 GEBF 单元的参数即可。为了实现该距离准则，新观测数据 $\boldsymbol{X}^k = [x_{1k}, x_{2k}, \cdots, x_{rk}]^{\mathrm{T}}$ 与现有第 j 个 GEBF 单元的中心 $\boldsymbol{C}_j = [c_{1j}, c_{2j}, \cdots, c_{rj}]^{\mathrm{T}}$ 之间的距离 dist_{jk} 可由式(8.13)得到：

$$\mathrm{dist}_{jk}(\boldsymbol{X}^k) = \sqrt{(\boldsymbol{X}^k - \boldsymbol{C}_j)^{\mathrm{T}} \boldsymbol{S}_j^{-1}(\boldsymbol{X}^k)(\boldsymbol{X}^k - \boldsymbol{C}_j)}, \quad j = 1, 2, \cdots, u \tag{8.13}$$

其中

$$\boldsymbol{S}_j(\boldsymbol{X}^k) = \mathrm{diag}(\boldsymbol{\Sigma}_j^2(\boldsymbol{X}^k)) = \begin{pmatrix} \sigma_{1j}^2(x_{1k}) & 0 & \cdots & 0 \\ 0 & \sigma_{2j}^2(x_{2k}) & & \vdots \\ \vdots & \vdots & \ddots & 0 \\ 0 & \cdots & 0 & \sigma_{rj}^2(x_{rk}) \end{pmatrix} \tag{8.14}$$

其中，$\boldsymbol{\Sigma}_j(\boldsymbol{X}^k)$ 和 $\sigma_{ij}(x_{ik})$ 分别为对应于第 k 组观测数据 $\boldsymbol{X}^k$ 的第 j 个 GEBF 单元的动态宽度向量和相应的第 i 维的动态宽度，可由式(8.6)得到。

对于第 k 组观测数据，最近的 GEBF 单元可表示为

$$J = \arg\min_{1\leqslant j\leqslant u}(\text{dist}_{jk}(\boldsymbol{X}^k)) \tag{8.15}$$

如果

$$\text{dist}_{jk}(\boldsymbol{X}^k) > k_d, \quad k_d = \max\{d_{\max}\gamma^{k-1}, d_{\min}\} \tag{8.16}$$

现有的 GEBF 单元并不能有效地划分输入空间，并且模糊规则的完备性也不能满足。那么，需要考虑生成新的 GEBF 单元，或者调整最近的 GEBF 单元以改善对输入空间的划分。否则，不需要生成任意新的模糊规则，只需更新现有模糊规则的后件即可。这里，k_d 为事先设定的阈值，并且随着学习过程的推进，逐渐减小。$d_{\max}$ 和 $d_{\min}$ 分别为所设定的最大和最小距离，根据 ε-完备性，上述距离阈值可由式(8.17)获得：

$$d_{\max} = \sqrt{\ln(1/\varepsilon_{\min})}, \quad d_{\min} = \sqrt{\ln(1/\varepsilon_{\max})} \tag{8.17}$$

其中，$\varepsilon_{\max}$ 和 $\varepsilon_{\min}$ 分别为所设定的最大和最小模糊规则激活强度，本章中我们选择 $\varepsilon_{\max}=0.8$ 和 $\varepsilon_{\min}=0.5$。$\gamma\in(0,1)$ 为收敛常数，为简便起见，可由式(8.18)直接获得：

$$\gamma = (d_{\min}/d_{\max})^{3/n} \tag{8.18}$$

8.3.2　规则修剪准则

作为一种正交最小二乘(OLS)方法，误差下降率(ERR)已被用作计算输入变量的敏感度和模糊规则的重要度，从而决定删除哪些变量和模糊规则。在本章中，ERR 方法被用作 GEBF-OSFNN 隐层节点的修剪策略。

给定 n 组输入输出数据对 $(\boldsymbol{X}^k, t^k), k=1,2,\cdots,n$，将式(8.8)看作由式(8.19)描述的线性回归模型：

$$\boldsymbol{T} = \boldsymbol{\Psi}\boldsymbol{A} + \boldsymbol{E} \tag{8.19}$$

其中

$$\boldsymbol{\Psi} = [\boldsymbol{\psi}_1,\ \boldsymbol{\psi}_2, \cdots,\ \boldsymbol{\psi}_n]^{\mathrm{T}} \tag{8.20}$$

$$\boldsymbol{A} = [\boldsymbol{a}_0, \boldsymbol{a}_1, \cdots, \boldsymbol{a}_r]^{\mathrm{T}} \tag{8.21}$$

$$\boldsymbol{\psi}_i = [\varphi_i, \varphi_i x_{1i}, \cdots, \varphi_i x_{ri}]^{\mathrm{T}}, \quad \varphi_i = [\varphi_{1i}, \varphi_{2i}, \cdots, \varphi_{ui}], \ i=1,2,\cdots,u \tag{8.22}$$

$$\boldsymbol{a}_i = [a_{i1}, a_{i2}, \cdots, a_{iu}], \quad i=0,1,\cdots,r \tag{8.23}$$

其中，$\boldsymbol{T}=[t^1, t^2, \cdots, t^n]^{\mathrm{T}} \in \mathbf{R}^n$ 为目标输出向量，$\boldsymbol{A}=[\boldsymbol{a}_0, \boldsymbol{a}_1, \cdots, \boldsymbol{a}_r]^{\mathrm{T}} \in \mathbf{R}^v, v=u(r+1)$ 为权重系数向量，$\boldsymbol{\Psi}\in\mathbf{R}^{n\times v}$ 为回归矩阵，$\boldsymbol{E}=[e^1, e^2, \cdots, e^n]^{\mathrm{T}} \in \mathbf{R}^n$ 为误差向量且与回归矩阵无关。

对于矩阵 $\boldsymbol{\Psi} \in \mathbf{R}^{n\times v}$，如果 $n \geqslant v$，可通过 QR 分解将其转化为一组正交基向量：

$$\boldsymbol{\Psi} = \boldsymbol{PQ} \tag{8.24}$$

其中，正交矩阵 $\boldsymbol{P} = [\boldsymbol{p}_1, \boldsymbol{p}_2, \cdots, \boldsymbol{p}_v] \in \mathbf{R}^{n\times v}$ 与回归矩阵 $\boldsymbol{\Psi} \in \mathbf{R}^{n\times v}$ 维数相同，$\boldsymbol{Q} \in \mathbf{R}^{v\times v}$ 为上三角矩阵。矩阵 $\boldsymbol{P}$ 的正交性使得我们可以直接计算每条规则对于整体输出的贡献度。将式(8.24)代入式(8.19)可得

$$\boldsymbol{T} = \boldsymbol{PQA} + \boldsymbol{E} = \boldsymbol{PG} + \boldsymbol{E} \tag{8.25}$$

其中，$\boldsymbol{G} = [g_1, g_2, \cdots, g_v]^{\mathrm{T}} = (\boldsymbol{P}^{\mathrm{T}}\boldsymbol{P})^{-1}\boldsymbol{P}^{\mathrm{T}}\boldsymbol{T} \in \mathbf{R}^{v}$ 可由线性最小二乘(LLS)得到。由 $\boldsymbol{p}_i$ 引起的误差下降率(ERR)如下所示：

$$\mathrm{err}_i = \frac{(\boldsymbol{p}_i^{\mathrm{T}}\boldsymbol{T})^2}{\boldsymbol{p}_i^{\mathrm{T}}\boldsymbol{p}_i\boldsymbol{T}^{\mathrm{T}}\boldsymbol{T}}, \quad i = 1, 2, \cdots, v \tag{8.26}$$

可见，上述 ERR 方法提供了一种简单有效的计算矩阵 $\boldsymbol{\Psi} \in \mathbf{R}^{n\times v}$ 各行重要度的方案。为进一步定义各条模糊规则的重要度和模糊规则中各输入变量的敏感度，引入矩阵 $\mathbf{ERR} = [\boldsymbol{\rho}_1, \boldsymbol{\rho}_2, \cdots, \boldsymbol{\rho}_u]$，由式(8.27)定义：

$$\mathbf{ERR} = [\mathbf{Err}_1, \mathbf{Err}_2, \cdots, \mathbf{Err}_{r+1}]^{\mathrm{T}} \tag{8.27}$$

$$\mathbf{Err}_j = [\mathrm{err}_{(j-1)u+1}, \mathrm{err}_{(j-1)u+2}, \cdots, \mathrm{err}_{(j-1)u+u}]^{\mathrm{T}}, \quad j = 1, 2, \cdots, r+1 \tag{8.28}$$

基于矩阵 **ERR**，定义第 j 条模糊规则的重要度 sig_j 为

$$\mathrm{sig}_j = \sqrt{\frac{\boldsymbol{\rho}_j^{\mathrm{T}}\boldsymbol{\rho}_j}{r+1}}, \quad j = 1, 2, \cdots, u \tag{8.29}$$

模糊规则的修剪策略由此获得。如果

$$\mathrm{sig}_j < k_s, \quad j = 1, 2, \cdots, u \tag{8.30}$$

那么，第 j 条模糊规则可认为并不重要，将其删减。否则，不删除任何模糊规则。其中，k_s 为事先定义的阈值。

8.3.3 前件调整

当上述结构学习完成后，GEBF-OSFNN 中的 GEBF 单元(即模糊规则前件)需要进行相应的调整。一方面，调整已有的 GEBF 节点的宽度；另一方面，设定新增 GEBF 节点的中心和宽度。我们将上述前件调整总结为前件初始化和宽度更新，详述如下。

1. 前件初始化

为便于论述前件参数的初始化，基于所提出的 GEBF，我们首先定义广义半闭模糊集(GSFS)的概念。

定义 8.3（广义半闭模糊集）　如果模糊集 $A_i, i=1,2,\cdots,m$ 是论域 $U=[a,b]$ 上由式(8.1)的 DGF 函数所定义的，相应的隶属度函数 $\mu_i, i=1,2,\cdots,m$ 满足如下边界条件：

$$\mu_i(x)=\begin{cases}\exp\left(-\dfrac{(x-a)^2}{(\sigma_i^R)^2}\right), & |c_i-a|\leqslant\delta \\ \exp\left(-\dfrac{(x-c_i)^2}{\sigma_i^2(x)}\right), & |c_i-a|>\delta,\ |c_i-b|>\delta \\ \exp\left(-\dfrac{(x-b)^2}{(\sigma_i^L)^2}\right), & |c_i-b|\leqslant\delta\end{cases} \tag{8.31}$$

其中，δ 任意小量，$\sigma_i(x)$ 为第 i 个 DGF 的动态宽度，可由式(8.2)定义，σ_i^L 和 σ_i^R 分别为相应模糊集的左右宽度，由式(8.32)得到

$$\begin{cases}\sigma_i^L=\dfrac{|c_i-c_{i-1}|}{\sqrt{\ln(1/\varepsilon)}} \\ \sigma_i^R=\dfrac{|c_{i+1}-c_i|}{\sqrt{\ln(1/\varepsilon)}}\end{cases} \tag{8.32}$$

其中，$c_0=a$，$c_{m+1}=b, i=1,2,\cdots,m$ 和 $c_i, i=1,2,\cdots,m$ 为相应模糊集的中心。那么，称 $A_i, i=1,2,\cdots,m$ 为广义半闭模糊集(GSFS)。

定理 8.1　定义 8.3 中的广义半闭模糊集(GSFS)满足模糊规则的 ε-完备性，即对于任意 $x\in U$，存在 $i\in\{1,2,\cdots,m\}$ 使得 $\mu_i(x)\geqslant\varepsilon$。

证明　由式(8.31)和式(8.32)可得

$$\mu_i(x)=\begin{cases}\exp\left(-\dfrac{(x-a)^2}{\left(|c_i-a|/\sqrt{\ln(1/\varepsilon)}\right)^2}\right), & |c_i-a|\leqslant\delta \\ \begin{cases}\exp\left(-\dfrac{(x-c_i)^2}{\left(|c_i-c_{i-1}|/\sqrt{\ln(1/\varepsilon)}\right)^2}\right), & x\leqslant c_i \\ \exp\left(-\dfrac{(x-c_i)^2}{\left(|c_{i+1}-c_i|/\sqrt{\ln(1/\varepsilon)}\right)^2}\right), & x>c_i\end{cases}, & |c_i-a|>\delta,\ |c_i-b|>\delta \\ \exp\left(-\dfrac{(x-b)^2}{\left(|b-c_{i-1}|/\sqrt{\ln(1/\varepsilon)}\right)^2}\right), & |c_i-b|\leqslant\delta\end{cases} \tag{8.33}$$

对于任意 $x \in U = [a,b]$，存在子区间 $\Delta U_i = [c_{i-1}, c_{i+1}] \subset U, i \in \{1,2,\cdots,m\}$ 使得 $x \in \Delta U_i$，其中 $c_0 = a$，$c_{m+1} = b, i = 1,2,\cdots,m$ 和 $c_i, i = 1,2,\cdots,m$ 为相应模糊集的中心。因而，可得

$$\mu_i(x) \geqslant \min\{\mu_i(c_{i-1}), \mu_i(c_{i+1})\} \tag{8.34}$$

由式(8.33)，可得 $\mu_i(c_{i-1})$ 和 $\mu_i(c_{i+1})$ 分别为

$$\mu_i(c_{i-1}) = \begin{cases} 1, & |c_i - a| \leqslant \delta \\ \varepsilon, & |c_i - a| > \delta, |c_i - b| > \delta \\ \varepsilon, & |c_i - b| \leqslant \delta \end{cases} \tag{8.35}$$

$$\mu_i(c_{i+1}) = \begin{cases} \varepsilon, & |c_i - a| \leqslant \delta \\ \varepsilon, & |c_i - a| > \delta, |c_i - b| > \delta \\ 1, & |c_i - b| \leqslant \delta \end{cases} \tag{8.36}$$

因而，由式(8.34)～式(8.36)可得

$$\mu_i(x) \geqslant \varepsilon \tag{8.37}$$

所以，对于任意 $x \in U = [a,b]$，存在 $i \in \{1,2,\cdots,m\}$ 使得 $\mu_i(x) \geqslant \varepsilon$。也就是，定义 8.3 中的广义半闭模糊集(GSFS)满足模糊规则的 ε-完备性。证毕。

考虑第 k 组数据 $X^k = [x_{1k}, x_{2k}, \cdots, x_{rk}]^{\mathrm{T}}$，如果有新的模糊规则(即 GEBF 节点)产生，则需要初始化所产生的 GEBF 节点每一维上的中心和宽度。令

$$\begin{cases} \boldsymbol{B}_i = [x_{i,\min}, c_{i1}, c_{i2}, \cdots, c_{iu}, x_{i,\max}]^{\mathrm{T}} \\ \boldsymbol{W}_i^L = [\sigma_{i0}, \sigma_{i1}^L, \sigma_{i2}^L, \cdots, \sigma_{iu}^L, \sigma_{i0}]^{\mathrm{T}} \\ \boldsymbol{W}_i^R = [\sigma_{i0}, \sigma_{i1}^R, \sigma_{i2}^R, \cdots, \sigma_{iu}^R, \sigma_{i0}]^{\mathrm{T}} \end{cases} \tag{8.38}$$

分别为边界向量和左右宽度向量。另外，$\boldsymbol{\Sigma}_0 = [\sigma_{10}, \sigma_{20}, \cdots, \sigma_{r0}]^{\mathrm{T}}$ 为初始宽度向量，可由 $\sigma_{i0} = (x_{i,\max} - x_{i,\min})/2$ 得到。计算第 k 维输入 x_{ik} 与边界 $\boldsymbol{B}_i$ 之间的距离：

$$d_{ik}(j) = |x_{ik} - \boldsymbol{B}_i(j)|, \quad j = 1,2,\cdots,u+2 \tag{8.39}$$

其中，u 为已有的模糊规则数目。则距离最近的中心为

$$J_{ik} = \arg \min_{j=1,2,\cdots,u+2} d_{ik}(j) \tag{8.40}$$

如果

$$d_{ik}(J_{ik}) \leqslant k_m \tag{8.41}$$

那么，x_{ik}能够被最近的 DGF 隶属度函数很好的覆盖。所以，新生成的 GEBF 单元的第 i 维中心 $c_{i(u+1)}$、左宽度 $\sigma_{i(u+1)}^L$ 和右宽度 $\sigma_{i(u+1)}^R$ 可分别设置如下：

$$\begin{cases} c_{i(u+1)} = \boldsymbol{B}_i(J_{ik}) \\ \sigma_{i(u+1)}^L = \boldsymbol{W}_i^L(J_{ik}) \\ \sigma_{i(u+1)}^R = \boldsymbol{W}_i^R(J_{ik}) \end{cases} \tag{8.42}$$

否则，需要在第 i 维上生成新的 DGF 隶属度函数。既然如此，输入 x_{ik} 总会落在由两个相邻聚类中心划分的某个最小子区间 $\Delta\boldsymbol{B}_i = [\boldsymbol{B}_i(J_1), \boldsymbol{B}_i(J_2)]$ 上，则前件参数初始化如下：

$$\begin{cases} c_{i(u+1)} = x_{ik} \\ \sigma_{i(u+1)}^L = \kappa d_{ik}(J_1) \\ \sigma_{i(u+1)}^R = \kappa d_{ik}(J_2) \end{cases} \tag{8.43}$$

其中，κ 由式(8.44)给出：

$$\kappa = \frac{1}{\sqrt{\ln(1/\varepsilon)}} \tag{8.44}$$

2. 宽度更新

尽管输入数据 $\boldsymbol{X}^k$ 能够被最近的 GEBF 单元所覆盖，但现有模糊神经网络的精度并不理想。此时，我们需要调整距离最近的 GEBF 单元的宽度，以改善输入空间划分的局部和全局性能。令

$$\begin{cases} \boldsymbol{C}_J = [c_{1J}, c_{2J}, \cdots, c_{rJ}]^{\mathrm{T}} \\ \boldsymbol{\Sigma}_J^L = \left[\sigma_{1J}^L, \sigma_{2J}^L, \cdots, \sigma_{rJ}^L\right]^{\mathrm{T}} \\ \boldsymbol{\Sigma}_J^R = \left[\sigma_{1J}^R, \sigma_{2J}^R, \cdots, \sigma_{rJ}^R\right]^{\mathrm{T}} \end{cases} \tag{8.45}$$

为距离第 k 组输入数据 $\boldsymbol{X}^k = [x_{1k}, x_{2k}, \cdots, x_{rk}]^{\mathrm{T}}$ 最近的 GEBF 单元的中心和左右宽度。

如果第 J 个 GEBF 单元的所有宽度都要进行调整，势必会加重计算负担及其复杂度。相反地，如果只调整对于输出贡献度较弱的维数上的宽度，自然会极大减少计算量。直观地，为确定哪些维数上的宽度需要进行调整，基于 ERR 方法，我们定义第 J 条模糊规则的第 i 个输入变量的敏感度为

$$\mathrm{sen}_J(i) = \frac{\rho_J(i+1)}{\sum_{k=2}^{r+1} \rho_J(k)}, \quad i = 1, 2, \cdots, r \tag{8.46}$$

其中，$\boldsymbol{\rho}_j, j=1,2,\cdots,u$ 为矩阵 $\mathbf{ERR}=[\boldsymbol{\rho}_1,\boldsymbol{\rho}_2,\cdots,\boldsymbol{\rho}_u]\in\mathbf{R}^{(r+1)\times u}$ 的列向量，r 为输入变量的维数。如果

$$\mathrm{sen}_J(i)<1/r \tag{8.47}$$

那么，第 i 维输入变量的敏感度小于第 J 条模糊规则各输入变量敏感度的平均值，相应维上的 DGF 隶属度函数宽度应该减小，以强化局部覆盖能力。与现有的宽度调整方法[203-210]相比，DGF 隶属度函数的左右宽度并不需要同时调整，而只需更新当前输入数据所处的一侧宽度即可，即

$$\begin{cases}\sigma_{iJ}^L=k_w\sigma_{iJ}^L, & x_{ik}\leqslant c_{iJ}\\ \sigma_{iJ}^R=k_w\sigma_{iJ}^R, & x_{ik}>c_{iJ}\end{cases} \tag{8.48}$$

其中，$k_w\in(0,1)$ 为事先设定的阈值。

8.3.4 权重估计

继前述结构辨识和前件调整之后，需要针对所有模糊规则进行后件权重参数估计。将式(8.8)重写为如下矩阵形式：

$$\boldsymbol{Y}=\boldsymbol{\Psi}\boldsymbol{A} \tag{8.49}$$

其中，$\boldsymbol{Y}=[y^1,y^2,\cdots,y^n]^{\mathrm{T}}\in\mathbf{R}^n$ 为输出向量，矩阵 $\boldsymbol{\Psi}\in\mathbf{R}^{n\times v}$ 和 $\boldsymbol{A}\in\mathbf{R}^v$ 分别由式(8.20)和式(8.21)给出。

给定期望输出向量 $\boldsymbol{T}=[t^1,t^2,\cdots,t^n]^{\mathrm{T}}\in\mathbf{R}^n$ 和回归矩阵 $\boldsymbol{\Psi}\in\mathbf{R}^{n\times v}$，我们的任务是得到最优权重向量 $\boldsymbol{A}^*\in\mathbf{R}^v$，使得误差能量 $\boldsymbol{E}^{\mathrm{T}}\boldsymbol{E}$ 最小，其中误差向量 $\boldsymbol{E}$ 为

$$\boldsymbol{E}=\|\boldsymbol{T}-\boldsymbol{Y}\| \tag{8.50}$$

那么，最优权重向量 $\boldsymbol{A}^*\in\mathbf{R}^v$ 可由线性最小二乘方法得到：

$$\boldsymbol{\Psi}\boldsymbol{A}^*=\boldsymbol{T}+\boldsymbol{\xi} \tag{8.51}$$

其中，$\boldsymbol{\xi}$ 为函数逼近误差(FAE)。$\boldsymbol{A}^*\in\mathbf{R}^v$ 由如下伪逆得到：

$$\boldsymbol{A}^*=(\boldsymbol{\Psi}^{\mathrm{T}}\boldsymbol{\Psi})^{-1}\boldsymbol{\Psi}^{\mathrm{T}}\mathbf{T} \tag{8.52}$$

需要注意的是，线性最小二乘方法是一种简单有效的线性参数辨识方法。因而，当输入变量维数不是很大时，上述所提出的权重估计方法足以满足在线学习策略的需求。然而，因其计算负担和矩阵奇异性等，使得伪逆技术未必是高维参数估计问题的最佳选择，这是未来研究工作需解决的问题。

8.3.5 完整的算法结构

本节采用伪代码给出 GEBF-OSFNN 的完整学习算法。

```
For k =1:n
    当第 k 组观测数据 (X^k,t^k) 到达时，已有 u(u=0, if k=1)条模糊规则;
    If 式(8.16)成立
        If 式(8.11)成立
            (1)根据式(8.42)～式(8.44)，生成新的 GEBF 节点;
            (2)根据式(8.30)，检测是否删除 GEBF 节点;
            (3)根据式(8.52)，更新输出权重参数向量;
        Else
            根据式(8.52)，更新输出权重参数向量;
        End
    Else
        If 式(8.11)成立
            (1)根据式(8.46)～式(8.48)，调整相应的宽度;
            (2)根据式(8.52)，更新输出权重参数向量;
        Else
            根据式(8.52)，更新输出权重参数向量;
        End
    End
End
```

8.4 仿 真 研 究

为验证本章所提出的 GEBF-OSFNN 算法的有效性和优越性，本节将该学习算法分别应用于非线性函数逼近、动态系统建模和 Mackey-Glass 时间序列预测和真实标杆数据回归等领域，进行仿真研究。并且，将其与现有的其他的著名算法，如 RAN[126]、RANEKF[127]、MRAN[128]、ANFIS[114]、OLS[202]、RBF-AFS[130]、DFNN[131]、GDFNN[132]、GGAP-RBF[134]、OS-ELM[137]和 SOFNN[203]和 FAOS-PFNN[211]等，进行广泛的比较，以说明 GEBF-OSFNN 的优越性。需要指出的是，为比较学习时间，除了特别说明，本节中的所有仿真研究均运行在统一的仿真环境：MATLAB 7.1，Pentium 4，3.0 GHz CPU。

8.4.1 多维非线性函数建模

考虑三维非线性函数：

$$f(x_1,x_2,x_3)=(1+x_1^{0.5}+x_2^{-1}+x_3^{-1.5})^2 \tag{8.53}$$

从输入论域$[1,\ 6]^3$中随机采样 216 个训练数据，期望输出由式(8.53)得到。GEBF-OSFNN 学习算法的参数选择如下：

$$e_{\max}=3, e_{\min}=0.2, \kappa=9, k_m=0.6, k_w=0.9, k_s=0.0008$$

为方便与其他算法进行广泛比较，选择如下性能指标：

$$\text{APE}=\frac{1}{n}\sum_{k=1}^{n}\frac{\left|t^k-y^k\right|}{\left|t^k\right|} \tag{8.54}$$

其中，n 为训练样本的个数，t^k 和 y^k 分别为期望和实际输出。从同样的论域中，随机选择另外 125 组数据样本作为测试数据，用以检验所得模糊神经网络的泛化能力。为避免训练数据的随机性对训练效果的影响，我们运行 30 次，取其平均结果。此外，为考察 GEBF-OSFNN 的在线训练过程，采用另一个经常用到性能指标，即均方根误差(RMSE)：

$$\text{RMSE}=\sqrt{\frac{\sum_{k=1}^{n}\left(t^k-y^k\right)^2}{n}} \tag{8.55}$$

在线仿真结果如图 8.2～图 8.4 所示。由图中结果可见，最终所得 GEBF-OSFNN 仅用 9 条模糊规则即可获得理想的逼近模型。整个在线训练过程中，随着模糊规则数量的增加，训练误差逐渐减小，最终的均方根误差 RMSE 约为 0.14，而实际输出误差最终也趋向于零。

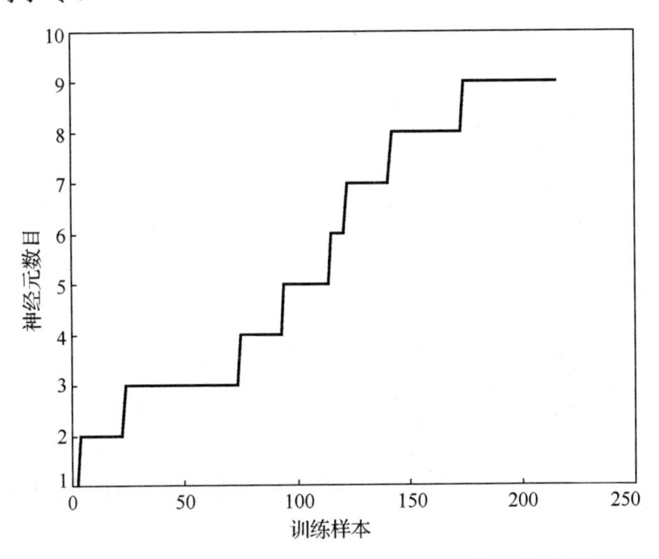

图 8.2　GEBF 节点在线生长(多维非线性函数建模)

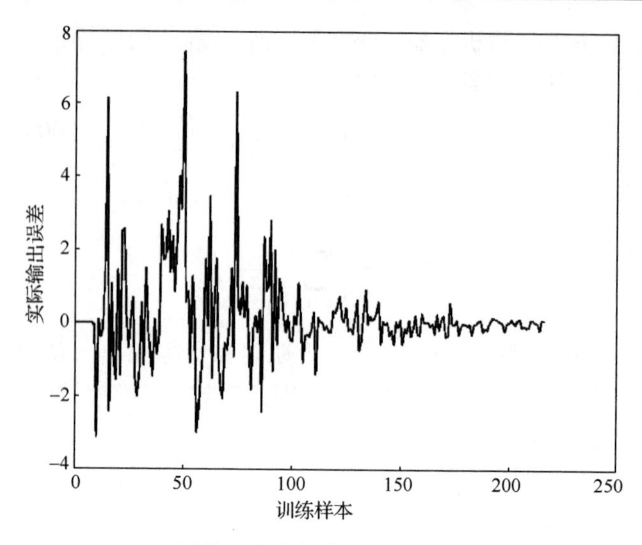

图 8.3 GEBF-OSFNN 训练过程中的实际输出误差(多维非线性函数建模)

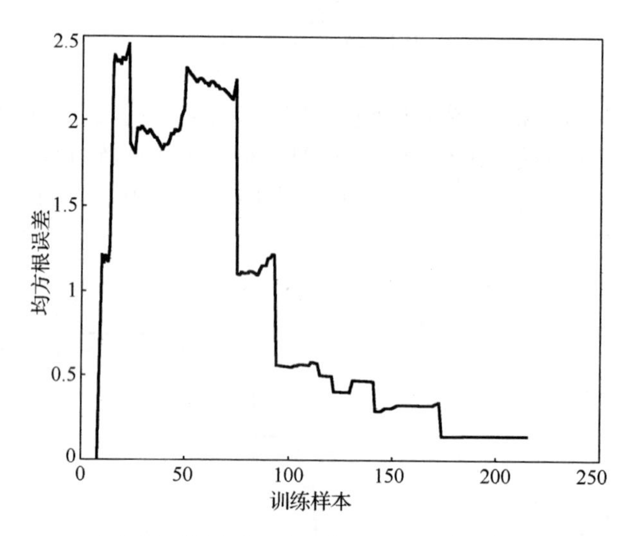

图 8.4 GEBF-OSFNN 训练过程中的均方根误差(多维非线性函数建模)

图 8.5 为期望输出与实际输出的数据点，“•”表示期望输出，“*”表示 GEBF-OSFNN 的实际逼近。结果显示，所得模糊神经网络能够很好地逼近原始训练数据。相应地，所得每一维 x_1、x_2、x_3 上的 DGF 隶属度函数如图 8.6 所示，可见所得模糊集能够很好地划分各维输入空间，从而使得每条模糊规则具有清晰的表达能力。

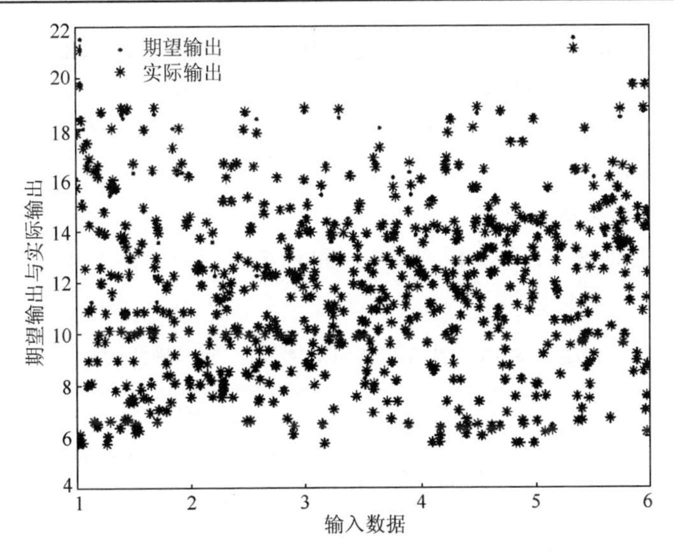

图 8.5　期望输出与实际输出

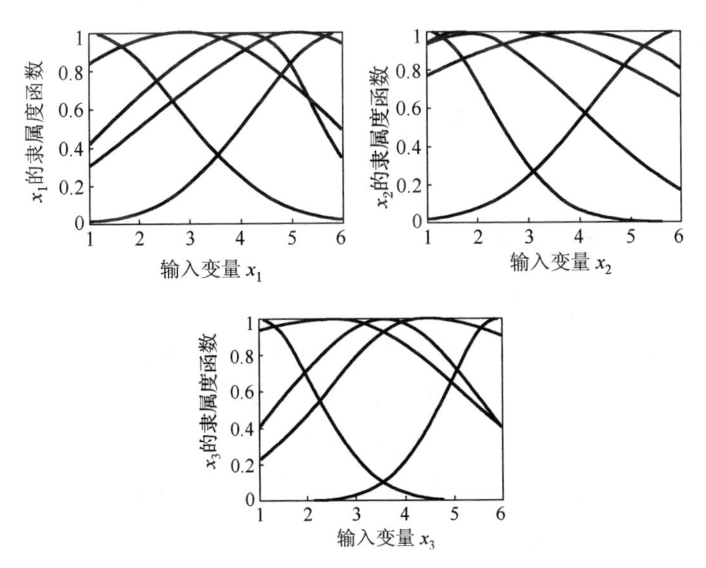

图 8.6　每维输入变量上的 DGF 隶属度函数

此外，我们还将所得 GEBF-OSFNN 与其他典型算法进行了广泛的比较研究，如 ANFIS、OLS、GDFNN、SOFNN 和 FAOS-PFNN 等，比较结果如表 8.1 所示。为得到公平的比较结果，GEBF-OSFNN 的结果为 30 次仿真结果的平均值，括号内为其上下限结果。结果显示，所提出的 GEBF-OSFNN 具有最佳的逼近和泛化能力，而且所得结构也是极为精简的。值得指出的是，从测试和训练结果的对比来看，GEBF-OSFNN 的测试误差小于训练误差，进一步说明了该算法在泛化能力上的优越性。尽管 GDFNN 和 SOFNN 具有同样的泛化特性，但其精度远低于 GEBF-OSFNN。此外，需要指出的是，因 DGF 隶属度函数由左右不等的宽度定义，因而所需参数略高于其他算法，但所需模糊规则数目是非常精简的。需要强调的是，在所比较的算法中，尽管 ANFIS 是一种离线学习算法，而非在线学习，但其结果仍逊于 GEBF-OSFNN，尤其是泛化能力方面。

因此，综合训练精度、泛化能力和结构精简性等方面，我们所提出的 GEBF-OSFNN 具有最佳性能。

表 8.1　GEBF-OSFNN 算法与其他算法的比较(多维非线性函数建模)

算法	规则数	参数的数量	APE_{trn}/%	APE_{chk}/%
ANFIS[114]	8	50	0.043	1.066
OLS[202]	22	66	2.43	2.56
GDFNN[132]	10	64	2.11	1.54
SOFNN[203]	9	60	1.1380	1.1244
FAOS-PFNN[211]	7	35	1.89	2.95
GEBF-OSFNN[197]	9(8～10)	72	0.92(0.84～1.12)	0.85(0.82～1.10)

8.4.2　非线性动态系统辨识

考虑以下非线性动态系统：

$$y(k+1)=\frac{y(k)y(k-1)[y(k)+2.5]}{1+y^2(k)+y^2(k-1)}+u(k) \tag{8.56}$$

为方便数据获得和系统辨识，将其表示为如下回归模型：

$$y(k+1)=f(y(k),y(k-1))+u(k) \tag{8.57}$$

其中，f是由三输入和单输出的 GEBF-OSFNN 实现的函数。输入采用以下形式：

$$u(k)=\sin(2\pi k/25) \tag{8.58}$$

GEBF-OSFNN 学习算法的参数选择为[197]

$$e_{\max}=0.5,\ e_{\min}=0.03,\ \kappa=1.75,\ k_m=0.3,\ k_w=0.9,\ k_s=0.003$$

在线训练的仿真结果如图 8.7～图 8.9 所示。从图中可见，我们所提出的 GEBF-OSFNN 通过在线观测数据学习，能够很好地在线辨识非线性动态系统，随着观测数据的增多和在线学习过程的推进，辨识误差趋向于零。最终，GEBF-OSFNN 只需 7 条模糊规则即可实现非常理想的辨识结果。实际上，GEBF-OSFNN 学习算法中结构辨识的修剪策略使得模糊规则的限制性的增长，从而抑制了因模糊规则(或隐层 GEBF 节点)过多而引起的过拟合问题。因而，使得所得模糊神经网络具有理想辨识效果的同时获得精简的系统结构。

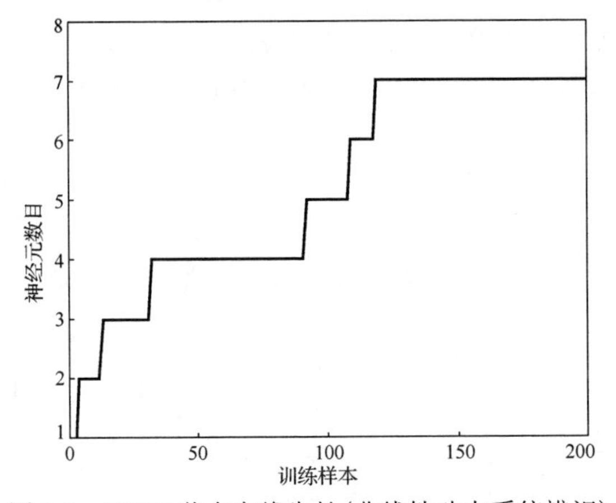

图 8.7　GEBF 节点在线生长(非线性动态系统辨识)

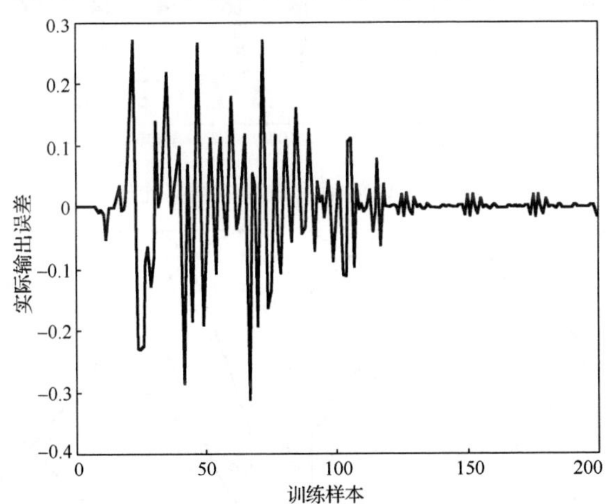

图 8.8　GEBF-OSFNN 训练过程中的实际输出误差(非线性动态系统辨识)

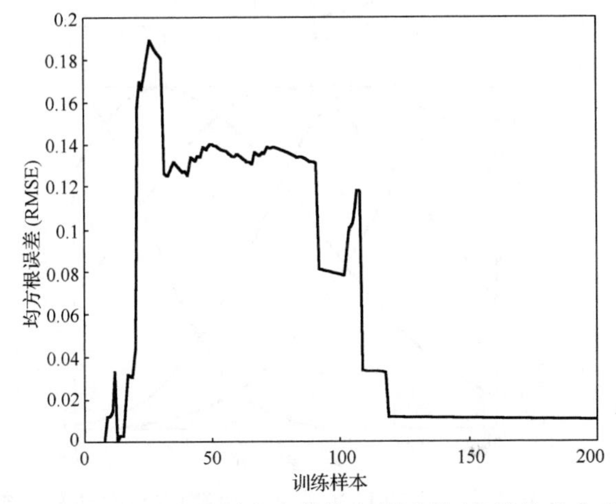

图 8.9　GEBF-OSFNN 训练过程中的均方根误差(非线性动态系统辨识)

最终辨识结果如图 8.10 所示，其中“∘”表示实际辨识结果，“-”表示期望输出。从辨识结果可见，所得 GEBF-OSFNN 能够很好地辨识原始非线性动态系统(8.56)。此外，在输入变量 $y(t)$，$y(t-1)$ 和 $u(t)$ 上分别生成 5 个 DGF 隶属度函数，如图 8.11 所示。由图可见，每一维上所得模糊集能够一致有效地划分输入论域。

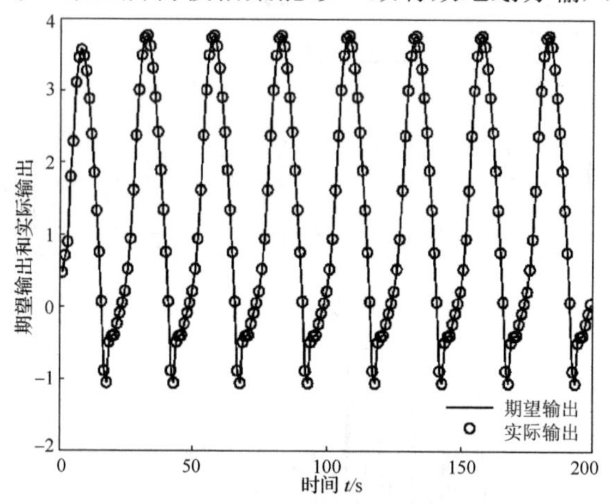

图 8.10　期望输出与辨识结果比较

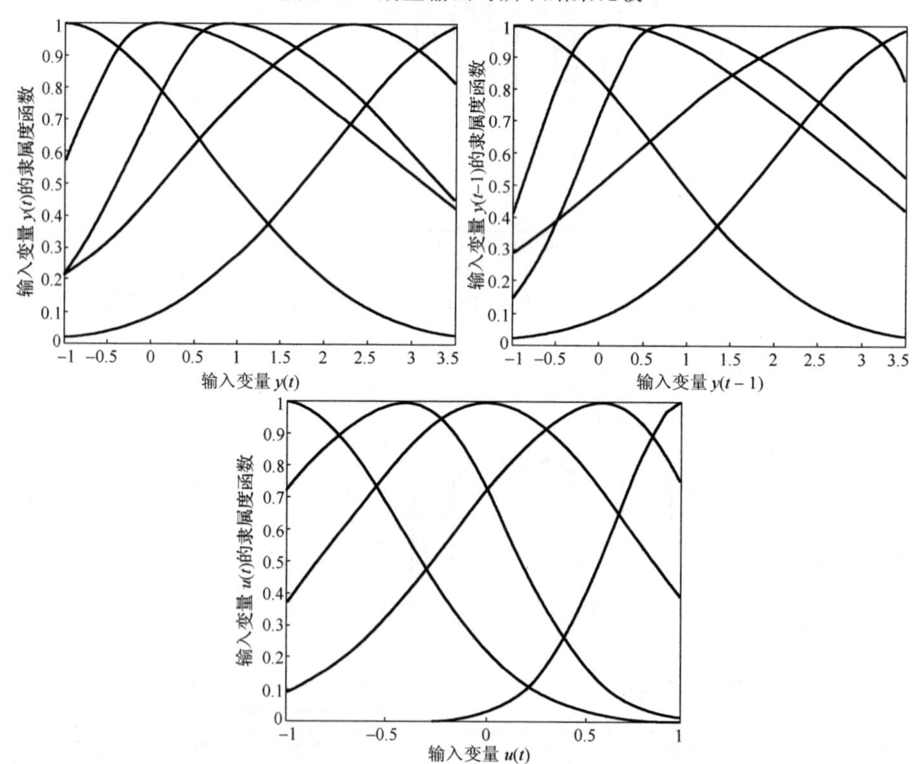

图 8.11　每维输入变量上的 DGF 隶属度函数(非线性动态系统辨识)

此外，GEBF-OSFNN 的辨识结果及其与其他典型算法的比较如表 8.2 所示。从结果可发现，我们所提出的 GEBF-OSFNN 算法能够以极为精简的系统结构实现最高的逼近精度。尽管 DFNN 和 FAOS-PFNN 同样能够得到精简的模糊神经网络结构，但其辨识性能却不及 GEBF-OSFNN。需要指出的是，所给出的 GEBF-OSFNN 的辨识结果为同时考虑逼近精度和系统结构的一般性结果。若要追求更高的辨识精度，可通过调整学习参数生成更多的隐层节点来实现；反之，若追求更加精简的网络结构，需要略微牺牲辨识精度。从网络结构精简性和辨识精度的角度，所提出的 GEBF-OSFNN 能够实现最为理想的综合性能。

表 8.2　GEBF-OSFNN 算法与其他算法的比较(非线性动态系统辨识)

算法	规则数	参数的数量	RMSE
RBF-AFS[130]	35	280	0.1384
OLS[201]	65	326	0.0288
DFNN[131]	6	48	0.0283
GDFNN[132]	8	56	0.0108
FAOS-PFNN[211]	5	25	0.0252
GEBF-OSFNN[197]	7	72	0.0105

8.4.3 Mackey-Glass 时间序列预测

考虑随机 Mackey-Glass 时间序列预测问题，用以验证所提出 GEBF-OSFNN 算法对于随机系统建模的有效性和优越性。待逼近时间序列由以下离散模型给出：

$$x(t+1)=(1-a)x(t)+\frac{bx(t-\tau)}{1+x^{10}(t-\tau)} \tag{8.59}$$

其中，各参数选择分别为：$a=0.1,b=0.2,\tau=17$ 和初始状态 $x(0)=1.2$。相应地，所考虑问题即为：由历史数据 $\{x(t),x(t-\Delta t),\cdots,x(t-(n-1)\Delta t)\}$，预测未来状态 $x(t+P)$，其中 $P=\Delta t=6,n=4$。时间序列模型(8.59)可由以下回归模型描述：

$$x(t+P)=f[x(t),x(t-\Delta t),x(t-2\Delta t),x(t-3\Delta t)] \tag{8.60}$$

采用式(8.60)，在 $t=124$ 到 $t=1123$ 之间产生 1000 组输入输出数据作为预测模型(8.59)的输入和输出，用来训练该预测模型，使之逼近式(8.60)，并测试其性能。为了与 OLS[201]、RBF-AFS[130]和 DFNN[131]等算法进行比较，式(8.60)选择与之相同的初始条件为：当 $t<0$ 时，$x(t)=0$，$x(0)=1.2$。并取 $P=6$，$\Delta t=6$。GEBF-OSFNN 的参数选择为[216,218]

$$e_{\max}=1,\ \ e_{\min}=0.02,\ \ \kappa=1.8,\ \ k_m=0.4,\ \ k_w=0.9,\ \ k_s=0.003$$

在线训练结果如图 8.12～图 8.14 所示。结果显示，所提出的 GEBF-OSFNN 能够在线逼近时间序列模型(8.60)，随着在线训练的进行，逼近误差趋向于零，最终

只需 10 条模糊规则(即 GEBF 隐层节点)即可。图 8.15 为期望时间序列输出及其 GEBF-OSFNN 的逼近输出，可见最终可实现很高的逼近精度。为验证所得 GEBF-OSFNN 逼近模型的泛化能力和预测精度，在 $t=1124$ 到 $t=2123$ 之间选择另外 1000 组数据作为测试数据，所得预测结果与期望输出的比较如图 8.16 所示。结果显示，所得 GEBF-OSFNN 时间序列模型能够以很高的泛化能力预测相应的时间序列输出，其预测误差如图 8.17 所示，预测误差一致有界且精度极为理想$\left(|e|<0.03\right)$。此外，所得 10 条模糊规则在每一维输入变量 $x(t), x(t-\Delta t), x(t-2\Delta t), x(t-3\Delta t)$ 上的 DGF 隶属度函数如图 8.18 所示，可见所得输入空间上的模糊划分是一致、均匀和有效的。

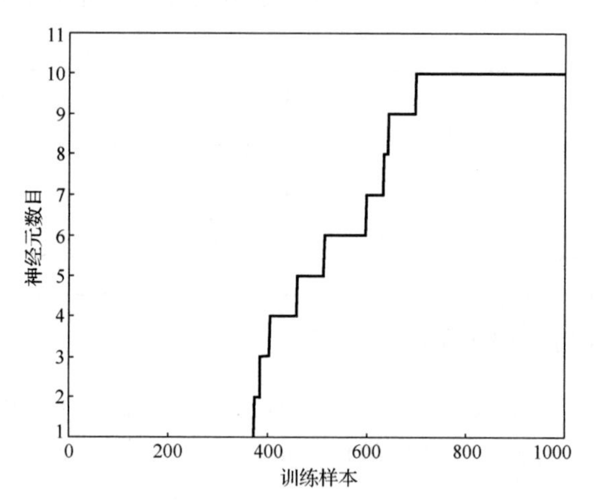

图 8.12　GEBF 节点在线生长(时间序列预测)

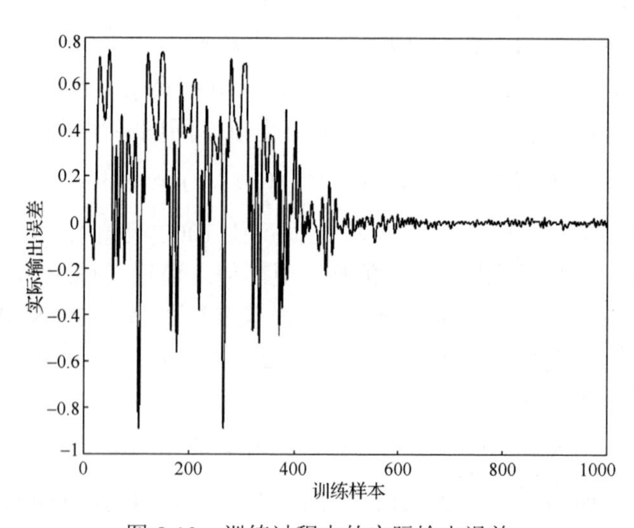

图 8.13　训练过程中的实际输出误差

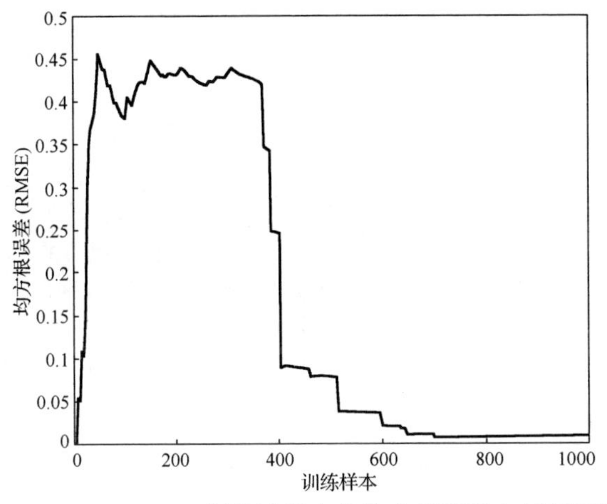

图 8.14　GEBF-OSFNN 训练过程中的均方根误差(时间序列预测)

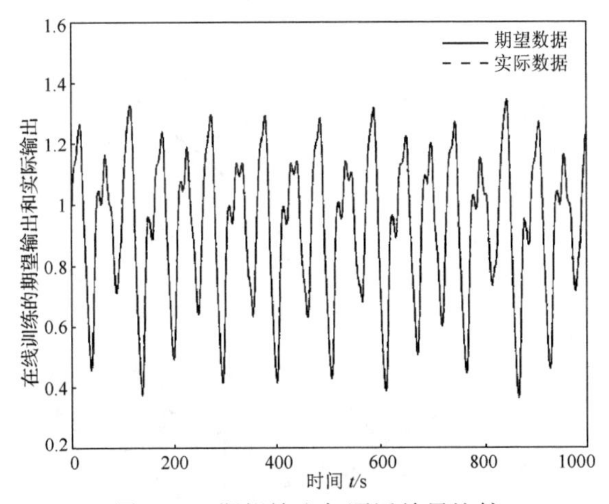

图 8.15　期望输出与逼近结果比较

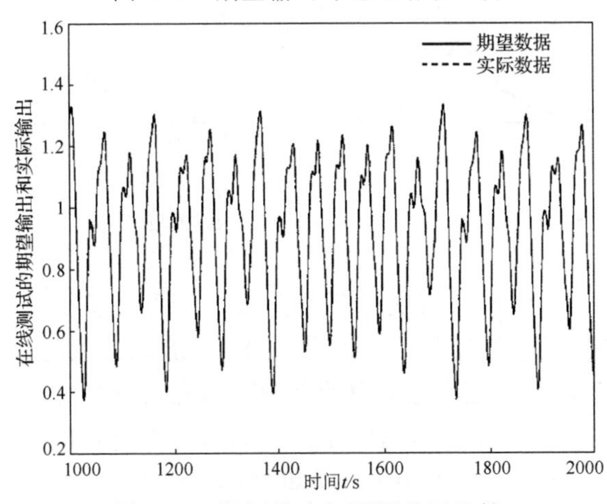

图 8.16　期望输出与预测结果比较

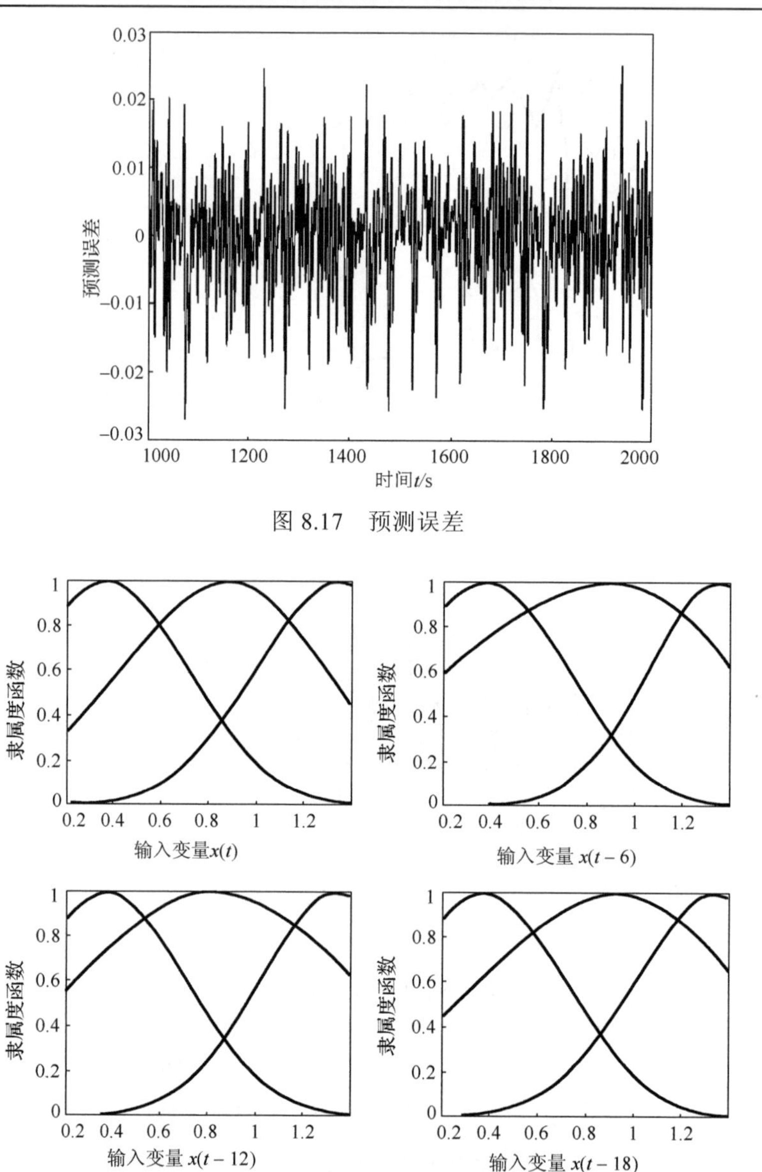

图 8.17　预测误差

图 8.18　每维输入变量上的 DGF 隶属度函数(时间序列预测)

所得 GEBF-OSFNN 的结果与现有典型算法的广泛比较如表 8.3 所示，结果显示，GEBF-OSFNN 以精简的系统结构，获得仅次于 ANFIS 的训练和预测精度。但需要指出的是，ANFIS 为离线学习算法，其训练速度受制于 BP 算法的收敛速度。此外，为便于与其他典型算法如 RAN、RANEKF、MAN、GGAP-RBF 和 OS-ELM 等进行深入比较，我们选择参数 $P=50, x(0)=0.3$ 进行比较研究，结果如表 8.4 所示。从网络结构的角度，GEBF-OSFNN 获得最为精简的系统结构，并且具有较高的训练精度和预测能力。需要指出的是，OS-ELM 虽然能够得到更高的逼近和泛化能力，但需要较为庞大和复杂的网络结构。与 FAOS-PFNN 相比，所提出算法的预测能力具有明显的优越性。另外，需要强调的是，除了 GEBF-OSFNN 和 FAOS-PFNN 采用 1000 组训练数据，其他算法的训练数据为 4000 组。尽管如此，所提出的 GEBF-OSFNN 仍可实现最优的预测性能和精简结构。

表 8.3　GEBF-OSFNN 算法与其他算法的比较 ($P = 6, x(0) = 1.2$)

算法	规则节点数	参数的数量	训练 RMSE	测试 RMSE
RBF-AFS[130]	21	210	0.0107	0.0128
OLS[201]	13	211	0.0158	0.0163
ANFIS[114]	16	104	0.0016	0.0015
DFNN[131]	5	100	0.0132	0.0131
FAOS-PFNN[211]	11	66	0.0073	0.0127
GEBF-OSFNN[197]	10	86	0.0091	0.0087

表 8.4　GEBF-OSFNN 算法与其他算法的比较 ($P = 50, x(0) = 0.3$)

算法	规则节点数	训练 RMSE	测试 RMSE
RAN[126]	39	0.1006	0.0466
RANEKF[127]	23	0.0726	0.0240
MRAN[128]	16	0.1101	0.0337
GGAP-RBF[134]	13	0.0700	0.0368
OS-ELM[137]	120	0.0184	0.0186
FAOS-PFNN[211]	22	0.0152	0.0224
GEBF-OSFNN[197]	12	0.0316	0.0218

8.4.4　真实标杆数据回归

为进一步验证 GEBF-OSFNN 算法的有效性，我们将其应用于真实标杆数据的回归问题，其中考虑两组典型的数据集“Abalone”和“Auto-mpg”。为便于同时与离线和在线算法进行广泛比较，对于每一组数据集，运行 50 次取其平均值。其训练和测试结果如表 8.5 和表 8.6 所示。

表 8.5　GEBF-OSFNN 算法与其他算法的比较 (Abalone 数据集)

算法	规则节点数	训练 RMSE	测试 RMSE
RAN[126]	345.58	0.0931	0.0978
RANEKF[127]	409	0.0738	0.0794
MRAN[128]	87.571	0.0836	0.0837
GAP-RBF[133]	23.62	0.0963	0.0966
Stochastic BP	11	0.0996	0.0972

续表

算法	规则节点数	训练 RMSE	测试 RMSE
ELM[135]	25	0.0759	0.0783
OS-ELM[137]	25	0.0761	0.0770
FAOS-PFNN[211]	4.54	0.0311	0.0807
GEBF-OSFNN[197]	3.47	0.0469	0.0406

表 8.6　GEBF-OSFNN 算法与其他算法的比较(Auto-mpg 数据集)

算法	规则节点数	训练 RMSE	测试 RMSE
RAN[126]	4.44	0.2923	0.3080
RANEKF[127]	5.14	0.1088	0.1387
MRAN[128]	4.46	0.1086	0.1376
GAP-RBF[133]	3.12	0.1144	0.1404
Stochastic BP	13	0.1112	0.1028
ELM[135]	25	0.0691	0.0694
OS-ELM[137]	25	0.0696	0.0759
FAOS-PFNN[211]	2.9	0.0321	0.0775
GEBF-OSFNN[197	4.7	0.0742	0.0517

Abalone 数据集包含 4177 组数据，用于从生理特征中预测鲍鱼的年龄。其中，每一组观测数据为八输入单输出。我们将数据集随机分为两部分，其中 3000 组用作训练数据，剩余 1177 组用作测试数据。从表 8.5 中的结果可见，与其他算法相比，无论逼近精度还是预测能力，GEBF-OSFNN 所得的综合性能具有明显的优越性。同时，GEBF-OSFNN 还实现了最为精简的系统结构。因此，所提出的 GEBF-OSFNN 算法能够以精简的模糊神经网络结构实现很高的逼近和预测精度。

另外，Auto-mpg 数据集包括 392 组观测数据，用于预测不同类型汽车的燃油消耗，其中每组数据包含 7 个输入和 1 个输出。对于该数据回归问题，我们随机选择 320 组数据作为训练数据，而其余 72 组作为测试数据。从表 8.6 的实验结果可见，GEBF-OSFNN 具有最佳的泛化能力，尽管所得逼近精度稍逊于 ELM、OS-ELM 和 FAOS-PFNN。同时，GEBF-OSFNN 仍可得到较为精简的网络结构。

基于上述广泛比较研究，无论在线还是离线算法，我们仍可得出如下结论：从网络结构的精简性和辨识精度等角度来看，所提出的 GEBF-OSFNN 算法能够实现更高的整体性能。

8.5　本 章 小 结

本章通过设计一种快速在线自组织学习算法，提出基于广义椭球基函数的在线自组织模糊神经网络(GEBF-OSFNN)，用以实现具有精简结构和高精度的 T-S 模糊系统。所定义广义椭球基函数(GEBF)处理单元具有更强的输入空间划分能力，提高了所得模糊系统的紧凑性和表达能力。此外，对于结构辨识和参数估计问题，DGF隶属度函数只需更新一侧宽度参数即可，这也极大地降低了计算复杂度；而后件参数同时通过 LLS 算法获得，可同时实现模糊系统结构和参数的在线辨识。最后，通过多维非线性函数建模、非线性动态系统辨识、随机 Mackey-Glass 时间序列预测以及真实数据集回归等多种标杆问题，验证了所提出 GEBF-OSFNN 算法的有效性，并与其他经典算法进行广泛比较研究，结果显示了 GEBF-OSFNN 的优越性。

第 9 章　在线自组织模糊神经网络应用

9.1　概　　述

在线自组织模糊神经网络的基本思想是：基于训练数据的“新颖性”，随着样本数据的顺序到达，隐层单元(即模糊规则)的数目不断增加，从而完成模糊系统的结构学习；基于卡尔曼滤波算法和最小均方算法等调整所得模糊系统的参数，从而实现参数辨识。不难发现，当训练数据满足增长标准时，生成新的隐层单元。然而，隐层单元一旦被生成，将永远存在于网络中，即使在学习过程中该隐层单元变得不再重要，也不能被删除。为克服以上缺陷，FAOS-PFNN[211]采用修剪策略来检测和删除在学习过程中变得不再重要的模糊规则，使得能够实现比较紧凑的模糊系统。随着研究的深入，为实现自组织模糊系统的精确性、快速性和简约性等要求，这一类学习算法主要集中在规则生长准则和修剪策略的研究上[211-215]。进而，从隶属度函数(或激活函数)的角度，GEBF-OSFNN 将传统的径向基型(RBF)或椭球基型(EBF)模糊神经网络推广至广义椭球基函数(GEBF)模糊神经网络，从而进一步同时提高了所得逼近模型的泛化能力和精简性[216-218]。

鉴于所得 FAOS-PFNN 和 GEBF-OSFNN 等在线自组织模糊神经网络的优越性能，本章将面向船舶工程领域，主要围绕 FAOS-PFNN 和 GEBF-OSFNN 展开相关的应用研究，包括：船舶领域模型辨识、船舶运动模型辨识和船舶操纵运动控制等。

本章内容主要基于文献[219]和文献[220]～[224]等。

9.2　船舶领域模型辨识

9.2.1　船舶领域

船舶领域(ship domain)理论自提出到现在已有 40 多年的时间，被认为是研究船舶行为和船舶交通最为有效的理论之一[225,226]。其核心思想是，赋予船舶以人的行为方式和感知能力，在船舶周围定义一个主观或客观的不受侵犯的区域。

船舶领域的研究和应用之所以一直是国内外学者的研究热点和难点问题，究其原因主要体现在以下几个方面：①船舶领域模型是船舶碰撞危险度评价、航行安全、避碰决策、海上交通容量和航道规划设计等研究的重要理论依据[227]。②船舶领域受多种异类复杂不确定性因素影响，如人、环境(包括自然环境和交通环境等)和船舶本身的因素等，难以用传统的建模方法进行统一或系统的解析描述[228]。③现有的研究方法基本上是通过对船舶驾驶员进行问卷调查、海上交通观测或航海模拟器操作来获得建模数据，采用聚类分析或统计方法对这些经验或主观数据进行处理，得到某一种特定的船舶领域模型。易见，这样的研究方法一方面增加了影响船舶领域因素的不确定性；另一方面使得所得到的模型具有很大的局限性，限于定性研究，并不能揭示船舶领域与影响因素之间的内在本质关系。④影响船舶领域的因素繁多，现有的研究结果大都限于某些或某类因素[229]，如船速、船长、会遇情况等容易获得的信息，而对于人、环境及船舶稳性和操纵性等不确定因素极少考虑，甚至从未考虑。这显然大大降低了船舶领域的理论和应用价值，也与其人船合一的思想相左。此外，船舶的大型化、快速化和自动化程度日益提高，化学品、液化气等特种船舶逐年增多，加上海域油气开发、养殖面积扩大，使得水上交通密度加大、环境恶化、干扰航行安全的因素不断增多。因而，运用传统方法获得船舶领域模型的难度也随之增加。

通过以上分析可知，船舶领域理论是水上交通研究的核心与灵魂，但传统的统计或聚类方法又远不能解决船舶领域的建模问题。因此，为深入研究水上交通安全中的科学问题，极有必要寻找一种能够处理上述不确定性因素的有效理论和方法，真正实现“人-船-环境”三者合一，从而实现以人为“脑”、以船舶为“躯体”、以船舶领域为“个人空间”的“船人”。那么，我们应该采取何种研究理论或方法去实现或最大限度地完善上述的学术思想呢？我们把探索的目光投向了能够处理不确定性信息的自组织模糊系统。

由于船舶领域是一种由多种抽象和定性因素所决定的复杂模型，与模糊系统能够处理不精确性和不确定性等信息的特性能够极好地吻合，这为将模糊系统理论用于复杂船舶领域智能建模提供了充足的理论依据。然而，模糊系统是基于规则或知识的设计方法，它由一些形如 IF-THEN 的语言规则组成，这些模糊规则大多来自设计者的知识和经验。由于没有知识获取的统一和有效的方法，即使是领域专家要完成复杂系统所有输入输出数据的检查，以找到一组合适的规则，也是非常困难的。可见，这种主观启发式的设计方法效率低、缺乏广义可行性，特别是不能确保系统的可靠性。因此，有必要研究具有自组织、自学习和自适应能力的学习算法，使模糊系统通过有限训练数据实现建模过程的自动化，如 FAOS-PFNN 和 GEBF-OSFNN 等，并将其应用于船舶领域模型的在线自组织模糊神经建模。

9.2.2 阻挡区域

针对基于统计方法的船舶领域模型仍属定性研究的特点及其存在的一些问题，多方学者展开了采用解析方式确定船舶领域边界的研究。Kijima 等[230]提出了基于阻挡区域(blocking area)和瞭望区域(watching area)的船舶领域，瞭望区域作为警戒区域(动界)保障阻挡区域不受侵犯。如图 9.1 所示，Kijima 模型由前后两个半椭圆拼合而成，首尾和正横方向的半径尺寸 R_{bf}、R_{ba} 和 S_b 是动态变化的，其估计公式为

$$\begin{cases} R_{bf} = L + (1+s)T_{90}U \\ R_{ba} = L + T_{90}U \\ S_b = B + (1+t)T_{90}D_T \end{cases} \tag{9.1}$$

其中，L、B 和 U 分别为本船的船长、船宽和船速，T_{90} 为满舵时船舶转过 90° 所需的时间，D_T 为战术半径，s 和 t 分别为考虑与他船不同会遇情形的系数。

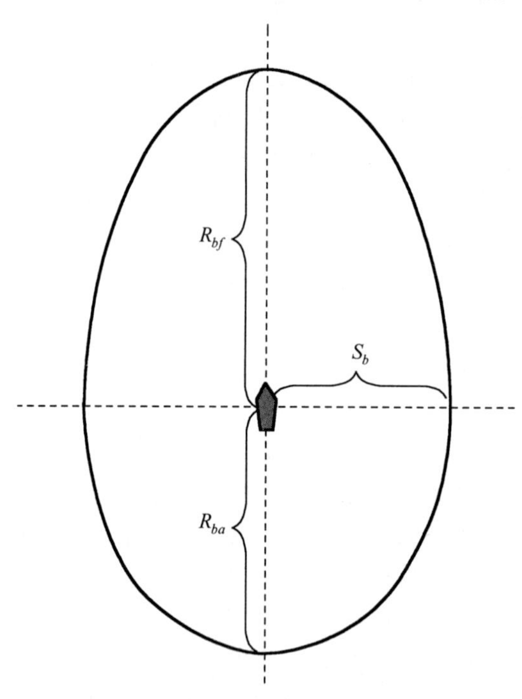

图 9.1　本船阻挡区域

参数 T_{90} 可由式(9.2)得到

$$T_{90} \approx (0.67/U)\cdot\sqrt{A_D^2 + (D_T/2)^2} \tag{9.2}$$

其中，A_D 为冲程。参数 A_D 和 D_T 可以由以下经验公式得到：

$$\begin{cases} \lg\left(A_D/L\right)=0.3591\lg U_{kt}+0.0952 \\ \lg\left(D_T/L\right)=0.5441\lg U_{kt}-0.0795 \end{cases} \tag{9.3}$$

其中，U_{kt} 为本船以节(knot)为单位的船速。

如式(9.1)所述，参数 s 和 t 用于调整船舶领域，以适应不同的会遇情形，如对遇、交叉和超越等。

1. 对遇

对遇情形下，船首方向上的阻挡区域应适当扩张，而正横方向上的阻挡区域可保持为常值。因而，参数 s 和 t 可由式(9.4)给出：

$$\begin{cases} s=2-\Delta U/U_1 \\ t=1 \end{cases} \tag{9.4}$$

其中，ΔU 为相对速度，即 $\Delta U=U_1-U_2$，U_1 和 U_2 分别为本船和目标船的船速。

2. 交叉

对于交叉会遇情形，参数 s 和 t 的值依赖于目标船航向相对于本船航向的相对航向角。因而，参数 s 和 t 可由式(9.5)给出：

$$\begin{cases} s=2-\alpha/\pi \\ t=\alpha/\pi \end{cases} \tag{9.5}$$

其中，α 为相对航向角。

3. 超越

对于超越情形，参数 s 和 t 可设为常值，即

$$\begin{cases} s=1 \\ t=1 \end{cases} \tag{9.6}$$

因而，综合式(9.1)～式(9.6)，可知阻挡区域描述的船舶领域依赖于 L,B,U_1,U_2,α 等变量，可由式(9.7)描述：

$$\begin{cases} R_{bf}=f_{Rbf}(L,B,U_1,U_2,\alpha) \\ R_{ba}=f_{Rba}(L,B,U_1,U_2,\alpha) \\ S_b=f_{Sb}(L,B,U_1,U_2,\alpha) \end{cases} \tag{9.7}$$

需要指出的是，尽管该船舶领域可由式(9.7)描述，但相应的函数关系将变得异

常复杂，难以解析表达。相反地，若基于观测数据，采用数据驱动方式辨识其潜在的非线性函数关系，将是不错的选择。

9.2.3 基于 FAOS-PFNN 的船舶领域模型辨识

本节中，我们将提出基于 FAOS-PFNN 的船舶领域模型辨识[219]。具体地，辨识目标是针对由式(9.7)描述的船舶领域模型，实现基于 FAOS-PFFN 的非线性函数逼近。从相应输入变量论域 $\mathrm{DOU}_L,\mathrm{DOU}_B,\mathrm{DOU}_{U1},\mathrm{DOU}_{U2},\mathrm{DOU}_\alpha$ 中，随机在线生成输入向量 $\mathbf{Input}^k=[L^k,B^k,U_1^k,U_2^k,\alpha^k]^\mathrm{T}$，相应的目标输出向量 $\mathbf{Target}^k=[R_{bf}^k,R_{ba}^k,S_b^k]^\mathrm{T}$，$k=1,\cdots,n$ 可由式(9.7)得到，从而得到训练数据 $(\mathbf{Input}^k,\mathbf{Target}^k),k=1,2,\cdots,n$。以同样的方式可以得到测试数据，作为检验基于 FAOS-PFNN 的船舶领域模型的泛化能力。

不失一般性，假设输入变量 R_{bf}、R_{ba} 和 S_b 是不相关的，那么该多输入多输出系统可由三个多输入单输出 FAOS-PFNN 系统逼近：

$$\begin{cases}R_{bf}^{\mathrm{FNN}}=f_{Rbf}^{\mathrm{FNN}}(L,B,U_1,U_2,\alpha)\\R_{ba}^{\mathrm{FNN}}=f_{Rba}^{\mathrm{FNN}}(L,B,U_1,U_2,\alpha)\\S_b^{\mathrm{FNN}}=f_{Sb}^{\mathrm{FNN}}(L,B,U_1,U_2,\alpha)\end{cases}\tag{9.8}$$

其中，$f_{Rbf}^{\mathrm{FNN}}(\cdot),f_{Rba}^{\mathrm{FNN}}(\cdot),f_{Sb}^{\mathrm{FNN}}(\cdot)$ 为由 FAOS-PFNN 实现的逼近模型，$R_{bf}^{\mathrm{FNN}},R_{ba}^{\mathrm{FNN}},S_b^{\mathrm{FNN}}$ 为相应的逼近结果。

9.2.4 仿真研究

各输入变量的论域分别为

$$\mathrm{DOU}_L=[150,400],\mathrm{DOU}_B=[20,60],\mathrm{DOU}_{U1}=[10,15],\mathrm{DOU}_{U2}=[10,15],\mathrm{DOU}_\alpha=[0,360]$$

从上述论域中，分别随机生成 1000 组和 500 组训练数据和测试数据，采用 FAOS-PFNN 方法进行船舶领域模型辨识。学习算法参数选择为[221]

$$d_{\max}=0.2,d_{\min}=0.02,e_{\max}=0.1,e_{\min}=0.01$$
$$\beta=0.97,\gamma=0.97,\mathrm{GF}=0.99,P_0=R_n=1.0,Q_0=0.05$$

R_{bf}、R_{ba} 和 S_b 的在线训练仿真结果如图 9.2～图 9.4 所示。结果显示，随着在线训练过程的推进，逼近误差趋向于零，最终分别只需 12、9 和 28 条模糊规则即可实现 $f_{Rbf}^{\mathrm{FNN}}(\cdot),f_{Rba}^{\mathrm{FNN}}(\cdot),f_{Sb}^{\mathrm{FNN}}(\cdot)$ 逼近模型。在线学习完成后，最终辨识结果和测试结果也同样验证了所得 FAOS-PFNN 模型的有效性。以 R_{ba} 为例，其辨识和预测结果分别如图 9.5 和图 9.6 所示，可见最终所得 FAOS-PFNN 模型能够很好地辨识船舶领域模型(9.7)，并且其预测结果验证了所得模型的有效性。此外，最终数值结果如表 9.1 所示。结果显示，所得基于 FAOS-PFNN 的船舶领域模型具有理想逼近和预测性能。

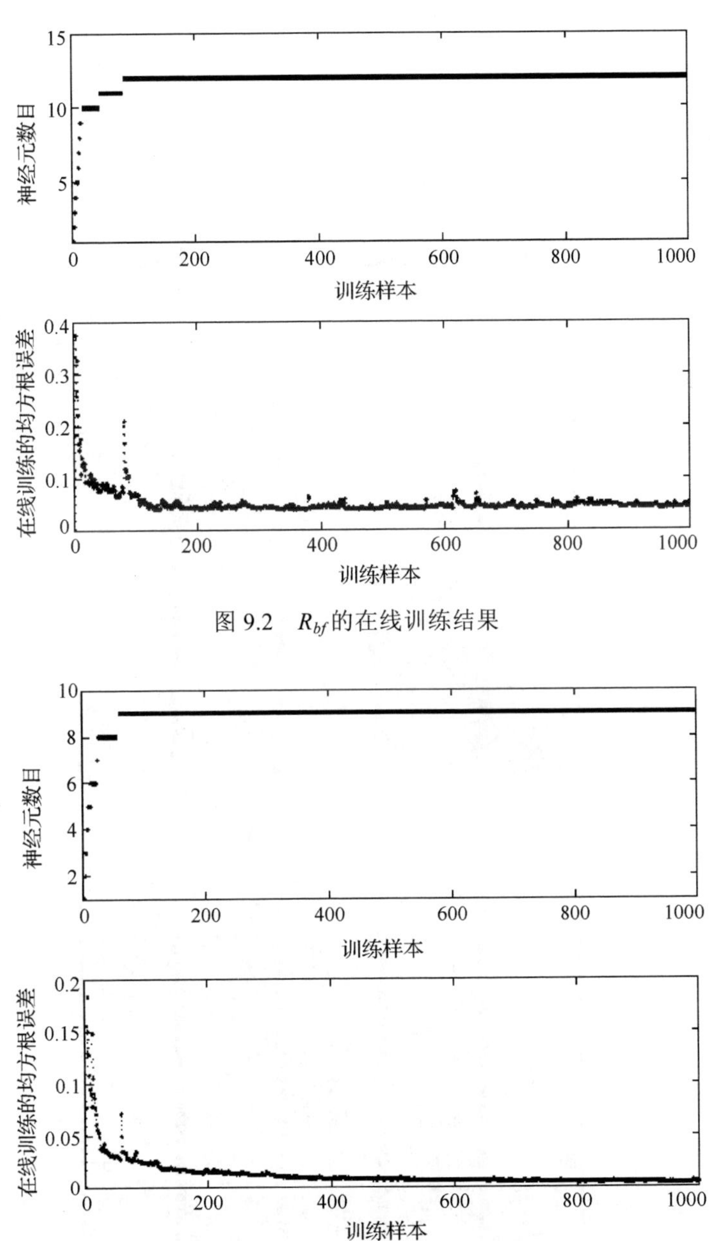

图 9.2　R_{bf} 的在线训练结果

图 9.3　R_{ba} 的在线训练结果

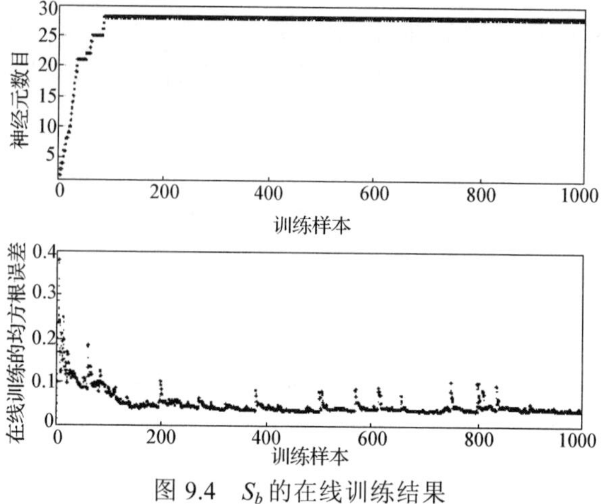

图 9.4　S_b 的在线训练结果

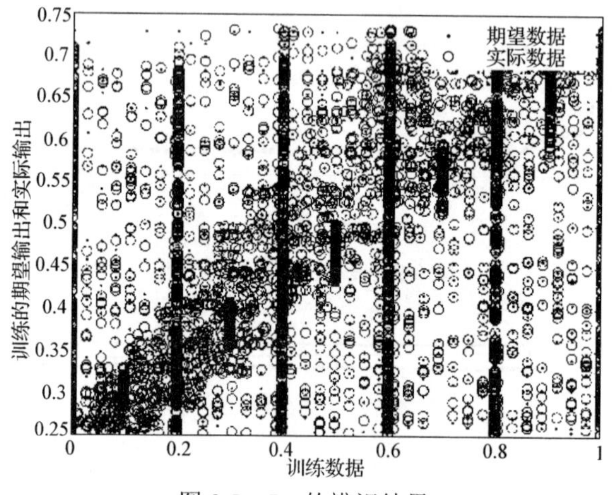

图 9.5　R_{ba} 的辨识结果

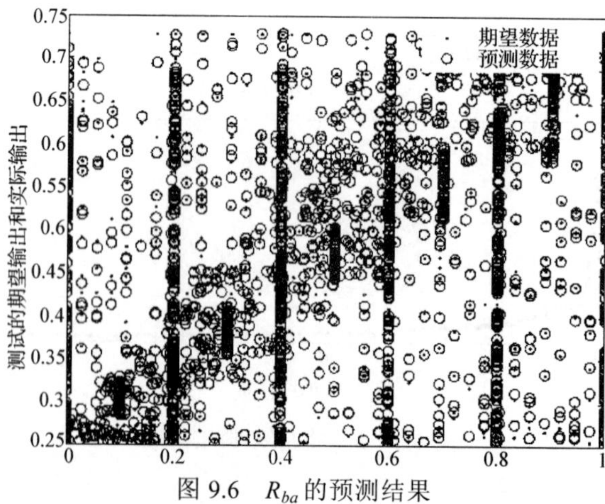

图 9.6　R_{ba} 的预测结果

表 9.1　FAOS-PFNN 船舶领域模型的数值结果

输出	规则节点数	训练 RMSE	测试 RMSE
R_{bf}	12	0.0426	0.0993
R_{ba}	9	0.0042	0.0098
S_b	28	0.0401	0.0988

9.2.5　小结

本节将 FAOS-PFNN 算法应用于船舶领域模型辨识。为实现该应用研究，采用由阻挡区域描述的船舶领域作为参考模型，基于 FAOS-PFNN 分别辨识船舶领域的各输出变量。仿真结果验证了所得 FAOS-PFNN 船舶领域模型的辨识和预测能力。

9.3　船舶运动模型辨识

9.3.1　船舶运动模型

1．两撇系统

考虑由两撇系统所描述的 3-DOF 水面船舶运动模型[231]：

$$
\begin{cases}
\dot{u} - vr = gX'' \\
\dot{v} + ur = gY'' \\
(Lk_z'')^2 \dot{r} + Lx_G'' ur = gLN'' \\
\dot{x} = u\cos(\psi) - v\sin(\psi) \\
\dot{y} = u\sin(\psi) + v\cos(\psi) \\
\dot{\psi} = r
\end{cases}
\tag{9.9}
$$

其中，k_z'' 为无量纲化回转半径，$x_G'' = L^{-1}x_G$，X'',Y'',N'' 分别为非线性无量纲化函数。

$$
\begin{aligned}
gX'' = {} & X_{\dot{u}}''\dot{u} + L^{-1}X_{uu}''u^2 + L^{-1}X_{vv}''v^2 + L^{-1}X_{c|c|\delta\delta}''c|c|\delta^2 + L^{-1}X_{c|c|\beta\delta}''c|c|\beta\delta \\
& + gT''(1-\hat{t}) + X_{\dot{u}\zeta}''\dot{u}\zeta + L^{-1}X_{uu\zeta}''u^2\zeta + X_{ur\zeta}''ur\zeta + L^{-1}X_{vv\zeta\zeta}''v^2\zeta^2
\end{aligned}
\tag{9.10}
$$

$$
\begin{aligned}
gY'' = {} & Y_{\dot{v}}''\dot{v} + L^{-1}Y_{v|v|}''v|v| + L^{-1}Y_{ur}''ur + L^{-1}Y_{c|c|\delta}''c|c|\delta + L^{-1}Y_{|c|c|\beta|\beta|\delta|}''|c|c|\beta|\beta|\delta| \\
& + Y_T''gT'' + Y_{ur\zeta}''ur\zeta + L^{-1}Y_{uv\zeta}''uv\zeta + L^{-1}Y_{|v|v\zeta}''|v|v\zeta + L^{-1}Y_{|c|c|\beta|\beta|\delta|\zeta}''|c|c|\beta|\beta|\delta|\zeta
\end{aligned}
\tag{9.11}
$$

$$
\begin{aligned}
gLN'' = {} & L^2(N_{\dot{r}}''\dot{r} + N_{\dot{r}\zeta}''\dot{r}\zeta) + N_{uv}''uv + LN_{|v|r}''|v|r + N_{|c|c\delta}''|c|c\delta + LN_{ur}''ur + N_{|c|c|\beta|\beta|\delta|}''|c|c|\beta|\beta|\delta| \\
& + LN_{ur\zeta}''ur\zeta + N_{uv\zeta}''uv\zeta + LN_{|v|r\zeta}''|v|r\zeta + N_{|c|c|\beta|\beta|\delta|\zeta}''|c|c|\beta|\beta|\delta|\zeta + LN_T''gT''
\end{aligned}
\tag{9.12}
$$

其中

$$\begin{cases} gT'' = L^{-1}T''_{uu}u^2 + T''_{un}un + LT''_{|n|n}|n|n \\ k''_z = L^{-1}\sqrt{I''_z/m} \\ c^2 = c_{un}un + c_{nn}n^2 \\ \zeta = d/(h-d) \\ \beta = v/u \end{cases} \tag{9.13}$$

其中，u,v 和 x,y 分别为纵荡和横荡速度和位置；$r=\dot{\psi}$ 为艏摇角速度，ψ 为艏摇角；L,d 和 m 分别为船长、吃水和质量；I''_z 为无量纲化转动惯量；$x''_G = L^{-1}x_G$ 为无量纲化质心；g 为重力加速度；X'',Y'',N'' 分别为无量纲化纵荡力、横荡力和艏摇力矩；δ 为舵角；c 为流过舵叶的流速；ζ 为水深参数；c_{un} 和 c_{nn} 为常值；T'' 为无量纲化螺旋桨推力；h 为水深；$\hat{t}$ 为推力减额系数；n 为螺旋桨转速。其他参数请参考文献[231]。

将式(9.10)～式(9.13)代入式(9.9)，可得

$$\dot{\boldsymbol{x}} = \boldsymbol{f}_{\text{Bis}}(\boldsymbol{x},\boldsymbol{u}) \tag{9.14}$$

其中，$\boldsymbol{x}=[u,v,r,x,y,\psi]^{\mathrm{T}}$ 为状态向量，$\boldsymbol{u}=[\delta,n,h]^{\mathrm{T}}$ 为输入向量，非线性函数向量 $\boldsymbol{f}_{\text{Bis}}=[f_u^{\text{Bis}},f_v^{\text{Bis}},f_r^{\text{Bis}},f_x^{\text{Bis}},f_y^{\text{Bis}},f_\psi^{\text{Bis}}]^{\mathrm{T}}$ 由以下微分方程给出：

$$\begin{cases} \dot{u} = \dfrac{1}{L\left(1-X''_{\dot{u}}-X''_{\dot{u}\zeta}\zeta\right)}\begin{pmatrix} \left(X''_{uu}+X''_{uu\zeta}\zeta\right)u^2 + L\left(1+X''_{vr}+X''_{vr\zeta}\zeta\right)ur + X''_{c|c|\delta\delta}c|c|\delta^2 \\ +\left(X''_{vv}+X''_{vv\zeta\zeta}\zeta^2\right)v^2 + X''_{c|c|\beta\delta}c|c|\beta\delta + LgT''\left(1-\hat{t}\right) \end{pmatrix} \\ \dot{v} = \dfrac{1}{L\left(1-Y''_{\dot{v}}-X''_{\dot{v}\zeta}\zeta\right)}\begin{pmatrix} Y''_{uv}uv + Y''_{|v|v}|v|v + Y''_{|c|c\delta}|c|c\delta + L\left(Y''_{ur}-1\right)ur + LY''_{ur\zeta}ur\zeta \\ +Y''_{|c|c|\beta|\beta|\delta|}|c|c|\beta|\beta|\delta| + Y''_{|c|c|\beta|\beta|\delta|\zeta}|c|c|\beta|\beta|\delta|\zeta + LY''_T gT'' \end{pmatrix} \\ \dot{r} = \dfrac{1}{L^2\left(k''^2_z-N''_{\dot{r}}-N''_{\dot{r}\zeta}\zeta\right)}\begin{pmatrix} N''_{uv}uv + L\left(N''_{ur}-x''_G\right)ur + N''_{|c|c|\beta|\beta|\delta|}|c|c|\beta|\beta|\delta| \\ +LN''_{|v|r}|v|r + LN''_{ur\zeta}ur\zeta + N''_{uv\zeta}uv\zeta + LN''_{|v|r\zeta}|v|r\zeta \\ +N''_{|c|c|\beta|\beta|\delta|\zeta}|c|c|\beta|\beta|\delta|\zeta + N''_{|c|c\delta}|c|c\delta + LN''_T gT'' \end{pmatrix} \\ \dot{x} = u\cos(\psi) - v\sin(\psi) \\ \dot{y} = u\sin(\psi) + v\cos(\psi) \\ \dot{\psi} = r \end{cases} \tag{9.15}$$

相应地，所得船舶速度为

$$U = \sqrt{u^2+v^2} \tag{9.16}$$

2．MMG 模型

考虑 MMG 模型描述的 3-DOF 船舶运动模型[231]：

$$\begin{cases}\dot{u}=\dfrac{1}{m+m_x}\left((m+m_y)vr+X_H+X_P+X_R\right)\\\dot{v}=\dfrac{1}{m+m_y}\left(-(m+m_x)ur+Y_H+Y_P+Y_R\right)\\\dot{r}=\dfrac{1}{I_{zz}+J_{zz}}\left(N_H+N_P+N_R\right)\\\dot{x}=u\cos(\psi)-v\sin(\psi)\\\dot{y}=u\sin(\psi)+v\cos(\psi)\\\dot{\psi}=r\end{cases}\tag{9.17}$$

其中，m 和 I_{zz} 分别为船舶质量和转动惯量；m_x,m_y 和 J_{zz} 分别为附加质量和附加转动惯量；X,Y 和 N 分别为纵荡力、横荡力和艏摇力矩；下标 H,P 和 R 表示由水动力、螺旋桨和舵产生的相应的力或力矩；u,v 和 x,y 分别为纵荡和横荡速度及相应方向上的位置；$r=\dot{\psi}$ 为艏摇角速度，ψ 为艏摇角。这里，m_x,m_y 和 J_{zz} 分别可由相关的经验公式得到[232,233]。

水动力及力矩 X_H,Y_H 和 N_H 分别由式(9.18)得到

$$\begin{cases}X_H=X_{uu}u^2+X_{vr}vr+X_{vv}v^2+X_{rr}r^2\\Y_H=Y_v v+Y_r r+Y_{vv}v|v|+Y_{vr}v|r|+Y_{rr}r|r|\\N_H=N_v v+N_r r+N_{vvr}v^2r+N_{vrr}vr^2+N_{rr}r|r|\end{cases}\tag{9.18}$$

其中，X_*,Y_*,N_* 分别为水动力导数，可由模型船或实船实验获得，也可由相关经验公式得到[232,233]。

通常，由螺旋桨产生的横荡力 Y_P 和艏摇力矩 N_P 可忽略，而纵荡力 X_P 可由式(9.19)计算：

$$X_P=(1-t_P)\rho n^2D_P^4k_T(J_P)\tag{9.19}$$

其中

$$k_T(J_P)=c_1+c_2J_P+c_3J_P^2\tag{9.20}$$

$$J_P=\frac{(1-w_P)u}{nD_P}\tag{9.21}$$

其中，t_P,w_P,c_1,c_2,c_3 分别为相应的系数，具体参数可参考文献[232]，ρ 为水密度，n 和 D_P 分别为螺旋桨转速和螺旋桨直径。

由舵产生的力和力矩 X_R,Y_R 和 N_R 可由式(9.22)计算：

$$\begin{cases} X_R = (1-t_R)F_N \sin\delta \\ Y_R = (1+\alpha_H)F_N \cos\delta \\ N_R = (x_R + \alpha_H x_H)F_H \cos\delta \end{cases} \tag{9.22}$$

其中，δ 为舵角，参数 t_R, α_H, x_R, x_H 可由文献[232]得到。F_N 为施加在舵上的法向水动力，由式(9.23)计算：

$$F_N = \frac{1}{2}\rho A_R f_a U_R^2 \sin\alpha_R \tag{9.23}$$

其中，f_a 为系数，A_R 为舵叶面积，U_R 和 α_R 为水流有效速度和角度[233]。

综合式(9.17)～式(9.23)，可得

$$\dot{\boldsymbol{x}} = \boldsymbol{f}_{\mathrm{MMG}}(\boldsymbol{x}, \boldsymbol{u}) \tag{9.24}$$

其中，$\boldsymbol{f}_{\mathrm{MMG}} = [f_u^{\mathrm{MMG}}, f_v^{\mathrm{MMG}}, f_r^{\mathrm{MMG}}, f_x^{\mathrm{MMG}}, f_y^{\mathrm{MMG}}, f_\psi^{\mathrm{MMG}}]^{\mathrm{T}}$ 为非线性函数向量，$\boldsymbol{x} = [u, v, r, x, y, \psi]^{\mathrm{T}}$ 为状态向量，$\boldsymbol{u} = [\delta, n]^{\mathrm{T}}$ 为输入向量。

9.3.2 由两撇系统到响应型模型

两撇系统所描述的船舶运动模型精确度高，但计算复杂而且难以设计有效的控制策略。而以 Nomoto 模型为代表的响应型船舶运动模型略去横漂速度，将其转化为便于自动舵设计的线性模型，即

$$T\ddot{\psi} + \dot{\psi} = K\delta \tag{9.25}$$

其中，T 和 K 分别为 Nomoto 时间和增益常数。

若考虑船舶转向过程中的非线性动态，参数 T 和 K 的辨识将变得非常困难。幸运的是，Clarke[234]发现可通过 Zigzag 操纵实现 Nomoto 参数的粗糙估计(图 9.7)。

如图 9.7(a)所示，在 Zigzag 操纵运动过程中，#1 和#2 分别为前两个艏向角的转向点，即 $r = 0$，阴影部分为对在此时间段内舵角 δ 的积分。那么，Nomoto 参数 K 可由式(9.26)计算：

$$K = -\frac{\psi_1 - \psi_2}{\int_{t_1}^{t_2} \delta \mathrm{d}t} \tag{9.26}$$

同样地，如图 9.7(b)所示，#3 和#4 分别为前两个艏向角 $\psi = 0$ 的时间点，阴影部分为该时间段内对舵角 δ 的积分。那么 Nomoto 参数 T 可由式(9.27)计算：

$$T = -K\frac{\int_{t_3}^{t_4} \delta \mathrm{d}t}{r_3 - r_4} \tag{9.27}$$

可见，参数 K 和 T 实际上取决于 Zigzag 操纵的初始速度 U_{init} 和期望的艏向角 ψ_{req}。因而，参数 K 和 T 可认为随着上述两个变量的变化而动态变化的，即

$$\begin{cases} K(U_{\text{init}},\psi_{\text{req}}) = g_K(U_{\text{init}},\psi_{\text{req}}) \\ T(U_{\text{init}},\psi_{\text{req}}) = g_T(U_{\text{init}},\psi_{\text{req}}) \end{cases} \tag{9.28}$$

进而，结合式(9.25)，可得船舶时变参数响应模型为

$$T(U_{\text{init}},\psi_{\text{req}})\ddot{\psi} + \dot{\psi} = K(U_{\text{init}},\psi_{\text{req}})\delta \tag{9.29}$$

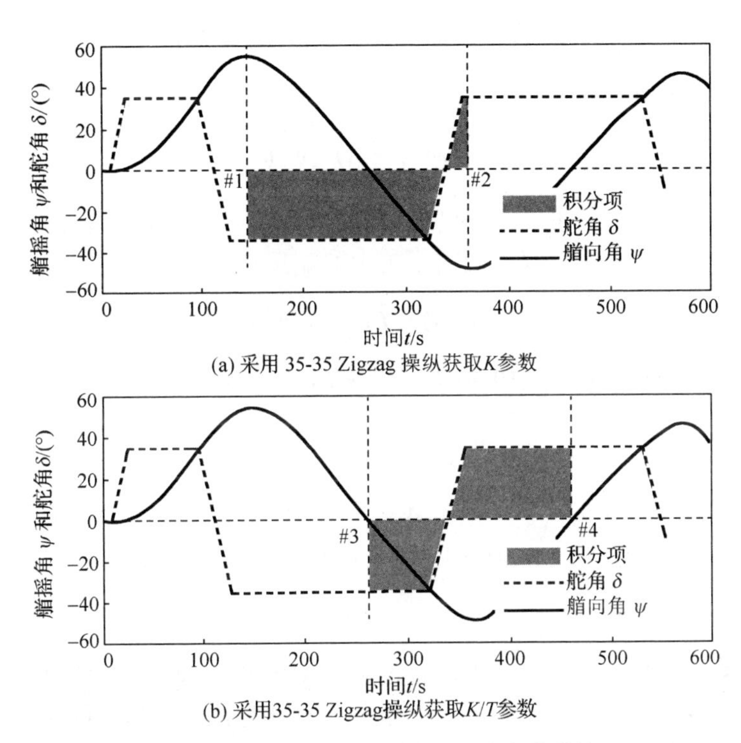

(a) 采用 35-35 Zigzag 操纵获取K参数

(b) 采用35-35 Zigzag操纵获取K/T参数

图 9.7　基于 Zigzag 操纵的 K、T 参数估计

9.3.3　基于 GEBF-OSFNN 的整体船舶运动模型

无论两撇系统模型(9.14)还是 MMG 模型(9.24)，其模型精度足以体现船舶平面运动的动态特性，但其模型参数众多、复杂度极高。本节将视式(9.14)或式(9.24)为待逼近对象，采用 GEBF-OSFNN 算法展开船舶运动模型辨识研究[220,221]。本节展开采用两撇系统模型(9.14)的研究工作，基于 MMG 模型(9.24)的研究成果，请参考文献[222]。

1．参考模型

为便于获得训练数据，将式(9.14)转化为相应的差分方程：

$$
\begin{cases}
u(k+1) = u(k) + \Delta T f_u(\boldsymbol{x}(k), \boldsymbol{u}(k)) \\
v(k+1) = v(k) + \Delta T f_v(\boldsymbol{x}(k), \boldsymbol{u}(k)) \\
r(k+1) = r(k) + \Delta T f_r(\boldsymbol{x}(k), \boldsymbol{u}(k)) \\
x(k+1) = x(k) + \Delta T f_x(\boldsymbol{x}(k), \boldsymbol{u}(k)) \\
y(k+1) = y(k) + \Delta T f_y(\boldsymbol{x}(k), \boldsymbol{u}(k)) \\
\psi(k+1) = \psi(k) + \Delta T f_\psi(\boldsymbol{x}(k), \boldsymbol{u}(k))
\end{cases}
\tag{9.30}
$$

所得船舶运动速度为

$$
U(k) = \sqrt{u^2(k) + v^2(k)} \tag{9.31}
$$

其中，ΔT 为采样时间。此外，本节中考虑螺旋桨转速恒定、航行于深水域，即 $n = \text{constant}$，$h = \text{constant} >> d$。因而，可得船舶运动的参考模型为

$$
\boldsymbol{x}(k+1) = \tilde{\boldsymbol{f}}\left(\boldsymbol{x}(k), \delta(k)\right) \tag{9.32}
$$

其中，非线性函数向量 $\tilde{\boldsymbol{f}}$ 由式(9.30)实现，$\boldsymbol{x}(k), \delta(k)$ 分别为状态向量和输入变量(舵角)，k 表示采样时刻。

相应地，参考模型(9.32)作为 GEBF-OSFNN 建模的参考模型，用以产生训练和测试数据 $(\boldsymbol{X}^k, \boldsymbol{T}^k), k = 1, 2, \cdots, n$，其中 $\boldsymbol{X}^k = [u(k), v(k), r(k), x(k), y(k), \psi(k), \delta(k)]^{\mathrm{T}} \in \mathbf{R}^7$ 为输入，$\boldsymbol{T}^k = [u(k+1), v(k+1), r(k+1), x(k+1), y(k+1), \psi(k+1)]^{\mathrm{T}} \in \mathbf{R}^6$ 为目标输出。

2．仿真研究

为验证所得 GEBF-OSFNN 方法在船舶运动模型辨识应用中的有效性，我们采用 Esso Osaka190000dwt 油轮模型[231]，进行多种典型操纵情形下的仿真研究。该轮的主尺度参数包括：船长 $L = 304.8\text{m}$，船宽 $B = 47.17\text{m}$，吃水 $T = 18.46\text{m}$，排水量 $\nabla = 220000\text{m}^3$，方形系数 $C_B = 0.83$，设计航速 $U_0 = 16\text{kn}$，螺旋桨转速 $n = 80\text{r/min}$，舵角变化率限制 $\dot{\delta} = 2.33^\circ/\text{s}$，其他参数可查阅文献[231]。所有的仿真运行环境为：MATLAB 2011b、Intel Core2 Duo、2.0GHz CPU。

不失一般性，满足变化率限制的外部输入信号(舵角 $\delta(k)$)由式(9.33)给出：

$$
\delta(k) = A\sin\left(\omega k \Delta T\right), k \in [0, n-1] \tag{9.33}
$$

其中，A 和 ω 分别为舵角变化的幅度和频率，ΔT 和 n 分别为采样间隔和数据点数。参数选择为：$n = 2001$，$\Delta T = 1\text{s}$，$A = 35^\circ$，$\omega = 0.1^\circ/\text{s}$。

在线训练的模糊规则生长过程及其相应的辨识误差如图 9.8 所示，GEBF-OSFNN 方法能够在线自组织生成模糊系统，随着训练数据的增多，模糊规则逐渐完备，并使得学习误差趋向于零，最终仅用 8 条模糊规则就能够实现满意的逼近

精度。各输出变量的辨识结果如图 9.9～图 9.11 所示，结果显示了极高的辨识精度。相应地，图 9.12 为各输入变量论域上的 DGF 隶属度函数，能够有效地划分各输入空间。

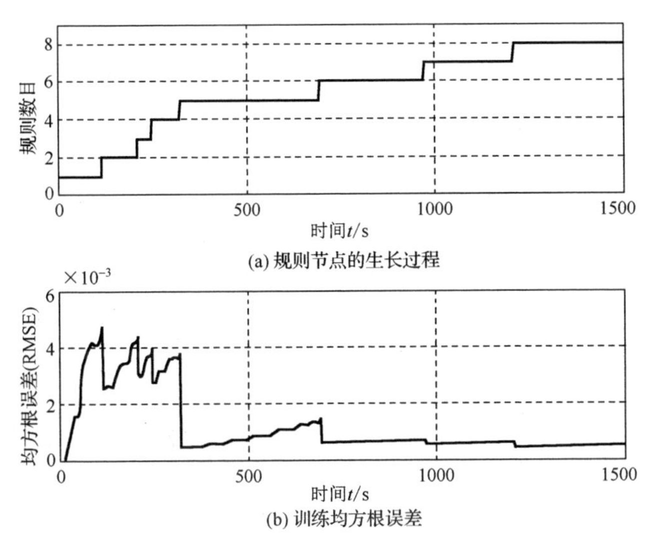

图 9.8　在线训练过程中的规则生长与 RMSE

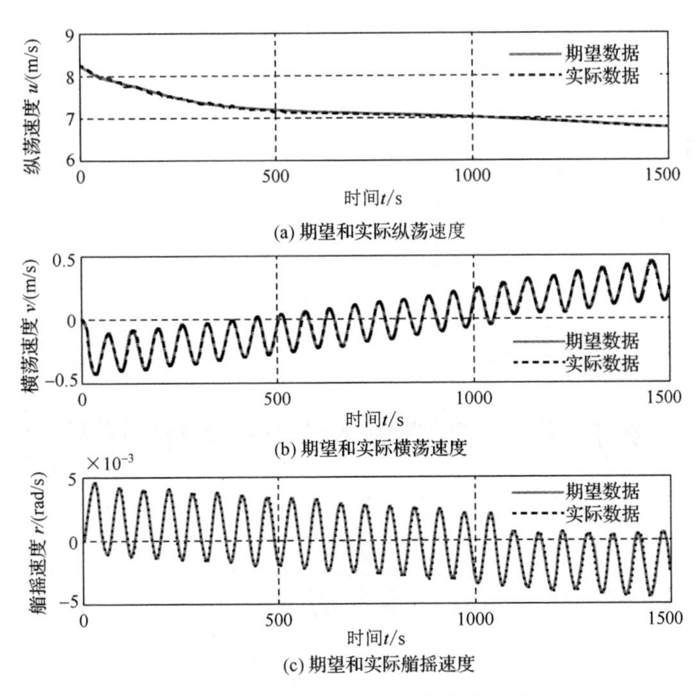

图 9.9　变量 u,v,r 的在线辨识结果

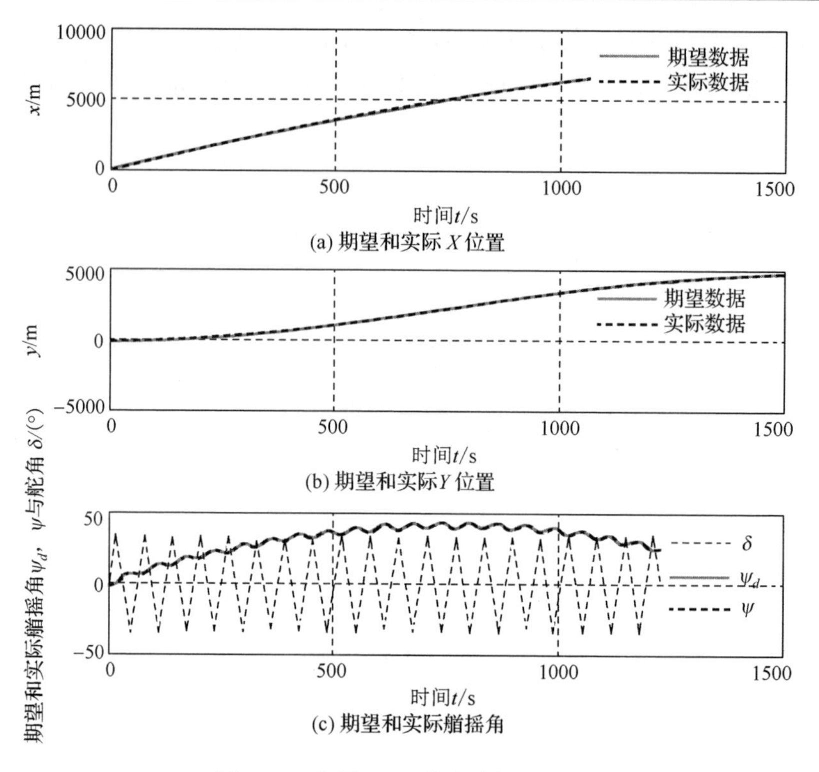

(a) 期望和实际 X 位置

(b) 期望和实际 Y 位置

(c) 期望和实际艏摇角

图 9.10　变量 x,y,ψ 的在线辨识结果

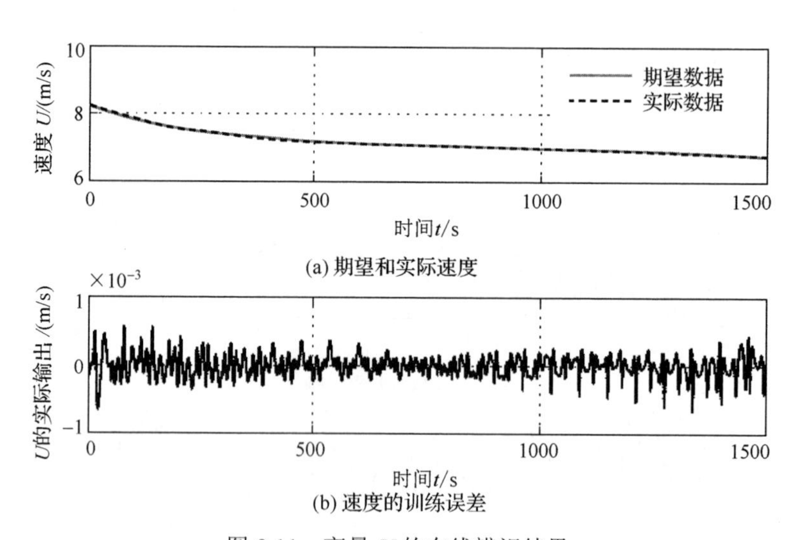

(a) 期望和实际速度

(b) 速度的训练误差

图 9.11　变量 U 的在线辨识结果

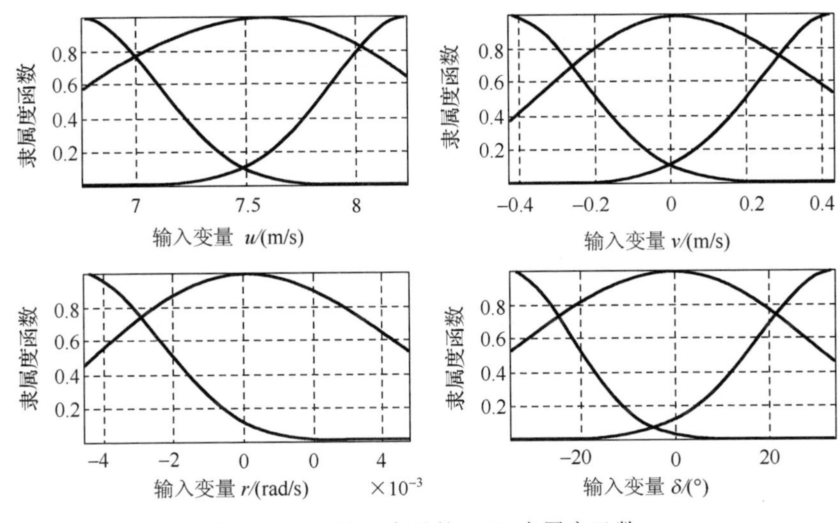

图 9.12　各输入变量的 DGF 隶属度函数

为验证所得 GEBF-OSFNN 船舶运动模型的泛化能力和预测能力，我们采用常用的 Zigzag 操纵运动作为测试场景。所得结果如图 9.13～图 9.15 所示，结果显示所有输出变量都得到了理想的预测输出，因此验证了所得 GEBF-OSFNN 模型的有效性。

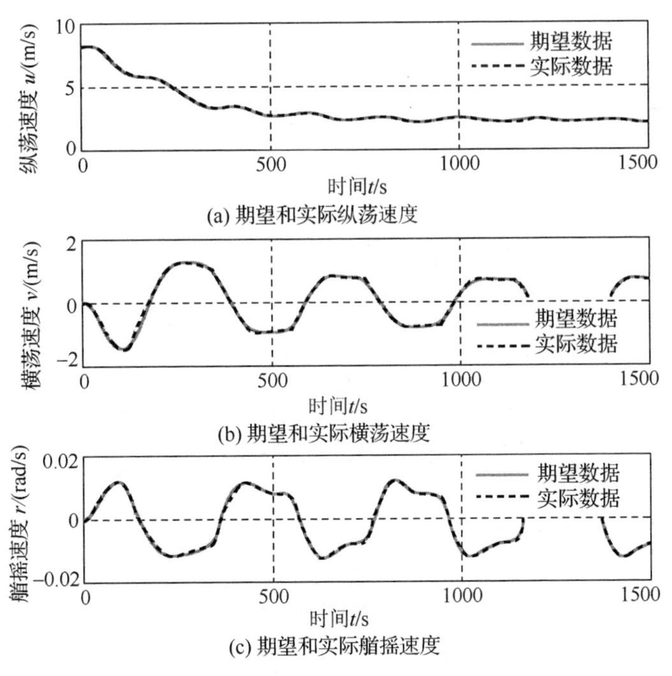

图 9.13　变量 u,v,r 的预测结果

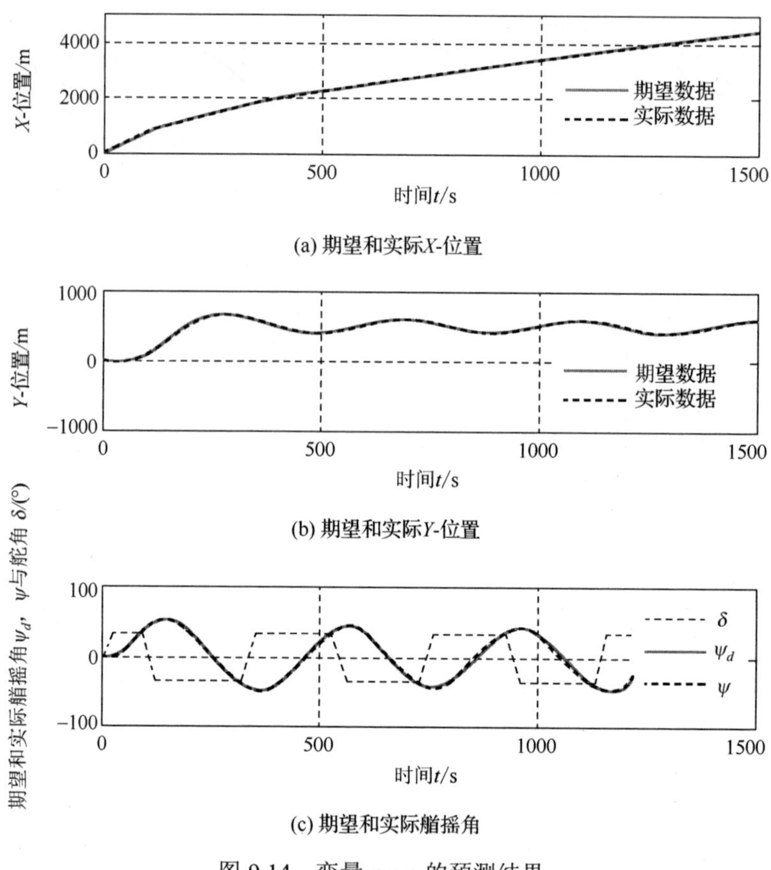

(a) 期望和实际X-位置

(b) 期望和实际Y-位置

(c) 期望和实际艏摇角

图 9.14　变量 x,y,ψ 的预测结果

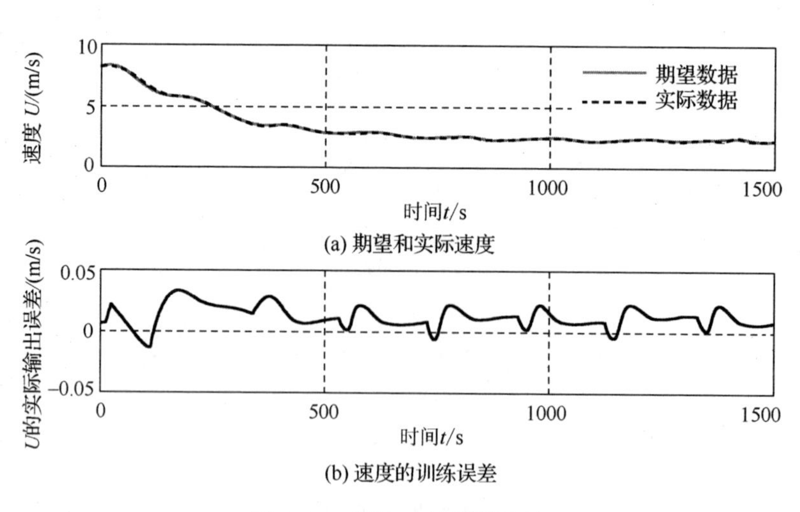

(a) 期望和实际速度

(b) 速度的训练误差

图 9.15　变量 U 的预测结果

9.3.4　基于 GEBF-OSFNN 的响应型船舶运动模型

基于式(9.28)和式(9.29)，我们可通过辨识参数 K 和 T 与 U_{init} 和 ψ_{req} 之间的非线性函数关系，从而得到基于 GEBF-OSFNN 的动态响应型船舶运动模型[223]。

1．训练数据

以式(9.15)为母船模型，以不同初始速度 U_{init} 和期望艏向角 ψ_{req} 进行 Zigzag 操纵运动实验，采用式(9.26)～式(9.28)计算与之相应的 K、T 参数，从而获得蕴含 $g_K(U_{\text{init}},\psi_{\text{req}})$ 和 $g_T(U_{\text{init}},\psi_{\text{req}})$ 函数关系的数据样本，作为 GEBF-OSFNN 辨识 K、T 参数的训练数据，如下所示：

$$\left(\frac{\textbf{Input}}{\textbf{Target}}\right)=\begin{pmatrix}\boldsymbol{U}_{\text{init}}\\ \boldsymbol{\Psi}_{\text{req}}\\ \hline \boldsymbol{K}\\ \boldsymbol{T}\end{pmatrix}=\begin{pmatrix}U_{\text{init}}^1 & U_{\text{init}}^2 & \cdots & U_{\text{init}}^n\\ \psi_{\text{req}}^1 & \psi_{\text{req}}^2 & \cdots & \psi_{\text{req}}^n\\ \hline K_1 & K_2 & \cdots & K_n\\ T_1 & T_2 & \cdots & T_n\end{pmatrix}\tag{9.34}$$

相应地，基于 GEBF-OSFNN 算法可得到 g_K 和 g_T 的逼近模型，从而可得基于参数逼近的动态响应型船舶运动模型：

$$T_{\text{FNN}}(U_{\text{init}},\psi_{\text{req}})\ddot{\psi}+\dot{\psi}=K_{\text{FNN}}(U_{\text{init}},\psi_{\text{req}})\delta\tag{9.35}$$

其中

$$\begin{cases}K_{\text{FNN}}(U_{\text{init}},\psi_{\text{req}})=g_K^{\text{FNN}}(U_{\text{init}},\psi_{\text{req}})\\ T_{\text{FNN}}(U_{\text{init}},\psi_{\text{req}})=g_K^{\text{FNN}}(U_{\text{init}},\psi_{\text{req}})\end{cases}\tag{9.36}$$

2．仿真研究

为验证 GEBF-OSFNN 在响应型船舶运动模型辨识应用中的有效性，我们仍以 Esso Osaka190000dwt 油轮模型[222]为母船模型，进行多种典型操纵情形下的仿真研究、其主要研究工作是实现基于 GEBF-OSFNN 的 K、T 参数辨识。具体地，输入变量 U_{init} 和 ψ_{req} 分别从论域[10, 18](kn)和[15, 75](°)中随机取值，总共选取 1037 组数据样本作为训练数据，其格式如式(9.34)所定义。

参数 K、T 辨识结果如图 9.16 和图 9.17 所示。随着在线训练的进行，逼近误差趋于零，最终需要 12 条模糊规则可实现理想的逼近效果。同时，所得 DGF 隶属度函数有效的划分每一维输入空间。从 K、T 参数曲面，也可以看出 GEBF-OSFNN 能够在整个论域上实现精确的逼近。

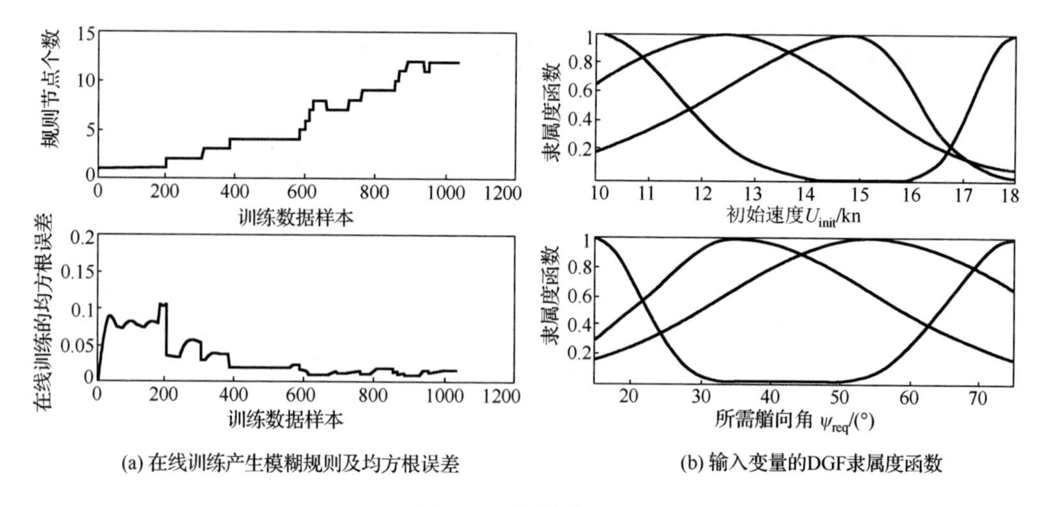

(a) 在线训练产生模糊规则及均方根误差　　(b) 输入变量的DGF隶属度函数

图 9.16　训练结果

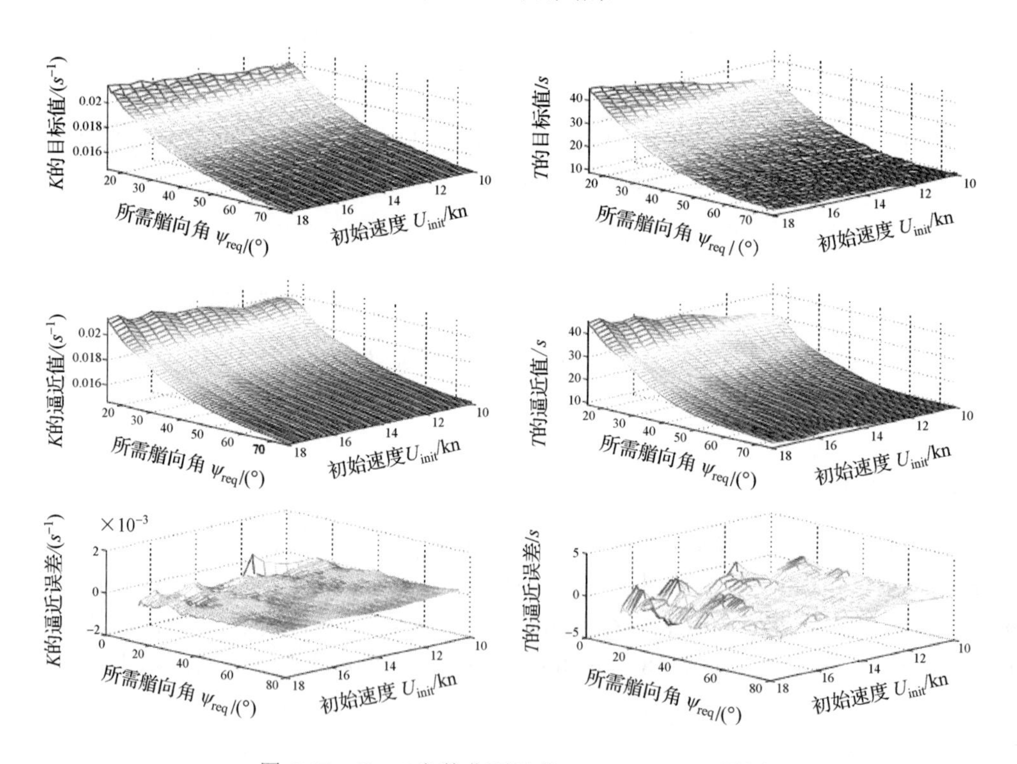

图 9.17　K、T 参数曲面及其 GEBF-OSFNN 逼近

为验证基于 GEBF-OSFNN 逼近的响应型船舶运动模型的有效性，我们采用多种 Zigzag 操纵运动情形，包括：zz-10°-10°、zz-20°-20°和 zz-30°-30°，与原始船舶运动模型进行比较，以检验所得模型的预测精度。

仿真结果如图 9.18～图 9.20 所示。从预测结果可见，在多种操纵运动情形下，所得 GEBF-OSFNN 模型都具有很高的预测精度，从而验证该模型的有效性。

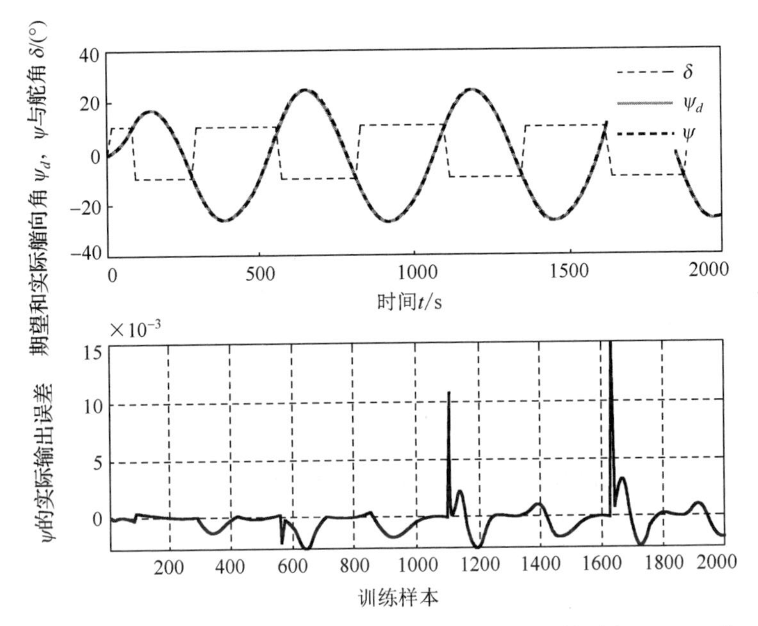

图 9.18　GEBF-OSFNN 响应型船舶运动模型的预测结果(zz-10°-10°)

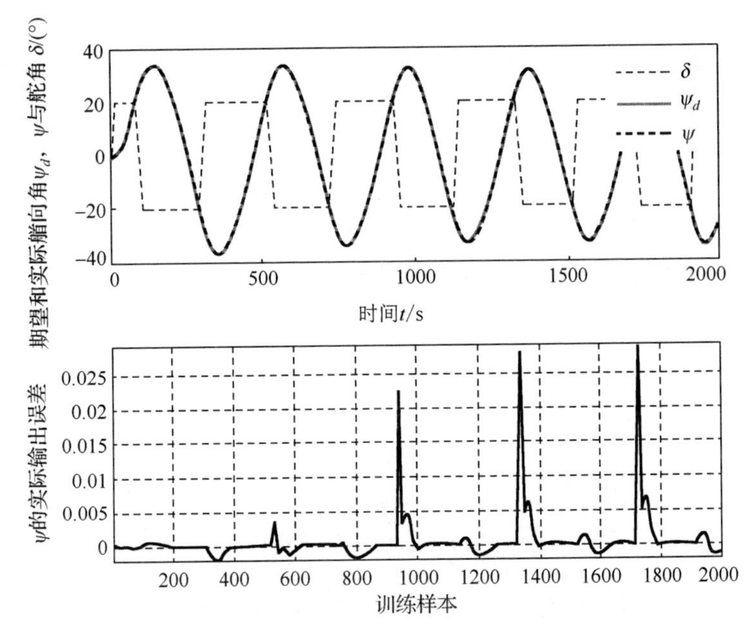

图 9.19　GEBF-OSFNN 响应型船舶运动模型的预测结果(zz-20°-20°)

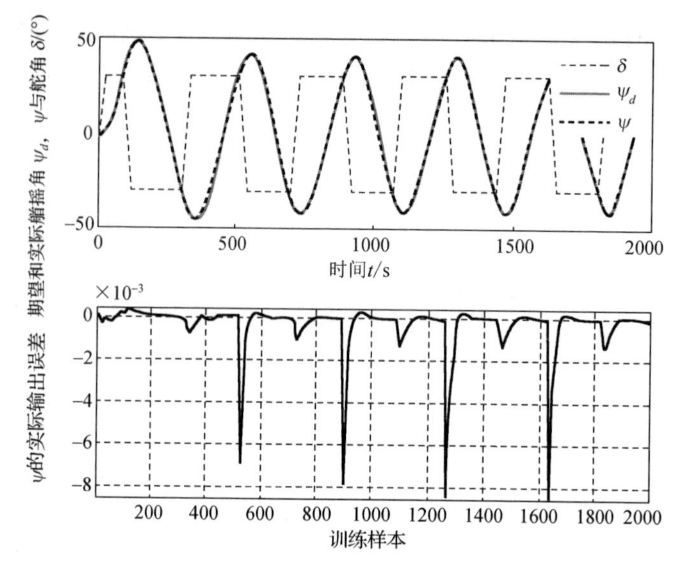

图 9.20　GEBF-OSFNN 响应型船舶运动模型的预测结果(zz-30°-30°)

9.3.5　小结

本节将 GEBF-OSFNN 算法分别应用于整体型船舶运动模型辨识和响应型船舶运动模型辨识，所得模型具有理想逼近效果和较高的预测能力。为实现该应用研究，分别采用两撇系统和 Nomoto 模型作为参考模型产生训练数据，基于 GEBF-OSFNN 展开模型辨识研究。采用经典的 Esso Osaka 油轮作为仿真对象，结果验证了所得 GEBF-OSFNN 船舶运动模型的有效性。

9.4　船舶操纵运动控制

本节将采用 9.3.4 节中提出的 GEBF-OSFNN 响应型船舶运动模型，结合简单有效的 PID 控制技术和 GEBF-OSFNN 算法，设计一种基于在线学习且结构简单的船舶操纵运动控制器[224,235]。

9.4.1　动态 PID 控制器

考虑传统 PID 控制率：

$$\delta = K_p(\psi_d - \psi) - K_d\dot{\psi} + K_i\int_0^t(\psi_d - \psi(\tau))\mathrm{d}\tau \tag{9.37}$$

其中，ψ_d,ψ 分别为期望和实际艏向角，K_p,K_i,K_d 为 PID 控制器设计参数，可由极点配置技术得到

$$\begin{cases} K_p = \dfrac{\omega_n^2 T}{K} \\ K_i = \dfrac{\omega_n^3 T}{10K} \\ K_d = \dfrac{2\zeta\omega_n T - 1}{K} \end{cases} \tag{9.38}$$

其中，自然频率 ω_n 通常由舵机频率 ω_δ 和船舶动态特性 $1/T$ 所决定的带宽给出：

$$\omega_n = (1-\lambda)\Delta\frac{1}{T} + \lambda\Delta\omega_\delta, \quad \Delta = \frac{1}{\sqrt{1-2\zeta^2+\sqrt{4\zeta^4-4\zeta^2+2}}} \tag{9.39}$$

通常，相对阻尼比 ζ 和权重参数 λ 的取值分别为[0.8, 1.0]和(0, 1)。

进而，针对动态参数 Nomoto 模型(9.29)，可设计船舶动态 PID 操纵运动控制器，其离散形式如下：

$$\delta_D^j(k_j) = K_{pj}^D(\psi_{\text{req}}^j - \psi(k_j)) - K_{dj}^D\frac{\psi(k_j)-\psi(k_j-1)}{T_s} + K_{ij}^D T_s\sum_{i=1}^{k_j}(\psi_{\text{req}}^j - \psi(i)) \tag{9.40}$$

其中，T_s 为采样间隔，k_j 为第 j 个操纵指令中的采样时刻，ψ_{req}^j 和 δ_D^j 分别为相应的期望艏向角和指令舵角，K_{pj}^D，K_{ij}^D，K_{dj}^D 分别为动态 PID 控制的参数，可由式(9.38)计算得到。

9.4.2 GEBF-OSFNN 船舶操纵控制系统

显然，动态 PID 控制器参数 K_{pj}^D，K_{ij}^D，K_{dj}^D 由动态 Nomoto 模型参数 K 和 T 决定。若考虑 K、T 参数与航速和艏向角之间复杂的非线性关系，则解析得到动态 PID 控制器参数将变得非常困难。为克服上述问题，我们转而采用 GEBF-OSFNN 算法通过采样观测数据在线辨识动态 PID 控制器参数 K_{pj}^D，K_{ij}^D，K_{dj}^D。所需训练数据形式为

$$\left(\frac{\textbf{Input}}{\textbf{Target}}\right) = \begin{pmatrix} \boldsymbol{U}_j \\ \boldsymbol{\Psi}_e \\ \boldsymbol{\Psi}_a \\ \hline \boldsymbol{K}_p \\ \boldsymbol{K}_i \\ \boldsymbol{K}_d \end{pmatrix} = \begin{pmatrix} U_j^1 & U_j^2 & \cdots & U_j^n \\ \psi_e^1 & \psi_e^2 & \cdots & \psi_e^n \\ \psi_a^1 & \psi_a^2 & \cdots & \psi_a^n \\ \hline K_p^1 & K_p^2 & \cdots & K_p^n \\ K_i^1 & K_i^2 & \cdots & K_i^n \\ K_d^1 & K_d^2 & \cdots & K_d^n \end{pmatrix} \tag{9.41}$$

其中

$$\begin{cases} U_j^k = U(k) / U_{\text{init}}^j \\ \psi_e^k = \psi_{\text{req}}(k) - \psi(k), \quad k = 1,2,\cdots,n \\ \psi_a^k = \dfrac{\psi_e(k) - \psi_e(k-1)}{T_s} \end{cases} \tag{9.42}$$

其中，$\boldsymbol{U}_j, \boldsymbol{\Psi}_e, \boldsymbol{\Psi}_a$ 表示第 j 个操纵过程中的船速、艏向角误差和艏向角误差变化率，$\boldsymbol{K}_p, \boldsymbol{K}_i, \boldsymbol{K}_d$ 为期望的控制器增益。所需数据样本(9.41)可由动态 PID 控制系统在线产生。那么，基于 GEBF-OSFNN 在线逼近的实际控制器增益可表示为

$$(\boldsymbol{K}_p^k, \boldsymbol{K}_i^k, \boldsymbol{K}_d^k)^{\mathrm{T}} = \boldsymbol{G}(\boldsymbol{U}_j^k, \boldsymbol{\Psi}_e^k, \boldsymbol{\Psi}_a^k) \tag{9.43}$$

其中，$G(\cdot)$ 为基于 GEBF-OSFNN 的函数逼近。那么，所得 GEBF-OSFNN 操纵运动控制器可描述为

$$\delta_F^j(k_j) = K_{pj}^F \psi_e^{k_j} - K_{dj}^F \psi_a^{k_j} + K_{ij}^F T_s \sum_{i=1}^{k_j} \psi_e^i \tag{9.44}$$

其中，控制器增益 K_{pj}^F，K_{dj}^F，K_{ij}^F 为 GEBF-OSFNN 逼近器的在线动态输出。

9.4.3 仿真研究

为验证 GEBF-OSFNN 船舶操纵控制系统的有效性和优越性，本节采用 Esso Osaka 油轮进行一系列操纵运动，展开仿真研究。

不失一般性，考虑一系列常值指令，即 $\psi_{\text{req}} \in \{20,40,60,80,100,120,140,160,180,200\}$，从动态 PID 控制系统中生成训练数据。动态 PID 控制的操纵运动结果如图 9.21 所示，控制性能比较理想，完全可以用于作为参考控制器产生用于训练 GEBF-OSFNN 的数据样本。

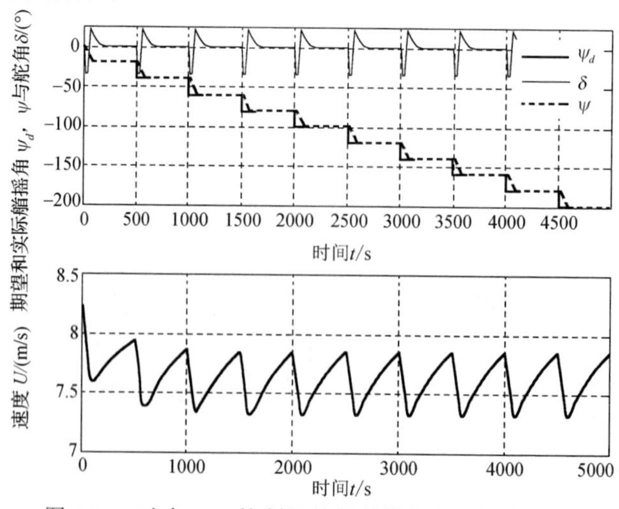

图 9.21　动态 PID 控制器的船舶操纵运动控制效果

相应地，基于所得训练数据，得到基于 GEBF-OSFNN 的动态 PID 控制器增益 K_p^F, K_d^F, K_i^F，如图 9.22 所示。结果显示，基于 GEBF-OSFNN 的参数能够很好地逼近所期望的控制器增益。实际上，最终只需要 4 条模糊规则(即 GEBF 隐层节点)即可实现上述理想的逼近性能。所得精简模糊规则在每一维上的 DGF 隶属度函数如图 9.23 所示，可见，由所得 DGF 隶属函数定义的模糊集对整个输入论域，具有清晰和完备的模糊划分。

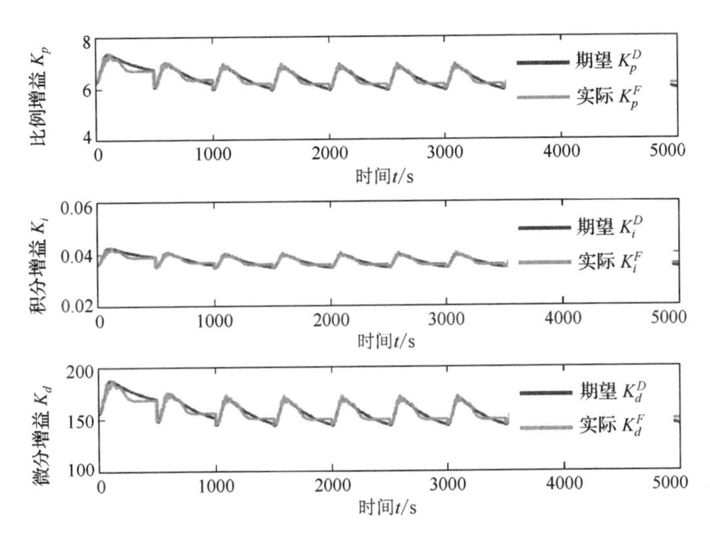

图 9.22　基于 GEBF-OSFNN 逼近的控制器增益

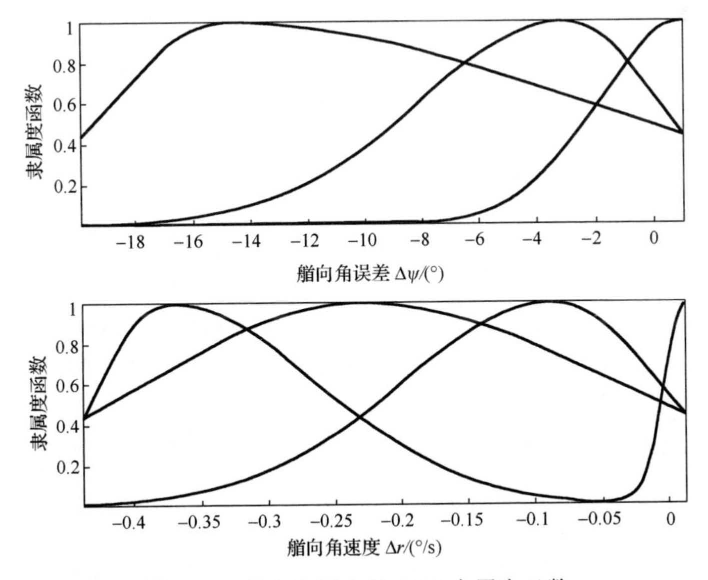

图 9.23　输入变量上的 DGF 隶属度函数

为进一步验证所得 GEBF-OSFNN 操纵控制系统的有效性和优越性，考虑左右交替(SP)操纵模式，即 SP-60°-60°，其中 60°表示指令艏向角。所得仿真结果及其与动态 PID 控制效果的比较，如图 9.24 所示。

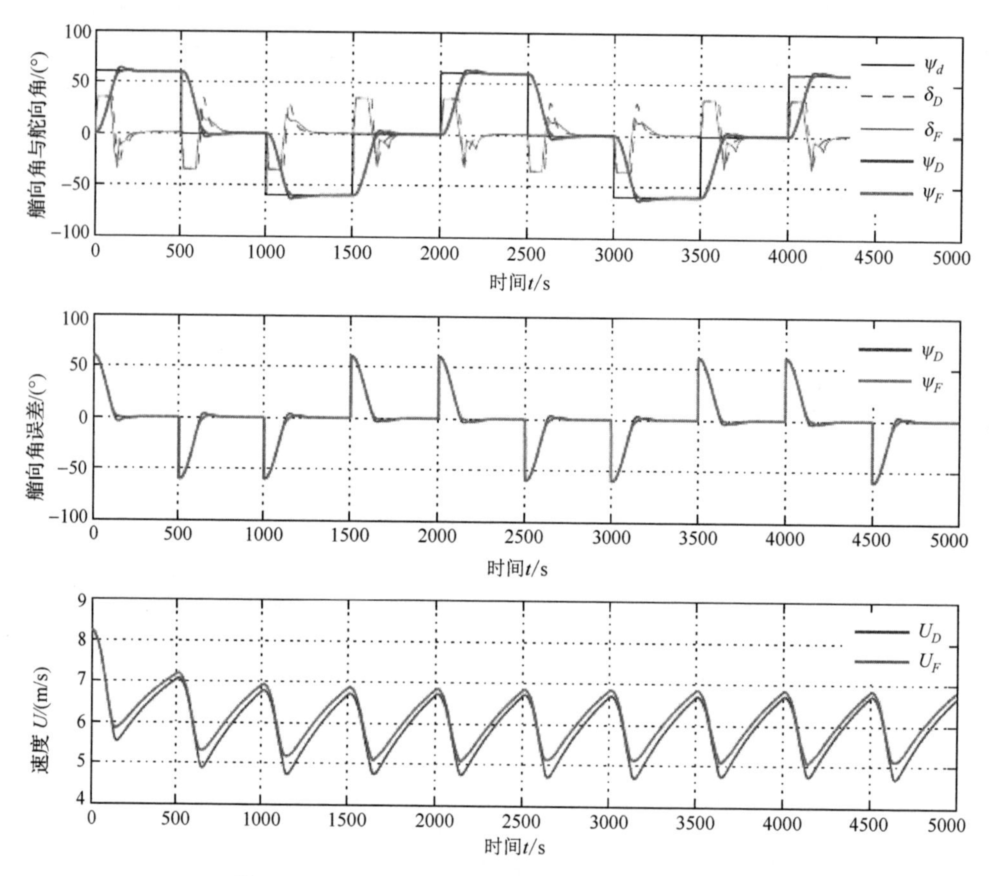

图 9.24　GEBF-OSFNN 与动态 PID 控制效果比较

结果显示，相比动态 PID 控制策略，无论动态响应还是超调量，GEBF-OSFNN 控制系统具有明显的优越性。而且，GEBF-OSFNN 控制器几乎没有高频输出，更符合实际情况。从而，也使得 GEBF-OSFNN 控制系统中的船速损失明显小于动态 PID 控制系统。综上，所得 GEBF-OSFNN 船舶操纵控制系统的有效性和优越性得以检验。

9.4.4　小结

本节结合经典的 PID 控制技术与所提出的 GEBF-OSFNN 学习算法，面向基于动态参数化的 Nomoto 响应型船舶运动模型，设计了基于 GEBF-OSFNN 参数逼近的船舶操纵运动控制系统。针对 Esso Osaka 油轮进行了仿真和比较研究，仿真结果验证了所得 GEBF-OSFNN 船舶操纵控制系统的有效性和优越性。

9.5 本章小结

本章面向船舶工程领域内的一些实际问题，如船舶领域建模、船舶运动模型辨识和船舶操纵运动控制等，针对所提出的 FAOS-PFNN 和 GEBF-OSFNN 算法，展开了广泛的应用研究。实验和仿真结果表明，在上述的潜在应用领域中，所提出的 FAOS-PFNN 和 GEBF-OSFNN 算法能够有效地实现精确模型辨识和复杂系统控制。所得自组织模糊神经系统的逼近和泛化能力，保障了所得模型的精度和控制系统的优越性能；精简的系统结构，同时极大地降低了计算复杂度，更易于工程实践。

参考文献

[1] Zadeh L A. Outline of a new approach to the analysis of complex systems and decision process. IEEE Transactions on Systems, Man and Cybernetics, 1973, 3(1):28-44.

[2] Zadeh L A. Fuzzy sets. Information and Control, 1965, 8:338-353.

[3] Mamdani E H. Application of fuzzy algorithms for simple dynamic plant. Proceedings of IEE, 1974, 121(12):1585-1588.

[4] Takagi T, Sugeno M. Fuzzy identification of systems and its applications to modeling and control. IEEE Transactions on Systems, Man and Cybernetics, 1985, 15(1):116-132.

[5] 王立新. 自适应模糊系统与控制——设计与稳定性分析. 北京: 国防工业出版社, 1995.

[6] 孙增圻. 智能控制理论与技术. 北京: 清华大学出版社, 1998.

[7] 王立新. 模糊系统与模糊控制教程. 王迎军, 译. 北京: 清华大学出版社, 2003.

[8] 诸静. 模糊控制理论与系统原理. 北京: 机械工业出版社, 2005.

[9] Oliveira J V D, Pedrycz W. Advances in Fuzzy Clustering and Its Applications. West Sussex: John Wiley & Sons, Inc., 2007.

[10] 胡包钢, 应浩. 模糊 PID 控制技术研究发展回顾及其面临的若干重要问题. 自动化学报, 2001, 27(4): 567-584.

[11] 吴望名. 关于模糊逻辑的一场争论. 模糊系统与数学, 1995, 9(2): 1-9.

[12] 丁永生, 应浩, 任立红, 等. 解析模糊控制理论:模糊控制系统的结构和稳定性分析. 控制与决策, 2000, 15(2): 129-135.

[13] 丁永生, 邵世煌. 模糊控制若干问题研究的回顾与探讨. 微型电脑应用, 1999, 15(9): 1-5.

[14] 丁永生, 应浩, 邵世煌. 模糊系统逼近理论: 现状与展望. 信息与控制, 2000, 29(2): 157-163.

[15] 张金明, 李人厚, 张平安. 模糊系统稳定性. 系统工程与电子技术, 2000, 22(1): 30-33.

[16] Feng G. A survey on analysis and design of model-based fuzzy control systems. IEEE Transactions on Fuzzy Systems, 2006, 14(5):676-697.

[17] Mitra S, Hayashi Y. Neuro-fuzzy rule generation: Survey in soft computing framework. IEEE Transactions on Neural Networks, 2000, 11(3):748-768.

[18] 肖健, 白裔峰, 于龙. 模糊系统结构辨识综述. 西南交通大学学报, 2006, 41(2): 135-142.

[19] Mamdani E H, Assillan S. An experiment in linguistic synthesis with a fuzzy logic controller. Man and Machine Studies, 1974, 7(1): 1-13.

[20] Kickert W J M, Mamdani E H. Analysis of a fuzzy logic controller. Fuzzy Sets and Systems, 1978, 1(1): 29-44.

[21] Ying H. A fuzzy controller with linear control rules is the sum of a global two-dimensional multilevel relay and a local nonlinear proportional-integral controller. Automatica, 1993, 29(2): 499-505.

[22] Ying H. Analytical structure of a two-input two-output fuzzy controller and its relation to PI and multilevel relay controllers. Fuzzy Sets and Systems, 1994, 63(1): 21-33.

[23] Chen C L, Wang S N, Hsieh C T, et al. Theoretical analysis of crisp-type fuzzy logic controllers using various t-norm sum-gravity inference methods. IEEE Transactions on Fuzzy Systems, 1998, 6(1): 122-136.

[24] Chen C L, Lai Y C, Hsieh C T. Crisp-type fuzzy logic controller using Dubois and Prade's parametric t-norm-sum-gravity inference methods. IEE Proceedings on Control Theory and Applications, 2000, 147(2):167-175.

[25] Ying H. Analytical structure of a fuzzy controller with linear control rules. Information Sciences, 1994, 81(3/4): 213-227.

[26] Ying H. Analytical structure of the typical fuzzy controllers employing trapezoidal input fuzzy sets and nonlinear control rules. Information Sciences, 1999, 116(2-4): 177-203.

[27] 李宁, 张乃尧, 勒开岩. 输入隶属函数不均匀分布时典型模糊控制器的结构分析. 清华大学学报(自然科学版), 2000, 40(1): 120-123.

[28] 李洪兴. 从模糊控制的数学本质看模糊逻辑的成功. 模糊系统与数学, 1995, 9(1): 1-14.

[29] 李洪兴. 模糊控制的数学本质与一类高精度模糊控制器的设计. 控制理论与应用, 1997, 14(6): 868-876.

[30] 李洪兴. 模糊控制的插值机理. 中国科学(E 辑), 1998, 28(3): 259-267.

[31] Li H X, Lee E S. Interpolation representations of fuzzy logic systems. Computers and Mathematics with Applications, 2003, 45(10/11): 1683-1693.

[32] 史健, 黄丽, 李中夫. 模糊控制与插值. 四川大学学报(自然科学版), 2000, 37(5): 646-650.

[33] 张恩勤, 施颂椒, 翁正新. 采用三角形隶属度函数的模糊系统的插值特性. 自动化学报, 2001, 27(6): 784-790.

[34] 修智宏, 任光. 典型模糊控制器的插值形式. 模糊系统与数学, 2004, 18(1): 67-75.

[35] 彭家寅, 李洪兴, 侯健, 等. 基于逐点优化模糊推理的模糊控制器及其插值机理. 系统科学与数学, 2005, 25(6): 311-322.

[36] 侯健, 李洪兴, 王加银. 两类模糊系统具有插值特性的充要条件. 控制理论与应用, 2006, 23(2): 287-291.

[37] Ying H, Siler W, Buckley J J. Fuzzy control theory: A nonlinear case. Automatica, 1990, 26(3): 513-520.

[38] Ying H. The simplest fuzzy controllers using different inference methods are different nonlinear proportional-integral controllers with variable gains. Automatica, 1993, 29(6): 1579-1589.

[39] Ying H. Practical design of nonlinear fuzzy controllers with stability analysis for regulating process with unknown mathematical models. Automatica, 1994, 30(7): 1185-1195.

[40] Ying H. A general technique for deriving analytical structure of fuzzy controllers using arbitrary trapezoidal input fuzzy sets and Zadeh AND operator. Automatica, 2003, 39(7): 1171-1184.

[41] 张乃尧. 典型模糊控制器的结构解析. 模糊系统与数学, 1997, 11(1): 10-21.

[42] 李宁, 张乃尧. 采用不同模糊推理方法时典型模糊控制器的结构分析. 模糊系统与数学, 1998, 12(3): 85-92.

[43] 李宁, 张乃尧. 典型模糊控制器的解析表达式及其系统化设计方法. 控制与决策, 2000, 15(1): 79-82.

[44] 曾珂, 张乃尧, 徐文立. 采用伪梯形隶属函数的一类模糊控制器的结构分析. 中国科学(E辑), 2000, 30(4): 320-330.

[45] 李洪兴. 模糊控制器与PID调节器的关系. 中国科学(E辑), 1999, 29(2): 136-145.

[46] 刘向杰, 柴天佑, 张焕水. 三维模糊控制器的结构研究. 自动化学报, 1998, 24(2): 230-235.

[47] Ban X J, Gao X Z, Huang X L, et al. Analysis of one dimensional and two dimensional fuzzy controllers. Journal of Systems Engineering and Electronics, 2006, 17(2): 362-373.

[48] Haj-Ali A, Ying H. Structural analysis of fuzzy controllers with nonlinear input fuzzy sets in relation to nonlinear PID control with variable gains. Automatica, 2004, 40(9): 1551-1559.

[49] Ying H. Deriving analytical input-output relationship for fuzzy controllers using arbitrary input fuzzy sets and Zadeh fuzzy AND operator. IEEE Transactions on Fuzzy Systems, 2006, 14(5): 654-662.

[50] Mohan B M, Patel A V. Analytical structures and analysis of the simplest fuzzy PD controllers. IEEE Transactions on Systems, Man, and Cybernetics, Part B, 2002, 30(2): 239-248.

[51] Patel A V, Mohan B M. Analytical structures and analysis of the simplest fuzzy PI controllers. Automatica, 2002, 38(6): 981-993.

[52] Patel A V. Analytical structures and analysis of fuzzy PD controllers with multifuzzy sets having variable cross-point level. Fuzzy Sets and Systems, 2002, 129(3): 311-334.

[53] Patel A V. Simplest fuzzy PI controllers under various defuzzification methods. International Journal of Computational Cognition, 2005, 3(1): 21-34.

[54] Mohan B M, Sinha A. The simplest fuzzy PID controllers: Mathematical models and stability analysis. Soft Computing, 2006, 10(10): 961-975.

[55] Glower J S, Munighan J. Designing fuzzy controllers from a variable structure standpoint. IEEE Transactions on Fuzzy Systems, 1994, 5(1): 138-144.

[56] Wu J C, Liu T S. A sliding-mode approach to fuzzy control design. IEEE Transactions on Control Systems Technology, 1996, 4(2): 141-151.

[57] Li H X, Gatland H B, Green A W. Fuzzy variable structure control. IEEE Transactions on Systems, Man and Cybernetics, 1997, 27(2): 306-312.

[58] Buckley J J, Ying H. Fuzzy controller theory: Limit theorems for linear fuzzy control rules. Automatica, 1989, 25(3): 469-472.

[59] Buckley J J. Fuzzy controller: Further limit theorems for linear control rules. Fuzzy Sets and Systems, 1990, 36(2): 225-233.

[60] Ying H. General analytical structure of typical fuzzy controllers and their limiting theorems. Automatica, 1993, 29(4): 1139-1143.

[61] Xu J X, Liu C, Hang C C. Designing a stable fuzzy PI control system using extended circle criterion. International Journal of Intelligent Control and Systems, 1996, 1(3): 355-366.

[62] Langari G, Tomizuka M. Stability of linguistic control systems. Proceedings of the 29th Conference on Decision and Control, Honolulu, 1990.

[63] Braae M, Rutherford D A. Selection of parameters for a fuzzy logic controller. Fuzzy Sets and Systems, 1979, 2(3): 185-199.

[64] 顾树生, 平力. 模糊控制系统稳定性分析及控制器设计. 控制与决策, 1991, 6(3): 178-183.

[65] Huang G C, Lin S C. A stability approach to fuzzy control design for nonlinear systems. Fuzzy Sets and Systems, 1992, 48(3): 279-287.

[66] Palm R. Sliding mode fuzzy control. Proceedings of IEEE International Conference on Fuzzy Systems, San Diego, 1992.

[67] Palm R. Robust control by fuzzy sliding mode. Automatica, 1994, 30(9): 1429-1437.

[68] 张天平, 冯纯伯. 一类不确定动态系统的输出反馈模糊变结构控制. 控制理论与应用, 1996, 13(4): 432-440.

[69] 张天平, 冯纯伯. 一类非线性系统的输出反馈模糊控制. 控制与决策, 1996, 11(5): 545-550.

[70] Zhang T P, Feng C B. Fuzzy variable structure control via output feedback. International Journal of Systems Science, 1997, 28(3): 309-319.

[71] Ray K S, Majumder D D. Application of circle criteria for stability analysis of linear SISO and MIMO systems associated with fuzzy logic controller. IEEE Transactions on Systems, Man and Cybernetics, 1984, 14(2): 345-349.

[72] Furutani E, Saeki M, Araki M. Shifted Popov criterion and stability analysis of fuzzy control systems. Proceedings of the 31st Conference on Decision and Control, Tucson Arizona, 1992.

[73] 卢韩晖, 黄道君. 模糊控制器的绝对稳定性圆判据. 控制理论与应用, 1994, 11(6): 697-702.

[74] Khalil H K. Nonlinear Systems. Englewood Cliffs: Prentice-Hall, 2002.

[75] Farinwata S S, Vachtsevanos G. Stability analysis of the fuzzy logic controller designed by the phase portrait assignment algorithm. Proceedings of the 2nd IEEE International Conference on Fuzzy Systems, San Francisco, 1993.

[76] Chen G R, Ying H. BIBO stability of nonlinear fuzzy PI control systems. Journal of Intelligent and Fuzzy Systems, 1997, 5: 245-256.

[77] Malki H A, Li H, Chen G R. New design and stability analysis of fuzzy proportional- derivative control systems. IEEE Transactions on Fuzzy Systems, 1994, 2(4): 245-254.

[78] Misir D, Malki H A, Chen G R. Design and analysis of a fuzzy proportional-integral- derivative controller. Fuzzy Sets and Systems, 1996, 79(3): 297-314.

[79] Buckley J J. Universal fuzzy controllers. Automatica, 1992, 28(6): 1245-1248.

[80] Buckley J J. Sugeno type controllers are universal controllers. Fuzzy Sets and Systems, 1993, 53(3): 299-303.

[81] Ying H. General SISO Takagi-Sugeno fuzzy systems with linear rule consequents are universal approximators. IEEE Transactions on Fuzzy Systems, 1998, 6(4): 582-587.

[82] Ying H. General Takagi-Sugeno fuzzy systems with simplified linear rule consequents are universal controllers, models and filters. Information Sciences, 1998, 108(1-4): 91-107.

[83] Ying H. Sufficient conditions on uniform approximation of multivariate functions by general Takagi-Sugeno fuzzy systems with linear rule consequents. IEEE Transactions on Systems, Man and Cybernetics, Part A, 1998, 28(4): 515-520.

[84] 曾珂, 张乃尧, 徐文立. 典型 T-S 模糊系统是通用逼近器.控制理论与应用, 2001, 18(2): 293-297.

[85] 曾珂, 张乃尧, 徐文立. 线性 T-S 模糊系统作为通用逼近器的充分条件. 自动化学报, 2001, 27(5): 607-612.

[86] Zeng K, Zhang N Y, Xu W L. A comparative study on sufficient conditions for Takagi-Sugeno fuzzy systems as universal approximators. IEEE Transactions on Fuzzy Systems, 2000, 8(6): 773-780.

[87] Ying H, Ding Y S, Li S K, et al. Typical Takagi-Sugeno and Mamdani fuzzy systems as universal aprroximators: Necessary conditions and comparison. Proceedings of IEEE World Congress on Computational Intelligence, New York, 1998.

[88] Ying H, Ding Y S, Li S K, et al. Comparison of necessary conditions for typical Takagi-Sugeno and Mamdani fuzzy systems as universal approximators. IEEE Transactions on Systems, Man and Cybernetics, Part A, 1999, 29(5): 508-514.

[89] Fantuzzi C, Rovatti R. On the approximation capabilities of the homogeneous Takagi-Sugeno model. Proceedings of IEEE Conference on Fuzzy Systems, New Orleans,1996.

[90] Wang H O, Li J, Niernann D, et al. T-S fuzzy model with linear rule consequence and PDC controller: A universal framework for nonlinear control systems. International Journal of Fuzzy Systems, 2003, 5(2): 106-113.

[91] Tanaka K, Sugeno M. Stability analysis and design of fuzzy control systems. Fuzzy Sets and Systems, 1992, 45(2): 135-156.

[92] Tanaka K, Sano M. Fuzzy stability criterion of a class of nonlinear systems. Information Sciences, 1993, 70(1): 3-26.

[93] Wang H O, Tanaka K, Griffin M F. An approach to fuzzy control of nonlinear systems: Stability and design issues. IEEE Transactions on Fuzzy Systems, 1996, 4(1): 14-23.

[94] Tanaka K, Ikeda T, Wang H O. Fuzzy regulators and fuzzy observers: Relaxed stability conditions and LMI-based designs. IEEE Transactions on Fuzzy Systems, 1998, 6(2): 250-265.

[95] Cao S G, Rees N W, Feng G. Quadratic stability analysis and design of continuous-time fuzzy control systems. International Journal of Systems Science, 1996, 27(2): 193-203.

[96] Cao S G, Rees N W, Feng G. Stability analysis and design for a class of continuous-time fuzzy control systems. International Journal of Control, 1996, 46(6): 1069-1087.

[97] Cao S G，Rees N W, Feng G. Lyapunov-like stability theorems for discrete-time fuzzy control systems. International Journal of Systems Science, 1997, 28(3): 297-308.

[98] Cao S G，Rees N W, Feng G. Further results about quadratic stability of continuous- time fuzzy control systems. International Journal of Systems Science, 1997, 28(4): 397-404.

[99] Feng G. Stability analysis of discrete time fuzzy dynamic systems based on piecewise Lyapunov functions. IEEE Transactions on Fuzzy Systems, 2004, 12(1): 22-28.

[100] Feng G. H-infinity controller design of fuzzy dynamic systems based on piecewise Lyapunov functions. IEEE Transactions on Systems, Man and Cybernetics, Part B, 2004, 34(1): 283-292.

[101] Park J, Kim J, Park D. LMI-based design of stabilizing fuzzy controllers for nonlinear systems described by Takagi-Sugeno fuzzy model. Fuzzy Sets and Systems, 2001, 122(1): 73-82.

[102] Kim E, Lee H. New approaches to relaxed quadratic stability condition of fuzzy control systems. IEEE Transactions on Fuzzy Systems, 2000, 8(5): 523-534.

[103] Johansson M, Rantzer A, Arzen K E. Piecewise quadratic stability of fuzzy systems. IEEE Transactions on Fuzzy Systems, 1999, 7(6): 713-722.

[104] Zhang J M, Li R H, Zhang P A. Stability analysis and systematic design of fuzzy control systems. Fuzzy Sets and Systems, 2001, 120(1): 65-72.

[105] 修智宏, 任光. T-S 模糊控制系统的稳定性分析及系统化设计.自动化学报, 2004, 30(5): 731-741.

[106] Xiu Z H, Ren G. Stability analysis and systematic design of Takagi-Sugeno fuzzy control systems. Fuzzy Sets and Systems, 2005, 151(1): 119-138.

[107] 张松涛, 任光. 基于分段模糊 Lyapunov 方法的离散模糊系统分析与设计. 自动化学报, 2006, 32(5): 813-818.

[108] Tanaka K, Ikeda T, Wang H O. Robust stabilization of a class of uncertain nonlinear system via fuzzy control. IEEE Transactions on Fuzzy Systems, 1996, 4(1): 1-13.

[109] Tettamanzi A, Tomassini M. Soft Computing: Integrating Evolutionary, Neural, and Fuzzy Systems. Berlin: Springer, 2001.

[110] Jang J S R, Sun C T, Mizutani E. Neuro-Fuzzy and Soft Computing. Englewood Cliffs: Prentice-Hall, 1997.

[111] 伍世虔, 徐军. 动态模糊神经网络——设计与应用. 北京: 清华大学出版社, 2008.

[112] Takagi H. Fusion technology of fuzzy theory and neural networks: Survey and future directions. Proceedings of International Conference on Fuzzy Logic & Neural Networks, Iizuka, 1990.

[113] Wang L X, Mendel J M. Back-propagation fuzzy system as nonlinear dynamic systems identifiers. Proceedings of IEEE International Conference on Fuzzy Systems, San Diego, 1992.

[114] Jang J S R. ANFIS: Adaptive-network-based fuzzy inference system. IEEE Transactions on Systems, Man and Cybernetics, 1993, 23(3): 665-684.

[115] Sun C. Rule-based structure identification in a adaptive-network-based fuzzy inference system. IEEE Transactions on Fuzzy Systems, 1994, 2(1): 64-73.

[116] Takagi H. Fusion technology of neural networks and fuzzy systems: A chronicled progression from the laboratory to our daily lives. International Journal of Applied Mathematics and Computer Science, 2000, 10(4): 647-673.

[117] Lin C T. Neural Fuzzy Control Systems with Structure and Parameter Learning. New York: World Scientific, 1994.

[118] Berenji H R. A reinforcement learning-based architecture for fuzzy logic control. International Journal of Approximate Reasoning, 1992, 6(2): 267-292.

[119] Berenji H R, Khedkar P. Learning and tuning fuzzy logic controllers through reinforcements. IEEE Transactions on Neural Networks, 1992, 3(5): 724-740.

[120] Higgins C M, Goodman R M. Fuzzy rule-based networks for control. IEEE Transactions on Fuzzy Systems, 1994, 2(1): 82-88.

[121] Kwan H K, Cai Y. A fuzzy neural network and its application to pattern recognition. IEEE Transactions on Fuzzy Systems, 1994, 2(3): 185-193.

[122] Lin C T, Lin C J, Lee C S G. Fuzzy adaptive learning control network with on-line neural learning. Fuzzy Sets and Systems, 1995, 71(1): 25-45.

[123] Chen C L, Chen W C. Fuzzy controller design by using neural network techniques. IEEE Transactions on Fuzzy Systems, 1994, 2(3): 235-244.

[124] Presti M L, Poluzzi R, Zanaboni A M. Synthesis of fuzzy controllers through neural networks. Fuzzy Sets and Systems, 1995, 71(1): 47-70.

[125] Shann J J, Fu H C. A fuzzy neural network for rule acquiring on fuzzy control systems. Fuzzy Sets and Systems, 1995, 71(3): 345-357.

[126] Platt J. A resource-allocating network for function interpolation. Neural Computation, 1991, 3(2): 213-225.

[127] Kadirkamanathan V, Niranjan M. A function estimation approach to sequential learning with neural networks. Neural Computation, 1993, 5(6): 954-975.

[128] Lu Y W, Sundararajan N, Saratchandran P. A sequential learning scheme for function

approximation using minimal radial basis function (RBF) neural networks. Neural Computation, 1997, 9(2): 461-478.

[129] Lu Y W, Sundararajan N, Saratchandran P. Performance evaluation of a sequential minimal radial basis function (RBF) neural network learning algorithm. IEEE Transactions on Neural Networks, 1998, 9(2): 308-318.

[130] Cho K B, Wang B H. Radial basis function based adaptive fuzzy systems and their applications to system identification and prediction. Fuzzy Sets and Systems, 1996, 83(3): 325-339.

[131] Wu S Q, Er M J. Dynamic fuzzy neural networks-a novel approach to function approximation. IEEE Transactions on Systems, Man, and Cybernetics, Part B, 2000, 30(2): 358-364.

[132] Wu S Q, Er M J, Gao Y. A fast approach for automatic generation of fuzzy rules by generalized dynamic fuzzy neural networks. IEEE Transactions on Fuzzy Systems, 2001, 9(4): 578-594.

[133] Huang G B, Saratchandran P, Sundararajan N. An efficient sequential learning algorithm for growing and pruning RBF (GAP-RBF) networks. IEEE Transactions on Systems, Man, and Cybernetics, Part B, 2004, 34(6): 2284-2292.

[134] Huang G B, Saratchandran P, Sundararajan N. A generalized growing and pruning RBF (GGAP-RBF) neural network for function approximation. IEEE Transactions on Neural Networks, 2005, 16(1): 57-67.

[135] Huang G B, Zhu Q Y, Siew C K. Extreme learning machine: Theory and applications. Neurocomputing, 2006, 70(1-3): 489-501.

[136] Huang G B, Chen L, Siew C K. Universal approximation using incremental constructive feedforward networks with random hidden nodes. IEEE Transactions on Neural Networks, 2006, 17(4): 879-892.

[137] Liang N Y, Huang G B, Saratchandran P, et al. A fast and accurate online sequential learning algorithm for feedforward networks. IEEE Transactions on Neural Networks, 2006, 17(6): 1411-1423.

[138] Cortes C, Vapnik V. Support-vector networks. Machine Learning, 1995, 20(3): 273-297.

[139] Keller J M, Tahani H. Backpropagation neural networks for fuzzy logic. Information Science, 1992, 62(3): 205-221.

[140] Keller J M, Tahani H. Implementation of conjunctive and disjunctive fuzzy logic rules with neural networks. International Journal of Approximate Reasoning, 1992, 6(2): 221-240.

[141] Takagi H, Hayashi I. NN-driven fuzzy reasoning. International Journal of Approximate Reasoning, 1991, 5(3): 191-212.

[142] Hayashi I, Nomura H, Yamasaki H, et al. Construction of fuzzy inference rules by NDF and NDFL. International Journal of Approximate Reasoning, 1992, 6(2): 241-266.

[143] Mitra S. Fuzzy MLP based expert system for medical diagnosis. Fuzzy Sets and Systems, 1994, 65(2/3): 285-296.

[144] Mitra S, Kuncheva L I. Improving classification performance using fuzzy MLP and two-level selective partitioning of the feature space. Fuzzy Sets and Systems, 1995, 70(1): 1-13.

[145] Ishibuchi H, Fujioka R, Tanaka H. Neural networks that learn from fuzzy if-then rules. IEEE Transactions on Fuzzy Systems, 1993, 1(1): 85-97.

[146] Paul S, Kumar S. Subsethood product fuzzy neural inference system (SuPFuNIS). IEEE Transactions on Neural Networks, 2002, 13(3): 578-599.

[147] Shunmuga C, Kumar S. Asymmetric subsethood-product fuzzy neural inference system (ASuPFuNIS). IEEE Transactions on Neural Networks, 2005, 16(1): 160-174.

[148] Carpenter G A, Grossberg S, Rosen D B. Fuzzy ART: Fast stable learning and categorization of analog patterns by an adaptive resonance system. Neural Networks, 1991, 4(6): 759-771.

[149] Carpenter G A, Grossberg S, Markuzon N, et al. Fuzzy ARTMAP: A neural network architecture for incremental supervised learning of analog multidimensional maps. IEEE Transactions on Neural Networks, 1992, 3(5): 698-713.

[150] Simpson P K. Fuzzy min-max neural networks-part 1: Classification. IEEE Transactions on Neural Networks, 1992, 3(5): 776-786.

[151] Simpson P K. Fuzzy min-max neural networks-part 2: Clustering. IEEE Transactions on Fuzzy Systems, 1993, 1(1): 32-45.

[152] Hirota K, Pedrycz W. OR/AND neuron in modeling fuzzy sets connectives. IEEE Transactions on Fuzzy Systems, 1994, 2(2): 151-161.

[153] Furukawa M, Yamakawa T. The design algorithms of membership function for fuzzy neuron. Fuzzy Sets and Systems, 1995, 71(3): 329-343.

[154] Lee C C. Fuzzy logic in control systems: Fuzzy logic controller-Part Ⅰ. IEEE Transactions on Systems, Man and Cybernetics, 1990, 20(2): 404-418.

[155] Lee C C. Fuzzy logic in control systems: Fuzzy logic controller-Part Ⅱ. IEEE Transactions on Systems, Man and Cybernetics, 1990, 20(2): 419-435.

[156] 吕红丽. Mamdani 模糊控制系统的结构分析理论研究及其在暖通空调中的应用. 济南: 山东大学, 2007.

[157] 张松涛. 模糊多模型船舶运动控制系统的研究. 大连: 大连海事大学, 2006.

[158] Koczy L T. Fuzzy if-then rule models and their transformation into one another. IEEE Transactions on Systems, Man and Cybernetics, Part A, 1996, 26(5): 621-637.

[159] Zeng X J, Singh M G. Approximation theory of fuzzy systems: SISO case. IEEE Transactions on Fuzzy Systems, 1994, 2(2): 162-176.

[160] Zeng X J, Singh M G. Approximation theory of fuzzy systems: MIMO case. IEEE Transactions on Fuzzy Systems, 1995, 3(2): 219-235.

[161] 修智宏. 模糊控制器的解析研究及在减摇鳍控制中的应用. 大连: 大连海事大学, 2004.

[162] Zeng X J, Singh M G. Approximation accuracy of fuzzy systems as function approximators. IEEE Transactions on Fuzzy Systems, 1996, 4(1): 44-63.

[163] Zeng X J, Singh M G. A relationship between membership functions and approximation accuracy in fuzzy systems. IEEE Transactions on Systems, Man and Cybernetics, Part B, 1996, 26(1): 176-180.

[164] Mitaim S, Kosko B. The shape of fuzzy sets in adaptive function approximation. IEEE Transactions on Fuzzy Systems, 2001, 9(4): 637-656.

[165] Luo Q, Yang W Q, Yi D Y. Kernel shapes of fuzzy sets in fuzzy systems for function approximation. Information Sciences, 2008, 178(3): 836-857.

[166] Haykin S. Neural Network: A Comprehensive Foundation. Englewood Cliffs: Prentice-Hall, 1999.

[167] Girosi F, Poggio T. Networks and the best approximation property. Biological Cybernetics, 1990, 63(3): 169-176.

[168] Jang J S R, Sun C T. Functional equivalence between radial basis function networks and fuzzy inference systems. IEEE Transactions on Neural Networks, 1993, 4(1): 156-158.

[169] Hunt K J, Haas R, Murray-Smith R. Extending the functional equivalence of radial basis function networks and fuzzy inference systems. IEEE Transactions on Neural Networks, 1996, 7(3): 776-781.

[170] Siler W, Ying H. Fuzzy control theory: The linear case. Fuzzy Sets and Systems, 1989, 33(2): 275-290.

[171] 王宁，孟宪尧. 输入采用广义梯形隶属函数的两维最简模糊控制器结构分析. 自动化学报, 2008, 34(4): 466-471.

[172] 王宁，孟宪尧. 两维最简模糊控制器结构分析. 信息与控制, 2008, 37(1): 34-39.

[173] 王宁，孟宪尧. 输入采用广义梯形隶属函数的最简模糊控制器结构分析. 模糊系统与数学, 2008, 22(2): 156-161.

[174] Wang N, Meng X Y. Analytical structure of three-dimensional fuzzy controller. Proceedings of IEEE International Conference on Control and Automation, Guangzhou, 2007.

[175] Wang N, Meng X Y. Analysis of structure and stability for the simplest two-dimensional fuzzy controller using generalized trapezoid-shaped input fuzzy sets. Proceedings of IEEE International Conference on Fuzzy Systems, Hong Kong, 2008.

[176] Wang N, Meng X Y. Analytical structures and stability analysis of three-dimensional fuzzy controllers. Proceedings of IEEE International Conference on Fuzzy Systems, Hong Kong, 2008.

[177] 梅生伟，申铁龙，刘康志. 现代鲁棒控制理论与应用. 北京：清华大学出版, 2003.

[178] 丁海山，毛剑琴. 模糊系统逼近理论的发展现状. 系统仿真学报, 2006, 18(8): 2061-2066.

[179] Rajesh R, Kaimal M R. T-S fuzzy model with nonlinear consequence and PDC controller for a class of nonlinear control systems. Applied Soft Computing, 2007, 7(3): 772-782.

[180] 刘福才, 孙立萍, 邵慧. 两类模糊系统作为通用逼近器的充分条件的比较与分析. 模糊系统与数学, 2006, 20(5): 101-106.

[181] Teixeira M C M, Zak S. Stabilizing controller design for uncertain nonlinear systems using fuzzy models. IEEE Transactions on Fuzzy Systems, 1999, 7(2): 133-142.

[182] 王宁, 孟宪尧. 齐次 T-S 模糊系统的逼近性能. 大连海事大学学报, 2007, 33(3): 36-41.

[183] 王宁, 谭跃, 王丹, 等. 一般齐次 T-S 模糊系统的逼近性能. 智能系统学报, 2010, 5(5): 436-442.

[184] 王宁, 孟宪尧. 输入采用一般模糊划分的 T-S 模糊控制系统稳定性分析. 自动化学报, 2008, 34(11): 1441-1445.

[185] Meng X Y, Wang N. Relaxed stability conditions and systematic design of T-S fuzzy control system. Proceedings of the 7th World Congress on Intelligent Control and Automation, Chongqing, 2008.

[186] Wang N, Meng X Y, Xu Q Y. Fuzzy control system design and stability analysis for ship lift feedback fin stabilizer. Proceedings of the 7th World Congress on Intelligent Control and Automation, Chongqing, 2008.

[187] 王宁, 孟宪尧. 船舶力控减摇鳍系统的模糊建模与控制. 哈尔滨工程大学学报, 2007, 28(Suppl.): 22-26.

[188] 金鸿章, 王科俊, 吉明, 等. 智能技术在船舶减摇鳍系统中的应用. 北京: 国防工业出版社, 2003.

[189] 修智宏, 任光. 船舶力控减摇鳍模糊控制器设计及稳定性分析. 中国造船, 2004, 45(2): 28-35.

[190] 张晓宇, 金鸿章, 李国斌, 等. 船舶力控减摇鳍系统建模与仿真. 中国造船, 2002, 43(2): 64-69.

[191] Anderson H C, Lotfi A, Westphal L C, et al. Comments on "Functional equivalence between radial basis function networks and fuzzy inference systems". IEEE Transactions on Neural Networks, 1998, 9(6): 1529-1531.

[192] Azeem M F, Hanmandlu M, Ahmad N. Generalization of adaptive neuro-fuzzy inference systems. IEEE Transactions on Neural Networks, 2000, 11(6): 1332-1346.

[193] Azeem M F, Hanmandlu M, Ahmad N. Structure identification of generalized adaptive neuro-fuzzy inference systems. IEEE Transactions on Fuzzy Systems, 2003, 11(5): 666-681.

[194] Li H X, Chen C L P. The equivalence between fuzzy logic systems and feedforward neural networks. IEEE Transactions on Neural Networks, 2000, 11(2): 356-365.

[195] Kolman E, Margaliot M. Are artificial neural networks white boxes? IEEE Transactions on Neural Networks, 2005, 16(4): 844-852.

[196] Aznarte J L, Benitez J M. Equivalences between neural-autoregressive time series models and fuzzy systems. IEEE Transactions on Neural Networks, 2010, 21(9): 1434-1444.

[197] Wang N. A generalized ellipsoidal basis function based online self-constructing fuzzy neural network. Neural Processing Letters, 2011, 34(1): 13-37.

[198] Wang N, Han M, Dong N, et al. On the equivalence between generalized ellipsoidal basis function neural networks and T-S fuzzy systems. Advances in Neural Networks - ISNN 2013 (Part II), Lecture Notes in Computer Science, Berlin, 2013: 61-69.

[199] Rojas I, Pomares H, Bernier J L, et al. Time series analysis using normalized PG-RBF network with regression weights. Neurocomputing, 2002, 42(1-4): 267-285.

[200] Salmeron M, Ortega J, Puntonet C G, et al. Improved RAN sequential prediction using orthogonal techniques. Neurocomputing, 2001, 41(1-4): 153-172.

[201] Chen S, Cowan C F N, Grant P M. Orthogonal least squares learning algorithm for radial basis function network. IEEE Transactions on Neural Networks, 1991, 2(2): 1411-1423.

[202] Chao C T, Chen Y J, Teng C C. Simplification of fuzzy-neural systems using similarity analysis. IEEE Transactions on Systems, Man, and Cybernetics, Part B, 1996, 26(2): 344-354.

[203] Leng G, McGinnity T M, Prasad G. An approach for on-line extraction of fuzzy rules using a self-organising fuzzy neural network. Fuzzy Sets and Systems, 2005, 150(2): 211-243.

[204] Leng G, McGinnity T M, Prasad G. Design for self-organizing fuzzy neural networks based on genetic algorithms. IEEE Transactions on Fuzzy Systems, 2006, 14(6): 755-766.

[205] Juang C F, Lin C T. An on-line self-constructing neural fuzzy inference network and its applications. IEEE Transactions on Fuzzy Systems, 1998, 6(1): 12-32.

[206] Er M J, Wu S Q. A fast learning algorithm for parsimonious fuzzy neural systems. Fuzzy Sets and Systems, 2002, 126(3): 337-351.

[207] Gao Y, Er M J. Online adaptive fuzzy neural identification and control of a class of MIMO nonlinear systems. IEEE Transactions on Fuzzy Systems, 2003, 11(1): 12-32.

[208] Gao Y, Er M J. NARMAX time series model prediction: Feedforward and recurrent fuzzy neural network approaches. Fuzzy Sets and Systems, 2005, 150(2): 331-350.

[209] Gao Y, Er M J. An intelligent adaptive control scheme for postsurgical blood pressure regulation. IEEE Transactions on Neural Networks, 2005, 16(2): 475-483.

[210] Hsu C F, Lin P Z, Lee T T, et al. Adaptive asymmetric fuzzy neural network controller design via network structuring adaptation. Fuzzy Sets and Systems, 2008, 159(20): 2627-2649.

[211] Wang N, Er M J, Meng X Y. A Fast and Accurate online self-organizing scheme for parsimonious fuzzy neural networks. Neurocomputing, 2009, 72(16-18): 3818-3829.

[212] Wang N, Er M J, Meng X Y, et al. An online self-organizing scheme for parsimonious and accurate fuzzy neural networks. International Journal of Neural Systems, 2010, 20(4): 389-403.

[213] Wang N, Meng X Y, Xu Q Y. A fast and parsimonious fuzzy neural network (FPFNN) for

function approximation. Proceedings of the 48th IEEE Conference on Decision and Control and the 28th Chinese Control Conference, Shanghai, 2009.

[214] Wang N, Er M J, Meng X Y. An online self-constructing fuzzy neural network with restrictive growth（OSFNNRG）. Recent Advances in Intelligent Control Systems, Berlin, 2009: 225-247.

[215] Wang N, Wang X M, Tan Y, et al. An improved learning scheme for extracting T-S fuzzy rules from data samples. Advances in Neural Networks, Lecture Notes in Computer Science, 2013: 53-60.

[216] Wang N, Tan Y, Wang D, et al. A generalized online self-constructing fuzzy neural network. Proceedings of the 8th International Symposium on Neural Networks, Guilin, 2011.

[217] Wang N, Tan Y, Liu S M. A generalized online self-organizing fuzzy neural network for nonlinear dynamic system identification. Proceedings of the 30th Chinese Control Conference, Yantai, 2011.

[218] Wang N, Han M, Yu G F, et al. Generalized single-hidden layer feedforward networks. Advances in Neural Networks, Lecture Notes in Computer Science, Berlin, 2013: 91-98.

[219] Wang N, Tan Y, Liu S M. Ship domain identification using fast and accurate online self-organizing parsimonious fuzzy neural networks. Proceedings of the 30th Chinese Control Conference, Yantai, 2011.

[220] Wang N, Er M J, Han M. Large tanker motion model identification using generalized ellipsoidal basis function-based fuzzy neural networks. IEEE Transactions on Cybernetics, 2015, 45(12): 2732-2743.

[221] Wang N, Wang D, Li T S. A novel vessel maneuvering model via GEBF based fuzzy neural networks. Proceedings of the 31th Chinese Control Conference, Hefei, 2012: 7026-7031.

[222] Wang N, Niu X B, Liu Y D. Online self-constructing fuzzy neural identification for ship motion dynamics based on MMG model. Proceedings of the 10th World Congress on Intelligent Control and Automation, Beijing, 2012.

[223] 王宁，王丹，李铁山. 基于广义椭球基函数模糊神经网络的油轮转向动态响应模型(英文). 中国科学技术大学学报, 2012, 42(9): 705-713.

[224] Wang N, Er M J, Han M, Dynamic tanker steering control using generalized-ellipsoidal-basis-function-based fuzzy neural networks. IEEE Transactions on Fuzzy Systems, 2015, 23(5): 1414-1427.

[225] 刘绍满，王宁，吴兆麟. 船舶领域研究综述. 大连海事大学学报, 2011, 37(1): 51-54.

[226] Wang N, Meng X Y, Xu Q Y, et al. A unified analytical framework for ship domains. Journal of Navigation, 2009, 62(4): 643-655.

[227] Wang N. An intelligent spatial collision risk based on the quaternion ship domain. Journal of Navigation, 2010, 63(4): 733-749.

[228] Wang N. A novel analytical framework for dynamic quaternion ship domains. Journal of Navigation, 2013, 66(2): 265-281.

[229] Wang N. Intelligent quaternion ship domains for spatial collision risk assessment. Journal of Ship Research, 2012, 56(3): 170-182.

[230] Kijima K, Furukawa Y. Automatic collision avoidance system using the concept of blocking area. Proceedings of IFAC Conference on Manoeuvring and Control of Marine Craft, Girona, 2003.

[231] Fossen T I. Marine Control Systems: Guidance, Navigation and Control of Ships, Rigs and Underwater Vehicles. Trondheim: Marine Cybernetics, 2002.

[232] 贾欣乐, 杨盐生. 船舶运动数学模型: 机理建模与辨识建模. 大连: 大连海事大学出版社, 1999.

[233] 张显库, 贾欣乐. 船舶运动控制. 北京: 国防工业出版社, 2006.

[234] Clarke D. The Foundations of steering and maneuvering. Proceedings of 6th Conference on Maneuvering and Control of Marine Crafts, Girona, 2003.

[235] Wang N, Wu Z L, Qiu C D, et al. Vessel steering control using generalized ellipsoidal basis function based fuzzy neural networks. Proceedings of the 9th International Symposium on Neural Networks, Shenyang, 2012.

编　后　记

《博士后文库》（以下简称《文库》）是汇集自然科学领域博士后研究人员优秀学术成果的系列丛书。《文库》致力于打造专属于博士后学术创新的旗舰品牌，营造博士后百花齐放的学术氛围，提升博士后优秀成果的学术和社会影响力。

《文库》出版资助工作开展以来，得到了全国博士后管委会办公室、中国博士后科学基金会、中国科学院、科学出版社等有关单位领导的大力支持，众多热心博士后事业的专家学者给予积极的建议，工作人员做了大量艰苦细致的工作。在此，我们一并表示感谢！

《博士后文库》编委会

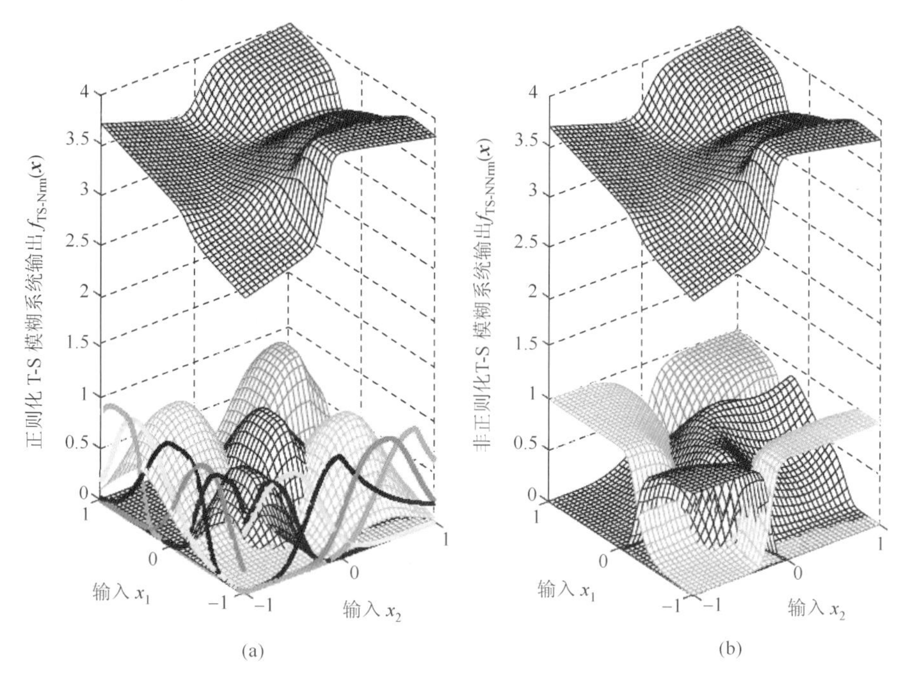

图 6.5 (a)正则化 T-S 模糊系统和(b)非正则化 T-S 模糊系统

彩　　图

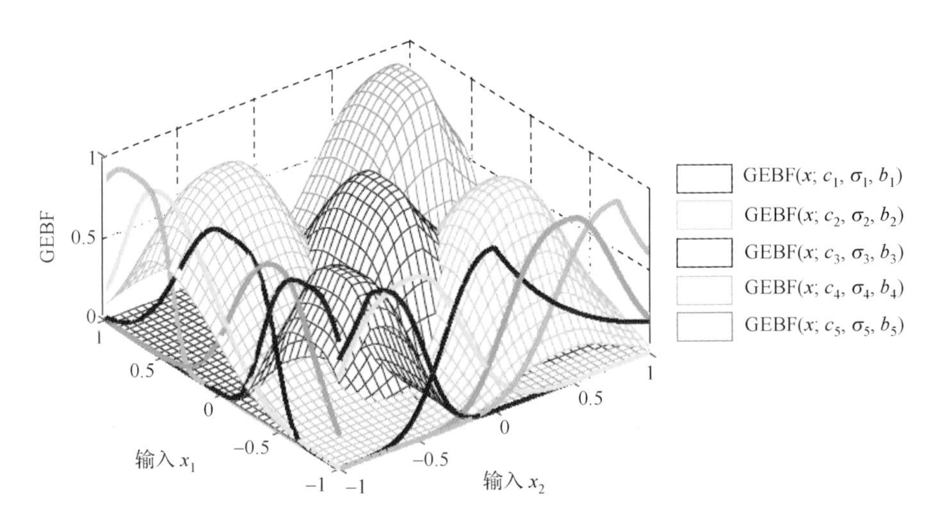

图 6.3　多变量 GEBF 激活函数

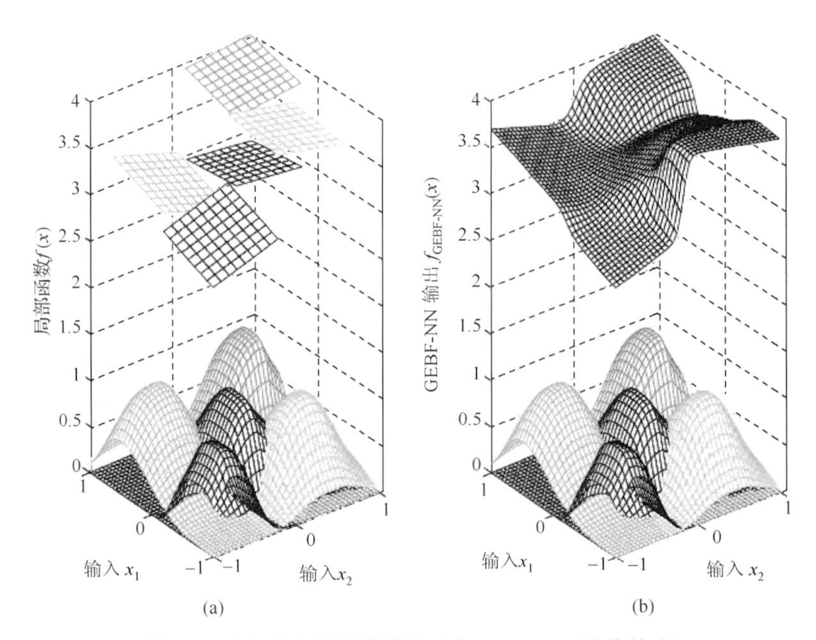

图 6.4　(a)五个局部模型和(b)GEBF-NN 整体输出